焊接钢管节点热点应力分析

王 滨 鲍石榴 李 昕 著

科学出版社

北 京

内 容 简 介

本书详细阐述了焊接钢管节点物理模型试验方法，包括实现空间结构多平面同时加载的试验、试件设计思路及测点布置方案；详细介绍了焊接钢管节点数值仿真模拟方法，包括焊缝体的数学模型、含焊缝的管节点数值模型及数值仿真方法验证；重点给出了多平面管节点热点应力的计算方法，包括多平面相互作用分析、SCF 和 MIF 极值公式及 SCF 和 MIF 分布公式；特别结合人工智能理念提出了基于人工神经网络的计算方法；最后以一实际工程应用为例，综合展示了运用本书介绍的各种方法解决实际问题的过程。

本书可供各类钢结构设计院、钢结构建设单位和钢结构工程规划单位的工程师使用，也可供高等院校相关专业师生参考。

图书在版编目(CIP)数据

焊接钢管节点热点应力分析 / 王滨，鲍石榴，李昕著. —北京：科学出版社，2023.2
ISBN 978-7-03-074208-7

Ⅰ. ①焊… Ⅱ. ①王… ②鲍… ③李… Ⅲ. ①焊接钢管–焊接结点–应力分析 Ⅳ. ①TG142

中国版本图书馆 CIP 数据核字（2022）第 235819 号

责任编辑：梁广平 / 责任校对：任苗苗
责任印制：吴兆东 / 封面设计：陈 敬

科 学 出 版 社 出版
北京东黄城根北街 16 号
邮政编码：100717
http://www.sciencep.com

天津市新科印刷有限公司 印刷

科学出版社发行 各地新华书店经销

*

2023 年 2 月第 一 版 开本：720×1000 1/16
2023 年 10 月第二次印刷 印张：12 1/2
字数：200 000
定价：**98.00 元**
（如有印装质量问题，我社负责调换）

前　言

随着"建设海洋强国"目标的提出，我国海洋资源开发已进入产业化、规模化发展的关键时期。海洋工程结构服役期内的安全性是海洋资源开发的基本保障之一。海洋工程结构绝大部分由钢管构件焊接而成，钢管构件连接部位为管节点。基础结构承受的海洋环境荷载均为循环荷载，除了强度、稳定性设计，还必须进行疲劳评估。疲劳破坏表现为十分危险的突然断裂，由于影响因素众多、不确定性显著，疲劳破坏成为海洋工程结构设计和评价的重点和难点问题。

国内外曾发生过多起海洋工程事故。我国 1973 年引进的渤海二号石油钻井平台于 1979 年 11 月因桩腿相继断裂而倒塌。1980 年 3 月，挪威亚历山大·基兰号钻井平台被 9 级大风吹倒，但该平台设计标准可防御 13 级台风。2016 年 12 月，阿塞拜疆国家石油公司一个位于里海的石油钻井平台因大风发生部分倒塌。虽然倒塌的直接诱因是极端风、浪、流、冰等海洋环境荷载，但构件在长期循环荷载作用下产生的疲劳损伤，削弱了结构承载力，使结构不能抵抗原来设计的极端荷载，这也是引发倒塌的重要原因。

目前主流的疲劳评估方法是基于热点应力的 S-N 曲线法。因此，管节点的热点应力是疲劳评估中的重要参数。对于固定式海上风机基础结构，其中三桩基础结构关键管节点为三平面 Y 型管节点，该节点为空间管节点，且在服役期内承受多种疲劳荷载（如风、浪、流等），因此其热点应力往往受多平面相互作用和反应耦合作用影响。在各国现行规范中，尚未对三平面 Y 型管节点热点应力计算方法系统介绍，也无适用的应力集中系数和热点应力计算公式。

有鉴于此，作者将多年研究成果整理成书。全书共 8 章，第 1 章阐述管节点研究基础及热点应力计算方法，总结国内外相关研究成果；第 2 章介绍针对空间管节点开发的复杂荷载加载试验系统、相关试验方法和试验结果；第 3 章从数学模型、仿真平台、有限元模型等方面介绍管节点数值仿真方法的建立及验证；第 4 章阐述荷载相互作用和多平面相互作用，给出复杂荷载作用下空间管节点的热点应力计算公式；第 5 章和第 6 章分别介绍三平面 Y 型管节点应力集中系数（SCF）及相互作用因子（MIF）的极值公式和分布公式；第 7 章介绍基于人工神经网络预测三平面 Y 型管节点在基本荷载作用下 SCF 和 MIF 沿焊缝分布的方法；第 8 章以一实际工程为例，阐述应用本书给出的公式计算焊接钢管节点热点应力的过程。值得说明的是，虽然本书以三平面 Y 型管节点为重点研究对象，但是本书介绍的研究方法可以应用于各种工程结构中的焊接钢管节点。

　　本书的研究成果得到了国家自然科学基金重点项目（51939002）、国家自然科学基金面上项目（52071301、51879040）的资助，在此表示衷心的感谢。

　　限于作者水平，书中难免存在不足，衷心希望读者批评指正。

中国电建集团华东勘测设计研究院有限公司　王　滨

河海大学　鲍石榴

大连理工大学　李　昕

2022 年 10 月

目　　录

第1章 概　述

1.1　管节点热点应力问题

纵观最早起源于两河流域的人类文明史不难发现，相较于五千多年前，近三百年来人类科学技术的发展呈腾飞态势，其重要原因在于几次重大的工业革命。从 18 世纪 60 年代开始的蒸汽技术革命，到 19 世纪 70 年代开始的电力技术革命，再到 20 世纪 40 年代开始的信息技术革命，每一次工业革命，都是以能源作为源动力，从煤炭拓展至石油，再从石油拓展至原子能，能源来源的突破是每一次技术革命的强劲推力[1]。时至今日，第四次技术革命已来临，发展新能源是第四次技术革命的核心任务[2]。能源工业未来的方向是从能源资源型走向能源科技型，清洁、可再生等特性成为新能源工业的基本要求[3]。从战略的眼光来看，促进新能源经济的发展，可以推进能源结构乃至经济结构的转变，对国民经济产生深远的影响，也是未来世界各国的竞争重点，并且新能源本身就是一个经济发展方向[4, 5]。

风能作为典型的清洁可再生能源，近年来在世界各地都得到了大力推广[6-8]。风机主要由转子、塔筒、基础结构和地基等组成，其中基础结构和地基的设计为土木工程领域问题[9, 10]。海上风机有别于陆地风机，一方面，海上风机的体量更为巨大，由于尺度效应的存在，产生了很多技术难题，对结构设计提出了更高的要求[9, 10]；另一方面，海上风机服役期承受的荷载更为复杂，其中包括风荷载、波浪荷载、海流荷载、水位变化、海生物附着生长和冲刷淘蚀等，特殊海域需要考虑海冰荷载，极端工况下还需要考虑地震荷载[11, 12]。这些荷载多为循环荷载，使得疲劳问题成为海上风机基础结构设计的关键问题[13]。

海上风机基础结构形式按照其适用的水深不同，分为固定式基础和浮式基础两大类[14, 15]。在水深小于 50m 的近海海域，通常采用固定式基础。固定式海上风机基础结构的类型主要有重力式、单桩式、多桩式和导管架式等，各类型结构适用的水深逐渐增加，如图 1.1 所示。

相较于重力式和单桩式基础结构，多桩式和导管架式基础结构中存在各种钢管节点，由于几何变化不连续，以及焊接初始缺陷的存在，管节点杆件相贯部位会发生明显的应力集中，在循环荷载作用下，管节点比结构其他部位更易发生疲劳开裂破坏[16]。近几十年来，随着钢管结构在建筑、桥梁、海洋等工程中的广泛应用，管节点疲劳破坏发生的频率之高，使之成为备受关注的热点问题。因此，焊接钢管节点是钢管结构疲劳设计的关键[17]，采用合适的、易于工程使用的方法准确地计算出管节点疲劳寿命，是保证海上风机整体结构正常稳定工作的必要条件。

    (a) 重力式   (b) 单桩式   (c) 多桩式   (d) 导管架式

图 1.1 固定式海上风机基础结构主要类型

在工程设计中，管节点的主流疲劳设计方法是基于热点应力（hot spot stress，HSS）的 *S-N* 曲线法，热点应力的计算可以由名义应力与应力集中系数（stress concentration factor，SCF）相乘得到。焊接钢管节点热点应力问题十分重要，现有针对 HSS 和 SCF 的研究成果十分丰富，但是仍然存在一些值得补充和挖掘的地方。本书以海上风机三桩基础结构疲劳分析关键管节点——三平面 Y 型管节点为研究对象，从以下几个方面系统阐述采用物模试验、数值仿真和人工智能等方法探究管节点热点应力。

（1）管节点的物模试验大多是针对海洋平台中的管节点，与海上风机多桩基础结构管节点相比，一方面是管节点的几何参数范围不同，另一方面是节点的形式有所不同。涉及空间管节点的试验更加复杂，既难以在多个平面同时施加荷载，又难以在某个平面同时施加复杂荷载。本书第 2 章详细介绍作者所在团队针对空间管节点开发的复杂荷载加载试验系统、海上风机三桩基础结构关键管节点的试验方法和试验结果。

（2）综合考虑研究的可靠性、成本及效率，通常采用物模试验和数值仿真相结合的方法研究管节点热点应力问题。有限元模拟方法具有成熟的理论基础及丰富的应用经验。本书第 3 章从数学模型、仿真平台、有限元模型等方面详细介绍管节点数值仿真方法的建立及验证。

（3）管节点的实际工作情况是复杂荷载同时作用于各撑杆，虽然规范中建议复杂荷载作用时热点应力可通过简谐插值叠加，但是荷载间的相互作用仍然值得更加深入的定量研究。对于空间管节点，撑杆分布于多个平面，既影响管节点的整体刚度，也影响相邻撑杆的受力性能，因此空间管节点的多平面相互作用不可忽视。本书第 4 章系统阐述关于荷载相互作用和多平面相互作用的研究，进而给出复杂荷载作用下空间管节点的热点应力计算公式。

（4）在以往研究中尚未对三平面 Y 型管节点进行系统研究，该类型管节点是海上风机三桩基础结构疲劳分析中的关键管节点，其具有典型的空间管节点特性，尚未有高效可靠的方法计算其在复杂荷载作用下的热点应力。本书第 5 章和第 6 章分别介绍三平面 Y 型管节点 SCF 及相互作用因子（mutual influence factor, MIF）的极值公式和分布公式，结合本书第 4 章介绍的管节点热点应力计算公式，可以方便快捷地求出该管节点在复杂荷载作用下的热点应力。

（5）为了进一步提高预测精度，本书第 7 章以作者所在团队建立的三平面 Y 型管节点数值模型库及 SCF（MIF）数据库为基础，介绍采用人工神经网络（artificial neural network, ANN）预测三平面 Y 型管节点在基本荷载作用下 SCF（MIF）沿焊缝分布的方法。本书第 8 章以实际工程应用为例，详细阐述综合应用本书给出的各公式计算焊接钢管节点热点应力的过程。

值得说明的是，虽然本书以三平面 Y 型管节点为重点研究对象，但是本书介绍的研究方法可以应用于各种工程结构中的焊接钢管节点。

1.2　管节点研究基础

1. 管节点分类

管节点可分为平面管节点和空间管节点两大类。平面管节点是指所有杆件轴线处于同一个平面内的管节点，杆件轴线不全位于同一平面内的管节点则为空间管节点[13]。在节点处贯通的钢管称为弦杆（或主管），其余则称为撑杆（或支管）。平面管节点按其受力情况可分为 T、Y、K、X 和 KT 等类型[14]。撑杆传递的冲剪荷载全部由弦杆中剪力平衡的节点为 T 或 Y 型节点，其中，弦杆和撑杆轴线垂直的节点为 T 型节点，其余为 Y 型节点，如图 1.2（a）所示；撑杆传递的冲剪荷载由该撑杆同侧撑杆承担的节点为 K 型节点，如图 1.2（b）所示；撑杆传递的冲剪荷载由弦杆另一侧撑杆承担的节点为 X 型节点，如图 1.2（c）所示；撑杆传递的冲剪荷载由弦杆和同侧撑杆共同承担的节点为 KT 型节点，如图 1.2（d）所示。

近十几年来，随着钢管结构在大型工程中的广泛应用，原有的平面管节点已经不能满足工程需求，很多形式的空间管节点应运而生[15]。如图 1.3 所示，常见的空间管节点有 DK 型节点、DX 型节点、DKT 型节点、三平面 KT 型节点等。图 1.3 仅给出了代表性的轴力荷载工况，实际上空间管节点的受力情况十分复杂，其除了承受轴力荷载，还承受弯矩、剪力和扭矩等，因此其应力分布和疲劳分析也更为复杂。

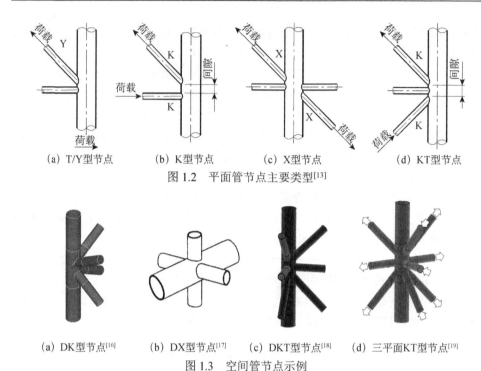

（a）T/Y型节点　　　（b）K型节点　　　（c）X型节点　　　（d）KT型节点

图1.2　平面管节点主要类型[13]

（a）DK型节点[16]　　（b）DX型节点[17]　　（c）DKT型节点[18]　（d）三平面KT型节点[19]

图1.3　空间管节点示例

图1.1（d）所示的导管架式基础结构中主要有 DK 型节点和平面 X 型节点等，这些节点的尺寸比多桩式基础结构中的管节点小，国内外有很多可供参考的相关研究成果[20-22]。图1.1（c）所示的多桩式基础结构为三桩基础结构，其广泛应用于近海风电开发中。三桩基础结构的关键管节点为风机塔筒与基础结构相连的法兰点正下方的三平面 Y 型管节点，已有研究[23, 24]指出，采用规范中提供的平面 Y 型管节点热点应力计算公式会产生很大的误差，从而大大减小疲劳寿命评估的准确性。因此，本书介绍的 HSS、SCF 和 MIF 计算公式非常有必要，可供基于热点应力法的疲劳评估方法使用，使快速给出工程评价成为可能。

2. 关键几何参数

弦杆长细比 α、撑-弦杆直径比 β、弦杆径厚比 γ、撑-弦杆壁厚比 τ 和撑-弦杆夹角 θ 是影响平面管节点热点应力的关键几何参数，标准[25]和文献[26]、[27]中给出的管节点 SCF 计算公式均以上述无量纲几何参数为自变量，而不考虑管节点几何尺寸的绝对值。图1.4（a）给出了一典型平面 Y 型管节点几何尺寸定义，L 为弦杆计算长度，D 为弦杆外直径，T 为弦杆壁厚，l 为撑杆计算长度，d 为撑杆外直径，t 为撑杆壁厚。由几何尺寸可计算得到几何参数：

$$\alpha = \frac{2L}{D} \tag{1.1}$$

$$\beta = \frac{d}{D} \tag{1.2}$$

$$\gamma = \frac{D}{2T} \tag{1.3}$$

$$\tau = \frac{t}{T} \tag{1.4}$$

如图 1.4（b）所示的撑杆与弦杆相交线，在节点处贯通者为弦杆，因此弦杆与撑杆的相交线位于弦杆外表面；撑杆有壁厚，因此弦杆表面有两条相交线，撑杆外表面与弦杆外表面相交线称为外相交线，撑杆内表面与弦杆外表面相交线称为内相交线。撑杆与弦杆的相交线是十分重要的辅助线，撑杆与弦杆间的焊缝曲线将由此推导得到（推导过程见 3.1 节）。为了便于定位，采用撑-弦杆相交线极角 ϕ 标识相交线上的点，逆时针为正，$\phi=0°$ 处为冠踵，$\phi=180°$ 处为冠趾，冠趾和冠踵统称为冠点，$\phi=90°$ 和 270 处为两侧鞍点。

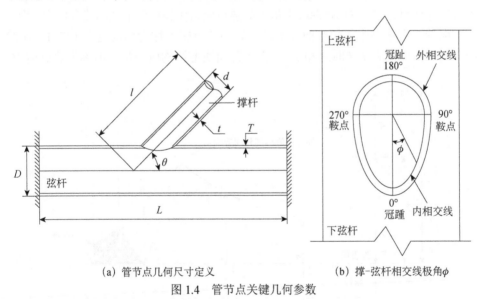

(a) 管节点几何尺寸定义　　　　　　（b) 撑-弦杆相交线极角 ϕ

图 1.4　管节点关键几何参数

3. 焊趾处应力构成

由于焊接缺陷和残余应力不可避免，焊接构件焊趾处应力沿钢板壁厚方向的分布是不均匀的，如图 1.5 所示[28]。焊趾处总应力称为局部切口应力，记为 σ_{ns}，其主要应力组成为沿壁厚均匀分布的膜应力 σ_m、沿壁厚方向线性变化的弯曲应力 σ_b 和由焊趾切口效应产生的自平衡非线性峰值应力 σ_{nlp}。膜应力与弯曲应力之和称为结构应力，通常记为 σ_{hs}，结构应力 σ_{hs} 由焊接构件的几何尺寸决定。非线性峰值应力的影响因素很多，如焊缝尺寸、焊接缺陷、初始裂纹和残余应力等。

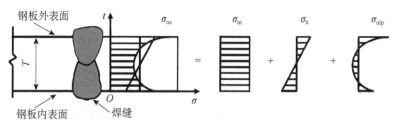

图 1.5 焊趾处应力沿钢板壁厚方向分布

由上述分析可知，管节点外表面焊趾处（壁厚 $t=T$ 处）的应力如图 1.6 所示[28]。名义应力 σ_{n} 是指撑杆横截面上远离焊缝区域而均匀分布的应力，不考虑结构不连续性和局部影响。当外荷载一定时，名义应力由构件的截面特性决定[29]。热点应力还需要考虑构件的几何尺寸，热点应力与名义应力的比值定义为 SCF。需要说明的是，管节点的焊缝是一条空间曲线，可以认为焊趾处的热点应力有无数个，在管节点疲劳评估时，往往取焊趾曲线上最大的热点应力作为该管节点的热点应力，为了指代明确，在本书中将焊趾曲线上各点处的热点应力称为结构应力（图 1.5 中膜应力与弯曲应力在 $t=T$ 时之和），而将焊趾曲线上结构应力最大值称为热点应力。

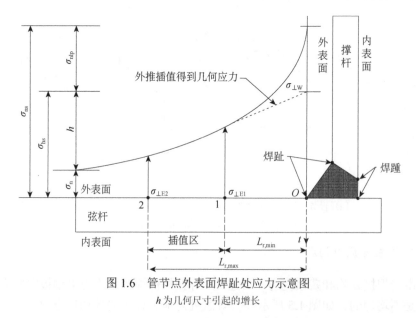

图 1.6 管节点外表面焊趾处应力示意图

h 为几何尺寸引起的增长

由上述说明可知，在试验或数值仿真时，焊缝处直接测得或提取的应力为局部切口应力，为了排除非线性峰值应力的影响，焊缝处的结构应力需要通过外推插值法计算得到。在选择外推插值法时，可选择两点线性外推和三点二次外推，大量试验结果证明，圆管节点可采用线性外推，而矩形管节点需要采用二次外推。例如，劳氏船级社（Lloyd's Register）[25]曾对 67 个不同类型管节点同时使用线性插值法和非线性插值法计算结构应力，归纳比较结果后得出结论：对于圆管节点，两种插值方法计算出的结构应力差异不大。因此，本书采用两点线性外推插值法计算管节点焊缝处的结构应力，两个插值点位置（位置 1、位置 2）示于图 1.6 中，其中 $L_{r,min}$ 为第一个插值点（近插值点）到焊趾处的距离，$L_{r,max}$ 为第二个插值点（远插值点）到焊趾处的距离。关于外推区域也有很多学者做过深入研究，1979 年 Gurney[30]基于有限元分析提出最小插值应在焊趾外 $0.4t$ 处（t 为钢板厚度），1982 年 Wardenier[31]通过试验研究验证了这一做法的准确性，各国规范[25, 32]也据此结论确定了插值点位置，有的规范进行了一些修改和完善[13, 25, 33]。为了便于试验时应变片粘贴，本书选用国际焊接学会（International Institute of Welding，IIW）规范[32]中规定的插值点位置（表 1.1）。

表1.1　插值点位置

位置	弦杆表面	撑杆表面
$L_{r,min}$	$0.4T$	$0.4t$
$L_{r,max}$	$1.0T$	$1.0t$

4. 疲劳评估方法

影响焊接钢管节点疲劳寿命的因素有很多，如图 1.7 所示，疲劳评估时考虑的因素越多，疲劳评估结果精确程度越高，但同时疲劳评估方法的分析过程也越复杂[32, 34]。根据所选用的应力种类不同，常用的疲劳评估方法可分为名义应力法、热点应力法、切口应力法和断裂力学法等四种[34]，其中名义应力法为整体方法，其余三种方法为局部方法。根据已有研究[34-38]，将四种方法的特点和适用范围总结如下。

1）名义应力法

名义应力法仅考虑构件截面尺寸对疲劳寿命的影响，假设截面应力分布均匀，由外荷载和管节点截面特性计算得到结构名义应力幅，以此为疲劳评价指标，选取对应的管节点 S-N 曲线，按累积损伤准则计算疲劳寿命。名义应力法的优点是计算简单，因此从 20 世纪 70 年代起即被广泛应用于国内外规范[39-46]，但名义应力法有两个主要缺点：①不同类型管节点的名义应力 S-N 曲线不同，每出现一种新型管节点就需要进行一系列的疲劳试验以确定对应的管节点名义应力 S-N 曲线；②同一种类型管节点的疲劳寿命会随几何尺寸的改变而改变，而名义应力法使用的管节点 S-N 曲线往往选取该类型管节点最安全的疲劳寿命曲线，因此对于部分管节点的疲劳寿命评估结果过于保守。

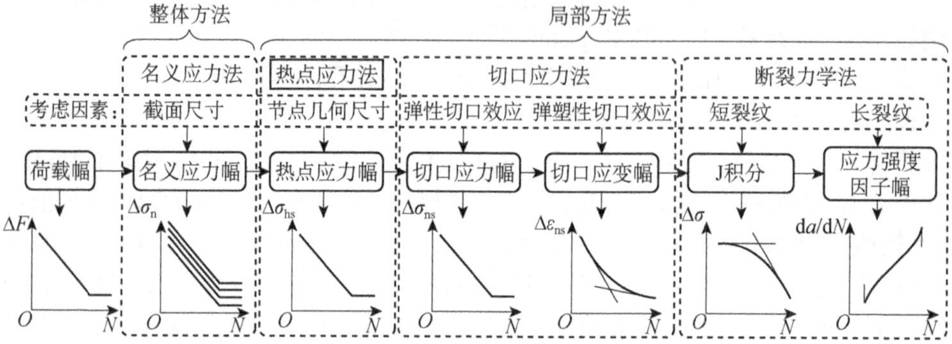

图 1.7 疲劳设计方法[34]

2）热点应力法

热点应力法综合考虑截面尺寸和节点几何尺寸的影响，通过插值法计算得到管节点热点应力幅，以此作为疲劳评价指标，结合管节点热点应力 S-N 曲线，按累积损伤准则计算疲劳寿命。热点应力法的主要优点有：可以反映具有不同几何参数的同类型管节点的疲劳寿命差异，相对于名义应力法更加精确；焊缝尺寸和初始缺陷造成的非线性应力对疲劳寿命的影响，已用统计方法在 S-N 曲线中考虑[13]，此部分应力对不同形状节点的疲劳寿命影响相当，因此各种管节点都可以采用相同的热点应力幅 S-N 曲线[28]。需要说明的是，管节点的热点应力多由现成的 SCF 公式和名义应力计算得到，对于简单管节点，目前已有很多精确的 SCF 公式[18,20,30,33,36,47,48]可用，但对于空间管节点和几何参数超出公式应用范围的节点，需要进行试验或数值分析得到。

3）切口应力法

切口应力法中增加了对非线性峰值应力影响的考量，以焊趾处的局部切口应力作为疲劳评价指标，采用相应的切口应力幅 S-N 曲线，按累积损伤准则计算疲劳寿命。切口应力法的优点是理论上精度最高，但是其缺点也非常突出，即使具有相同几何参数的两个节点，其局部切口应力也会因焊缝的不同而不同；局部切口应力的计算没有通用方法，必须对计算对象进行精准测量和单独建模。目前还没有统一的切口应力集中系数的定义及计算方法，因此切口应力法在工程实践中推广的难度极大。

4）断裂力学法

名义应力法、热点应力法和切口应力法均是基于累积损伤准则进行管节点全寿命疲劳评估，而断裂力学法是基于断裂力学理论评估管节点剩余疲劳寿命。断裂力学法的疲劳评估指标是裂纹尖端的应力强度因子幅，根据其与裂纹扩展速率的关系进行剩余疲劳寿命评估。断裂力学法的优点是剩余疲劳寿命仅与材料常数和应力强度因子幅 ΔK 有关；其缺点是实际管节点的应力强度因子幅往往难以精确测量。

综合上述分析可知，在管节点全寿命疲劳评估时，热点应力法具有精度高和便于应用等显著优点，是目前焊接管节点疲劳评估最为主流的方法，已被挪威船级社（Det Norske Veritas，DNV）[16]、美国焊接学会（American Welding Society，AWS）[36]、国际管结构发展与研究委员会（Committee for International Development and Education on Construction of Tubular Structures，CIDECT）[15]、IIW[32]、中国船级社（China Classification Society，CCS）[49]等采用。本书基于热点应力法的疲劳评估思想，介绍三平面 Y 型管节点的热点应力计算方法，以期为该类型管节点的疲劳评估提供参考。

1.3　热点应力计算方法

1. 名义应力计算

如前所述，管节点 SCF 定义为热点应力与名义应力的比值。在计算名义应力时，首先通过风机基础结构整体分析得到三平面 Y 型管节点各撑杆上的荷载，再通过简单梁理论和叠加原理计算各撑杆横截面上的名义应力，计算公式如下[50]。

（1）轴力荷载作用下撑杆名义应力：

$$\sigma_{n,A} = \frac{4F_A}{\pi\left[d^2-(d-2t)^2\right]} \tag{1.5}$$

（2）面内弯矩荷载作用下撑杆名义应力：

$$\sigma_{n,I} = \frac{32M_I}{\pi d^3\left[1-\left(\frac{d-2t}{d}\right)^4\right]} \tag{1.6}$$

（3）面外弯矩荷载作用下撑杆名义应力：

$$\sigma_{n,O} = \frac{32M_O}{\pi d^3\left[1-\left(\frac{d-2t}{d}\right)^4\right]} \tag{1.7}$$

式中，F_A 为轴力荷载；M_I 为面内弯矩；M_O 为面外弯矩；d 为撑杆外直径；t 为撑杆壁厚。

2. 热点应力定义

管节点热点应力的定义有两种，一种定义是焊缝曲线上最大第一主应力，另一种定义是垂直焊缝曲线方向上最大应力。由于管节点的疲劳破坏形式多为沿焊缝曲线发生张开型裂纹[27]，IIW[32]基于第一主应力方向与焊缝垂直方向之间的夹角提出：当夹角小于 60°时，将第一主应力作为热点应力；当夹角大于 60°时，将垂直焊缝方向的应力作为热点应力。van Wingerde 等[51]建议采用垂直焊缝方向的应力，主要原因包括以下几方面：

（1）垂直于焊缝方向的应力在试验中更易测量，但测量主应力必须布置应变花，外推区域尺寸很小，难以实现应变花布置。

（2）不同荷载作用时，焊缝处主应力方向不同，而垂直焊缝应力方向明确。

（3）不同荷载作用下垂直焊缝方向的应力可以叠加，而主应力不能直接叠加。

（4）焊缝附近垂直焊缝方向的应力与第一主应力相差较小。

综上，本书采用垂直焊缝方向的应力作为热点应力。

根据图 1.6，焊缝处结构应力计算公式为

$$\sigma_{\perp W} = \frac{L_{r,max}}{L_{r,max} - L_{r,min}} \sigma_{\perp E1} - \frac{L_{r,min}}{L_{r,max} - L_{r,min}} \sigma_{\perp E2} \qquad (1.8)$$

式中，$\sigma_{\perp E1}$、$\sigma_{\perp E2}$ 分别为近插值点和远插值点处垂直于焊缝方向的结构应力，可由式（1.9）计算得到[26]

$$\sigma_{\perp E} = \sigma_x l^2 + \sigma_y m^2 + \sigma_z n^2 + 2\left(\tau_{xy} lm + \tau_{yz} mn + \tau_{zx} nl\right) \qquad (1.9)$$

式中，σ_x、σ_y、σ_z 和 τ_{xy}、τ_{yz}、τ_{zx} 分别为全局坐标系下三个坐标轴方向的正应力和切应力分量；l、m 和 n 分别为三个坐标轴的方向余弦：

$$l = \cos\left(X_{\perp}, x\right) = \frac{x_W - x_E}{\delta}$$

$$m = \cos\left(X_{\perp}, y\right) = \frac{y_W - y_E}{\delta} \qquad (1.10)$$

$$n = \cos\left(X_{\perp}, z\right) = \frac{z_W - z_E}{\delta}$$

式中，$\delta = \sqrt{\left(x_W - x_E\right)^2 + \left(y_W - y_E\right)^2 + \left(z_W - z_E\right)^2}$。$\left(x_W, y_W, z_W\right)$ 为焊缝点的全局坐标，$\left(x_E, y_E, z_E\right)$ 为插值点的全局坐标。

3. 复杂荷载作用下热点应力

由式（1.8）可计算出管节点在某一基本荷载作用下的结构应力，当管节点同时受多种基本荷载作用时，需要同时考虑各基本荷载的影响，Gulati 等[52]于 1982 年提出管节点受复杂荷载作用时的热点应力计算公式：

$$\sigma(\phi) = SCF_A(\phi)\sigma_{n,A} + SCF_I(\phi)\sigma_{n,I} + SCF_O(\phi)\sigma_{n,O}$$

$$HSS = \max\left[\sigma(\phi)\right] \qquad (1.11)$$

式中，ϕ 为沿焊缝一周极角，$0° \leqslant \phi \leqslant 360°$；$\sigma(\phi)$ 为沿焊缝一周结构应力；SCF_A 为轴力作用下应力集中系数；$\sigma_{n,A}$ 为轴力荷载对应的名义应力分量；SCF_I 为面内弯矩作用下应力集中系数；$\sigma_{n,I}$ 为面内弯矩荷载对应的名义应力分量；SCF_O 为面外弯矩作用下应力集中系数；$\sigma_{n,O}$ 为面外弯矩荷载对应的名义应力分量。

从理论上来看，式（1.11）是准确的，然而 Gulati 等[52]并没有给出 SCF 沿焊缝一周的表达式，所以式（1.11）难以直接使用。规范中关于节点在复杂荷载下的热点应力也有相关的建议。在 1993 年的美国石油学会（American Petroleum Institute，API）规范中，管节点受复杂荷载作用时的热点应力公式如式（1.12）所示：

$$HSS = \left| SCF_A \sigma_{n,A} \right| + \sqrt{\left(SCF_I \sigma_{n,I} \right)^2 + \left(SCF_O \sigma_{n,O} \right)^2} \qquad (1.12)$$

之后，API 在 2014 年版的规范[35]中更新了计算复杂荷载作用下热点应力的建议：按照轴力荷载在冠点和鞍点之间线性插值、弯矩荷载在冠点和鞍点之间简谐插值的原则，计算焊缝一周的结构应力，取其极值作为管节点热点应力。2016 年版的 DNV 规范中也有相同的规定，并且提出了简化算法：给出焊缝一周八个点处的结构应力计算公式，取最大应力作为管节点热点应力。简化计算公式为式（1.13），计算点位置如图 1.8 所示。

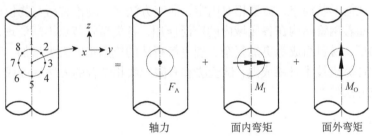

图 1.8　沿焊缝一周八个计算点位置[13]

$$
\begin{cases}
\sigma_1 = SCF_{AC}\sigma_{n,A} + SCF_I\sigma_{n,I} \\[2mm]
\sigma_2 = \dfrac{1}{2}\left(SCF_{AC} + SCF_{AS} \right)\sigma_{n,A} + \dfrac{1}{2}\sqrt{2}SCF_I\sigma_{n,I} - \dfrac{1}{2}\sqrt{2}SCF_O\sigma_{n,O} \\[2mm]
\sigma_3 = SCF_{AS}\sigma_{n,A} - SCF_O\sigma_{n,O} \\[2mm]
\sigma_4 = \dfrac{1}{2}\left(SCF_{AC} + SCF_{AS} \right)\sigma_{n,A} - \dfrac{1}{2}\sqrt{2}SCF_I\sigma_{n,I} - \dfrac{1}{2}\sqrt{2}SCF_O\sigma_{n,O} \\[2mm]
\sigma_5 = SCF_{AC}\sigma_{n,A} - SCF_I\sigma_{n,I} \\[2mm]
\sigma_6 = \dfrac{1}{2}\left(SCF_{AC} + SCF_{AS} \right)\sigma_{n,A} - \dfrac{1}{2}\sqrt{2}SCF_I\sigma_{n,I} + \dfrac{1}{2}\sqrt{2}SCF_O\sigma_{n,O} \\[2mm]
\sigma_7 = SCF_{AS}\sigma_{n,A} + SCF_O\sigma_{n,O} \\[2mm]
\sigma_8 = \dfrac{1}{2}\left(SCF_{AC} + SCF_{AS} \right)\sigma_{n,A} + \dfrac{1}{2}\sqrt{2}SCF_I\sigma_{n,I} + \dfrac{1}{2}\sqrt{2}SCF_O\sigma_{n,O}
\end{cases}
$$

$$HSS = \max\{\sigma_i\}, \quad i=1, 2, \cdots, 8 \qquad (1.13)$$

式中，SCF_{AC} 为轴力作用下冠点处应力集中系数；SCF_{AS} 为轴力作用下鞍点处应力集中系数。

1.4　国内外研究现状

1.4.1　HSS研究方法

　　管节点热点应力通常可通过试验法、有限元法及公式法求得。试验法可信度高，但是成本高昂，且局限性大；有限元法随着近几十年的发展，其分析结果的准确度得到了很大的提升，适用范围也非常广泛，但是建模和分析过程耗时耗力，并且对计算者的能力要求较高；公式法则是通过经验公式先计算得到管节点 SCF，再乘以名义应力，得到热点应力，其优点是简便快捷、易于应用，但是其前提是需要学者开展系统的研究工作，以提出可靠的 SCF 经验公式。

　　管节点热点应力由外荷载和几何参数决定，因此很多研究都致力于提出各类型管节点在各种基本荷载作用下的 SCF 经验公式，以供工程设计使用。管节点应用初期，几何形状简单，类型相对固定，研究方法多为理论解析与物模试验相结合[53-56]，随着钢管结构在各领域内的广泛应用，各类型管节点不断涌现，管节点的几何构型、材料组成等更加复杂，理论解析法的应用难度大大增加。随着有限元理论和计算机技术日臻成熟，试验法和有限元法相结合的方法逐渐成为高效便捷的主流方法[57-61]。

　　1. 理论解析

　　管节点应力的解析方法都是基于弹性薄壳理论而发展的[62]。Beale 等[63]阐述了两种计算轴力作用下 T 型管节点弦杆应力分布方法，即 Bijlaard 法和 Dundrova 法。基于位移法的 Bijlaard 法适用于撑-弦杆直径比 $\beta \leq 0.2$ 的情况，基于能量法的 Dundrova 法适用于撑-弦杆直径比 $\beta > 0.2$ 的情况。这两种方法都与试验结果吻合良好，但是仅适用于 T 型管节点，并且无法求得撑杆的应力分布情况。

　　陈铁云等[64-66]将弹性薄壳理论与有限元离散思想相结合，提出将管节点相贯曲线离散为若干个传力点，将荷载、内力和位移以三角级数展开，根据节点位移连续条件，求得荷载传递函数。可将弦杆和撑杆分别看成整体，因此可求得弦杆和撑杆的应力分布。此方法计算结果经试验证明有效，并且可推广至 T 型、Y 型、K 型节点。

随后，陈铁云等[67-70]又提出采用变分原理求解结构柔度矩阵的半解析变分法，与前述解析方法相比，半解析变分法优点突出。用半解析变分法求解柔度矩阵可避免求解烦琐复杂的壳体平衡方程，便于编程求解；半解析变分法得到的柔度矩阵可保证对称性；增加了撑-弦杆相贯线垂直方向上的节点力和自由度，使撑-弦杆直径比 β 适用范围更广。

除了传统的应力分析，陈铁云等[71, 72]还基于半解析变分法对管节点疲劳寿命进行了可靠性分析，给出了 SCF 计算表格，并将表格预测值分别与 Kuang 公式[73]和试验值进行对比，证明了可靠性分析提供的表格比公式预测值更为准确。胡毓仁等[74]在管节点疲劳可靠性分析中引入了疲劳失效的模糊定义，以考虑模糊不确定性的影响。

2. 物模试验

20 世纪 70 年代开始，美国、日本等国系统地组织并完成了大量管节点物模试验[75-79]，其中包括 T 型、Y 型、X 型、K 型、KT 型等常见的简单节点，荷载类型主要为轴力、面内弯矩和面外弯矩三种基本荷载。截至 1990 年底，Smedley 等[80]统计了各简单管节点物模试验工况总数，如表 1.2 所示，这些模型试验结果被很多学者用来验证数值模型的准确性，进而推导出多套简单管节点 SCF 计算公式。当撑-弦杆直径比 $\beta=1$ 时，撑-弦杆相贯线处的焊缝体会超过弦杆表面，使得几何截面突变程度更大，SCF 进而骤增，因此表 1.2 中列出撑-弦杆直径比 $\beta=1$ 时的试验模型参数。

表 1.2　简单管节点物模试验试件数量统计[80]

节点类型	钢质模型		聚丙烯模型		总计	
	$\beta<1$	$\beta=1$	$\beta<1$	$\beta=1$	$\beta<1$	$\beta=1$
T/Y	82	14	63	16	145	30
X	20	7	17	13	37	20
K	36	1	29	3	65	4
KT	1	0	8	0	9	0
总计	139	22	117	32	256	54

吴清可[81]于 1983 年总结了各试验方法的特点，如表 1.3 所示。聚丙烯模型试验结果与钢质模型试验结果的差别较大，出现这种现象的原因为当时的物质经济水平较低，现在该方法已很少使用。研究表明，焊缝存在会对热点应力产生很大的影响[82]，光弹性模型试验因不能模拟焊缝，也已逐渐被替代。钢质模型试验是目前主流试验方法，随着近年来其他领域的发展，出现了一些新型技术以提高钢质模型试验效率，例如，Kolios 等[83]采用了一种 3D（三维）激光扫描设备来扫

描试件，可以直接在计算机中生成准确的几何模型，大大缩减精细化有限元模拟的前处理过程。

表 1.3　物模试验方法评价[81]

试验方法	优点	缺点	价格比	时间/周
聚丙烯模型试验	完成快，造价低，可模拟焊缝	数据密度依赖于应变片数量	0.8	3
光弹性模型试验	可模拟管节点交接处形状，能给出三维应力分布	价格高，所用时间长	1.3	10
钢质模型试验	存在焊缝，可给出真实焊趾应力，也可继续做疲劳试验	大尺寸模型需专门加载设备，加工时间长，焊趾内表面不能贴片	11.4	16

至 20 世纪 90 年代初，简单管节点试验数据库已趋于完善，之后十几年间，物模试验大多聚焦于更复杂的管节点和更精细化的研究。对于具有复杂几何构型的管节点，其试验研究往往需要设计专门的试验方案和加载设备，以得到有效的试验数据，进而为数值模型准确性验证提供保障。此外，更精细化的管节点试验研究往往会覆盖管节点从完好到疲劳破坏的全过程，如监控疲劳裂纹的产生、生长和贯穿等。

3. 数值仿真

管节点数值仿真研究主要指有限元法的应用，即采用有限元法对管节点开展建模、加载、求解、后处理等一系列分析。在 20 世纪 60 年代，管节点 SCF 的研究刚刚兴起，有限元理论在各领域内的应用仍在拓展之中，计算机技术更是难以支持大规模有限元计算，同时亦无成熟的商业软件可用，有限元分析的实施往往需要学者自行编程计算，所以彼时有限元法与解析法同时发展、相互借鉴，如陈铁云等[67-70]提出的半解析变分法，即结合了变分原理和有限元思想的半解析解法。

随着有限元理论的日渐成熟和计算机技术的突飞猛进，数值研究中计算时间的影响逐渐弱化，数值模型的网格越来越精细，计算精度也越来越高。管节点的壁厚一般都小于典型整体结构尺寸的 10%，是典型的薄壁构件，因此最先被用来模拟管节点的单元类型是壳单元。壳单元主要分为薄壳和厚壳两种，薄壳单元不能定义壳体厚度，在薄壳问题中计算性能更优；厚壳单元可以通过截面性质定义壳体厚度，对于模拟接触问题具有比薄壳单元更好的精度。Kuang 等[84]采用薄壳单元模拟管节点，忽略焊缝的影响，推导出了一系列简单管节点 SCF 计算公式；而 Efthymiou[85]为了考虑焊缝的影响，采用 3D 厚壳单元模拟含焊缝的管节点，得到了与试验值更为接近的结果。

壳单元虽然能模拟出弦杆和撑杆表面的应力分布，但是无法表现弦杆和撑杆沿壁厚方向的应力变化。由图 1.5 可以看出，焊趾处钢板壁厚方向的应力分布呈非线性变化, 实体单元能模拟出这一变化, 因此用实体单元模拟撑杆与弦杆杆体的结果更为精确; 焊缝体各个维度的几何尺寸相当, 且焊缝体内的应力梯度极大, 因此对于焊缝的模拟必须采用实体单元。van Wingerde[86]提出在撑-弦杆相贯区域采用实体单元建模, 远离相贯区域的部位应力梯度较小, 则采用壳单元建模, 在实体单元与壳单元之间设置过渡单元连接。随着商业有限元软件的成熟和计算机硬件的发展, 计算成本已大幅减小, 目前, 几乎所有的研究中都采用全实体单元建立有限元模型。Karamanos 等[87]对不同节点数实体单元进行了研究, 建议选用20 节点二次实体单元, 建立含焊缝的全实体单元管节点有限元模型。

1.4.2 SCF 极值研究

撑杆一端通过焊缝与弦杆连接, 杆件相交处几何变化最为剧烈, 因此焊缝是应力集中最明显的部位, 管节点的热点应力就发生在焊趾曲线上, 又因为同一荷载条件下名义应力固定不变, 所以热点应力发生位置即为 SCF 极值点位置。SCF极值点位置会随着外荷载类型和节点几何形状的变化而变化。例如, 对于简单平面 T 型、K 型、X 型节点, 在轴力荷载作用下, 极值点位置大多发生在冠点或鞍点 (图 1.4 (b)); 在面内弯矩荷载作用下, 极值点位置大多发生在冠点; 在面外弯矩作用下, 极值点位置大多发生在鞍点[18]。冠点和鞍点也因此被认为是管节点SCF 极值研究的关键位置, 很多研究都聚焦于各类型管节点在基本荷载作用下关键位置处的 SCF 极值经验公式。

1. 简单平面管节点

简单平面管节点主要包括平面 T/Y 型、K 型、X 型和 KT 型管节点, 是最早应用于工程中的节点, 应用范围也最为广泛, 因此最先获得研究者的关注。简单平面管节点 SCF 极值经验公式随着数据库的完善和计算精度的提高, 也在不断更新, 纵观管节点 SCF 研究历程, 较为著名的简单平面管节点 SCF 设计公式有以下几个。

1) Kuang 公式[84]

Kuang 公式于 1975 年提出, 其适用范围涵盖 T/Y 型、K 型和 KT 型管节点。公式回归数据来源于有限元分析结果, 该有限元计算程序采用薄壳单元建模, 在有限元模型中未考虑焊缝的存在, 热点应力取管节点壁厚中点处应力, 该应力与目前流行的热点应力的定义有明显区别[33], 因此公式对 SCF 的预测值普遍高于试验值 (表 1.2), 如 KT 型管节点的 SCF 预测值有时会高达试验值的 4 倍。除此之外, Kuang 公式的管节点几何参数覆盖范围较小, 因此其应用范围受到限制。虽然 Kuang 公式的精度和适用范围已不能满足目前的工程需求, 但是在 SCF 研究初期, 仍然为管节点设计提供了很大帮助。

2）Wordsworth/Smedley 公式[88]

Wordsworth/Smedley 公式于 1978 年首次提出，并在修正后于 1980 年再次更新，适用范围涵盖 T/Y 型、K 型和 KT 型管节点。公式回归数据来源于聚丙烯模型试验，并且在试件中模拟了焊缝的存在，因此公式对 SCF 的预测值与已有试验数据库（表 1.2）吻合良好。Wordsworth/Smedley 公式将弦杆 SCF 乘以相应系数得到撑杆 SCF，因此弦杆 SCF 预测准确，而撑杆 SCF 预测值偏于保守，但是由于撑杆的 SCF 往往小于弦杆 SCF，对管节点最终的热点应力影响不大。

3）Efthymiou/Durkin 公式[85]

Efthymiou/Durkin 公式于 1985 年首次提出，适用范围涵盖 T/Y 型和 K 型管节点，之后又于 1988 年新增了 X 型和 KT 型管节点的公式。公式回归数据来源于有限元分析结果，有限元分析基于 PMBSHELL 程序，采用 3D 厚壳单元模拟了 150 个管节点模型，各模型中都包含焊缝，热点应力取焊趾曲线上最大几何应力，与现行规范中的定义一致，并用 SATE 程序验证了有限元分析结果。该公式对已有试验数据库（表 1.2）的预测效果最佳，同时考虑了弦杆短杆效应对 SCF 的影响；该公式的不足为有 20%～40%的概率低估管节点的 SCF，但低估幅度较小，所以仍被各国规范广泛采用。需要说明的是，对于不对称的 K 型管节点（其中一个撑杆轴线垂直于弦杆轴线，另一个撑杆倾斜），当受不平衡面外弯矩荷载作用时，Efthymiou/Durkin 公式会低估垂直撑杆的 SCF。

4）Lloyd's Register 公式[47, 48]

Lloyd's Register 公式于 1991 年提出，适用范围涵盖 T/Y 型、X 型、K 型和 KT 型管节点。公式回归数据基于已有钢质模型和聚丙烯模型试验数据（表 1.2），使用多变量最小二乘曲线拟合方法，将 SCF 试验值和公式预测值之间的误差最小化，具体做法是先使用平均拟合方程作为初始形式，再通过考虑节点类型与荷载模式的影响函数对公式进行修正，最终得出一系列设计方程。这些方程也考虑了弦杆短杆效应对 SCF 的影响，并使用 Efthymiou/Durkin 公式给出的弦杆短杆效应系数量化此影响。考虑到 SCF 的实测值与预测值之比近似呈对数正态概率分布，且其预测不足的概率约为 20%，因此 Lloyd's Register 公式还经过了安全系数修正，经此修正，相较于 Efthymiou/Durkin 公式，该公式大大减小了 SCF 被低估的概率和程度。

2. 加强平面管节点

管节点的应力集中会大大减小其疲劳寿命，为了提高管节点疲劳强度，研究者提出了多种管节点加强措施，如弦杆内增添加强环、撑-弦杆相交处设加强板、弦杆内灌注混凝土、钢材表面加纤维增强复合材料（fiber reinforced plastic，FRP）等，这些措施可以使相贯线处应力分布更加均匀，从而减小管节点 SCF。

关于钢环加强和钢板加强节点，Shiyekar 等[89]通过四个 T 型管节点试验，研究了内置加强环数量和位置的变化对 SCF 大小和分布规律的影响；Hoon 等[90]开展了撑-弦杆相交处以钢板加强的 T 型管节点钢质模型试验，并通过有限元法研究了该节点在各种基本荷载和联合荷载作用下的 SCF 大小和分布规律。

关于灌注混凝土管节点，Chen 等[91]通过试验和数值方法研究了 T 型管节点在撑杆受轴压荷载作用下的 SCF 极值；Feng 等[92]通过试验和数值方法研究了 X 型管节点在轴力和面内弯矩荷载作用下的 SCF 极值；徐菲[93]通过试验和数值方法研究了 K 型和 KT 型管节点在单撑杆受轴力荷载作用下的 SCF 极值。

Sakai 等[94]还研究了弦杆内同时设置带孔加劲肋和灌注混凝土加强的 K 型管节点，并与未加强的 K 型管节点、仅弦杆灌注混凝土的 K 型管节点、弦杆和撑杆都灌注混凝土的 K 型管节点进行对比，发现其加强效果和失效模式与简单管节点及灌注混凝土管节点都有所不同，带孔加劲肋增加了节点的延性，有效抑制了裂纹生长速度；杆内灌注的混凝土提高了节点刚度，大大增加了节点抗屈曲破坏的能力。

Lesani 等[95]研究了 FRP 对 T 型管节点力学性能的影响，并开展了轴力荷载作用下的相关试验，在弦杆焊缝周围沿三个方向铺设 FRP 加强层，在撑杆焊缝周围沿两个方向铺设 FRP 加强层。试验结果表明，FRP 加强层可有效地与管节点协同工作，大大提高了管节点承载力，进而提高了管节点疲劳寿命。

3. 空间管节点

随着时代的发展，各种复杂的工程结构涌现，管节点类型也从平面发展至空间，即杆件轴线不全位于同一平面内，如杆件轴线位于两个平面内的 K 型节点为 DK 型节点（图 1.3（a））。空间管节点与平面管节点的主要区别有：①撑杆数量增多，杆件连接处几何构型与应力分布情况都更为复杂，应力集中程度往往也更加严重；②不同平面撑杆之间的相互作用更明显，这意味着采用平面管节点 SCF 经验公式预测空间管节点会引起很大的误差。因此，针对空间管节点 SCF 的研究是十分必要的。

Karamanos 等[96]于 2000 年通过有限元法研究了 DT 型管节点受轴力荷载作用时的 SCF 极值，考虑不同荷载条件下两个撑杆之间的相互作用，分析了两个撑杆轴线之间夹角对 SCF 的影响，并通过一系列几何参数敏感性分析，给出了不同轴力荷载情况下各撑杆冠点和鞍点的 SCF 经验公式。

付艳霞[21]于 2007 年通过有限元法研究了 DK 型管节点在轴力、面内弯矩和面外弯矩荷载作用下的 SCF 极值，基于 ANSYS 平台分析了 1000 个具有不同几何参数的 DK 型管节点模型，通过参数分析提出了各基本荷载作用下 SCF 极值经验公式，并与具有相同几何尺寸和荷载条件的平面 K 型管节点进行了对比。值得注意的是，该研究中没有考虑焊缝的存在，因此对 SCF 的预测值偏高。

Chiew 等[97]于 2000 年完成了空间 DX 型管节点在各种基本荷载和组合荷载作用下的钢质模型试验，并采用 20 节点三维实体单元建立了含焊缝的有限元模型开展计算，试验结果证明了有限元计算的准确性。同年，Chiew 研究团队完成批量有限元计算，并根据有限元结果回归出 DX 型管节点的 SCF 极值经验公式[98]。

Sundaravadivelu 等[99]于 1987 年开展了两平面 KT 型空间管节点的试验研究，证明了已有简单管节点经验公式不适用于该空间管节点的 SCF 预测，但是限于当时的技术和经济水平，并未给出适用的 SCF 经验公式。Ahmadi 等[24,100,101]于 2012～2016 年，通过对三平面 KT 型管节点系统的试验和数值研究，提出了该类管节点在轴力、面内弯矩和面外弯矩荷载作用下若干冠点和鞍点的 SCF 经验公式。

随着钢管结构在各领域的广泛应用，各种复杂的空间管节点层出不穷，虽然对过于复杂的空间管节点很难提出 SCF 经验公式，但是相关的研究仍然能为类似工程应用提供有益的参考。其中较为突出的研究实例有：Pang 等[102]研究了部分搭接 KK 型空间管节点（图 1.9（a））在轴力荷载作用下的热点应力；Chiew 等[103]研究了各撑杆都位于不同平面的复杂空间 DKYY 型管节点（图 1.9（b））在若干撑杆受轴力荷载作用下的热点应力；Shi 等[104]研究了由钢板连接的两平面 KT 型管节点（图 1.9（c））在多撑杆同时受轴力荷载作用下的热点应力；Deng 等[105]研究了带加劲肋板的变截面异型空间加强管节点（图 1.9（d））在轴力荷载作用下的热点应力。

4. 平面方管、方-圆管节点

由材料力学对圆环形截面构件的研究结论可知，圆管构件既具有良好的抗弯刚度，又具有受力均匀、节省材料等优良性能，因此具有圆形截面的管节点在工程中的应用最为广泛，本书中无特殊说明之处均为圆形截面管节点。但不可否认的是，具有方形截面的管节点在某些工程中也得到了很好的应用，并发挥了重要的作用，因此一些学者也针对方管节点和方-圆管节点开展了相关研究。方管节点与圆管节点性能差异较大，即与本书研究对象差别较大，因此仅选取一些具有代表性的、可借鉴的方管节点研究进行简要介绍。

van Wingerde[86]于 1992 年完成了对平面 T 型、K 型和 X 型方管节点的试验和数值研究。试验涵盖 28 个 T 型、36 个 K 型和 41 个 X 型方管节点，荷载类型为轴力和面内弯矩。有限元分析采用 8 节点厚壳单元模拟弦杆和撑杆管体，用 20 节点实体单元模拟焊缝，在壳单元与实体单元间采用 13 节点过渡单元连接。根据系统的几何参数敏感性分析研究结果，提出了轴力和面内弯矩荷载作用下 SCF 预测公式。

（a）部分搭接KK型空间管节点[102]

（b）复杂空间DKYY型管节点[103]

（c）两平面KT型管节点[104]

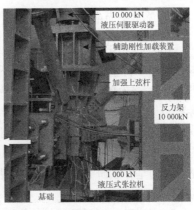

（d）异型空间加强管节点[105]

图 1.9　近年来复杂空间钢管节点试验

　　丁玉坤等[106]于 2005 年开展了 12 个空间 KK 型方管节点在撑杆受轴力荷载作用下的物模试验，研究了其热点应力分布规律，并为有限元验证提供了数据支持。程斌等[107]于 2015 年开展了方形鸟嘴式 T 型方管节点的钢质模型试验和有限元分析研究，得到了热点区域 SCF 大小及分布规律，并证明方形鸟嘴式 T 型方管节点的热点外推区应力分布符合二次变化规律，且 SCF 小于普通正放式 T 型方管节点。

　　除了杆件截面全为方形的管节点，一些研究还聚焦于圆管与方管组合型管节点。Soh 等[108]于 1994 年研究了弦杆圆形截面、撑杆方形截面（主圆支方）的 X 型管节点，并通过系统的试验和数值研究，给出了该类型管节点在三种基本荷载作用下 SCF 极值经验公式。詹洪勇[109]于 2017 年研究了弦杆方截面、撑杆圆截面（主方支圆）的 T 型和 X 型管节点在轴力荷载作用下的 SCF 极值，并对类似方管节点 SCF 公式做出修正，提出了与试验吻合度更好的极值经验公式。

1.4.3　SCF 分布研究

当荷载类型一定时，简单管节点的 SCF 极值发生位置往往可以确定，通常在鞍点和冠点处，因此在早期对 SCF 的研究中，大多关注冠点和鞍点处的 SCF。然而，同一类型管节点在不同荷载作用下的极值点位置不同，因此计算复杂荷载作用下的 SCF 时，若将各基本荷载作用下的 SCF 极值叠加，则会比实际 SCF 偏大很多，从而使得疲劳寿命评估过于保守。此外，对于几何构型更加复杂的空间管节点，SCF 沿焊缝的分布规律也更为复杂，极值点位置不仅与荷载类型有关，还会随着几何参数的变化而变化，冠点和鞍点处 SCF 与真实极值间的差距很大。因此，关于 SCF 沿焊缝分布的研究很有必要，但是目前 SCF 沿焊缝分布公式的数量远小于 SCF 极值公式。

1. 简单平面管节点

Soh 等[110]于 1996 年开展了 K 型节点钢质模型试验，研究了单撑杆受单一基本荷载和多种基本荷载同时作用下沿焊缝曲线一周的 SCF 分布规律，限于当时的研究条件，应变测点的布置较为稀疏，但是该试验仍为之后的研究提供了很好的参考。

Morgan 等[111-113]于 1998 年通过数值方法研究了 K 型管节点沿焊缝曲线一周的 SCF 分布，其数值分析中采用实体单元建立考虑焊缝的有限元模型，与其他研究不同的是，该研究中的焊缝类型为单边角焊缝，SCF 沿焊缝一周的计算点也较为稀疏。

Lee[114]于 1999 年通过数值方法研究了 T/Y 型、K 型和 X 型管节点在三种基本荷载作用下 SCF 沿焊缝的分布规律，有限元分析均采用 20 节点实体单元建立含焊缝的完整数值模型，并且关注了焊趾处 SCF 与焊根处 SCF 的比值。

Gho 等[115, 116]于 2003～2005 年完成了 N 型管节点（完全搭接 K 型管节点）在基本荷载和复杂荷载作用下的钢质模型试验，通过对试验结果进行分析，探究了 N 型管节点相互搭接的两个撑杆焊缝曲线周围的 SCF 分布规律。

Lotfollahi-Yaghin 等[117]于 2010 年通过数值方法研究了 KT 型管节点在撑杆受对称轴力和不对称轴力的若干工况下 SCF 沿焊缝的分布规律。研究结果表明，该节点各撑杆之间的距离和撑杆直径会对 SCF 分布曲线的形状和峰值产生较明显的影响。

2. 加强平面管节点

Murthy 等[118]于 1992 年通过试验和数值方法研究了含内置加强环的 T/Y 型管节点 SCF 沿焊缝的分布情况，物模试件在弦杆内与撑杆相交区域设置了 3 个等间距的加强圆环，有限元分析采用薄壳单元模拟管节点，不考虑焊缝的存在。研究结果表明，加强环的存在大大影响了 SCF 分布曲线形状，并有效降低了 SCF 极值。

Ahmadi 等[119]于 2013 年采用有限元法研究了内置加强环的 KT 型管节点 SCF 沿焊缝的分布情况。基于 ANSYS 平台建立了含焊缝的 20 节点全实体单元有限元模型，分析了 118 个具有不同几何参数的模型，每个模型中设置了 9 个加强环，在每个撑杆与弦杆相交区域的弦杆段内等间距设置 3 个加强环，荷载条件为三撑杆同时承受轴向力。

Zheng 等[120, 121]于 2018 年通过试验研究了弦杆灌注混凝土加强的 T 型管节点在撑杆受轴力荷载作用下 SCF 沿焊缝的分布情况，并通过有限元法分析了 212 个数值模型，数值模型采用三维实体单元建模，考虑了焊缝的存在。研究发现，具有不同几何参数的 T 型管节点 SCF 分布曲线受灌注混凝土影响不尽相同。

3. 空间管节点

Karamanos 等[122]于 2002 年通过数值方法研究了 DT 型管节点在撑杆受面内弯矩和面外弯矩荷载作用下的 SCF 沿焊缝分布。该研究基于 SESAM 软件建模及划分网格，单元类型为 20 节点实体单元，并考虑焊缝的存在；再采用 I-DEAS 软件开展计算，共分析了 144 个 DT 型管节点有限元模型；通过对数值结果的非线性回归分析，最终给出了不同弯矩荷载条件下各 SCF 沿焊缝分布经验公式。

Jiang 等[123]于 2018 年对空间 DT 型管节点在轴力荷载作用下 SCF 沿焊缝的分布规律开展了数值研究。该研究基于 ANSYS 软件，采用 20 节点实体单元建立含焊缝的有限元模型，焊缝尺寸符合 AWS 要求。通过对 352 个有限元模型的计算，分析了几何参数对 SCF 沿焊缝分布的影响，并以三角级数的形式给出了单撑杆受轴力荷载和两撑杆受轴力荷载作用下的 SCF 沿焊缝分布公式。

Ahmadi 等[124]于 2011 年采用数值方法研究了空间 DKT 型管节点在反对称轴力荷载作用下 SCF 沿焊缝的分布情况。该研究基于 ANSYS 软件，分析了 81 个 DKT 型管节点有限元模型。模型与荷载具有对称特性，因此仅需要计算 1/4 模型，大大减小了计算量，提高了计算效率。结合几何参数敏感性分析结果，给出了 DKT 型管节点在反对称轴力荷载作用下 SCF 沿焊缝分布公式。

1.5　SCF 公式汇总

综合应用理论解析法、物模试验法和有限元法，很多学者提出了管节点 SCF 极值和分布公式，本节将各公式对应的文献分类汇总于表 1.4～表 1.8 中。表中，Axial 代表轴力荷载，IPB 代表面内弯矩荷载，OPB 代表面外弯矩荷载。

（1）简单平面管节点 SCF 极值公式对应文献汇总列于表 1.4 中。

（2）加强管节点 SCF 极值公式对应文献汇总列于表 1.5 中。

（3）空间管节点 SCF 极值公式对应文献汇总列于表 1.6 中。

（4）方管、方-圆管节点 SCF 极值公式对应文献汇总列于表 1.7 中。

（5）各类型管节点 SCF 沿焊缝分布公式对应文献汇总列于表 1.8 中。

各国现行规范中推荐较多的是简单平面管节点 SCF 极值公式，其他类型的管节点 SCF 极值公式尚未形成完整体系，主要原因有两点：①复杂管节点（加强管节点、空间管节点、方管节点等）SCF 极值受影响因素较多，较难回归出统一的公式，且公式的预测效果不佳；②SCF 极值直接受荷载条件影响，对于撑杆数量较多的管节点，其荷载组合情况众多，尚未有一套公式可计算各种荷载条件下的 SCF 极值。然而，各文献中提出的公式仍然可以为工程设计提供有力的参考。从这些表中可以看出，目前 SCF 沿焊缝分布公式的数量远小于 SCF 极值公式。

表 1.4　简单平面管节点 SCF 极值公式对应文献汇总

类型	文献	年份	作者	研究方法	荷载
T/Y	[84]	1975	Kuang 等	数值	Axial，IPB，OPB
	[88]	1980	Wordsworth 等	试验，数值	Axial，IPB，OPB
	[85]	1988	Efthymiou	试验，数值	Axial，IPB，OPB
	[125]	1990	Hellier 等	数值	Axial，IPB，OPB
	[80]	1991	Smedley 等	数值	Axial，IPB，OPB
	[126]	2008	张国栋	试验，数值	Axial，IPB，OPB
K	[84]	1975	Kuang 等	数值	Axial，IPB，OPB
	[88]	1980	Wordsworth 等	试验，数值	Axial，IPB，OPB
	[85]	1988	Efthymiou	试验，数值	Axial，IPB，OPB
	[80]	1991	Smedley 等	数值	Axial，IPB，OPB
	[127]	1997	Morgan 等	数值	Axial
	[87]	2000	Karamanos 等	数值	Axial，IPB，OPB
	[128]	2004	Shao	试验，数值	IPB
X	[85]	1988	Efthymiou	试验，数值	Axial，IPB，OPB
	[80]	1991	Smedley 等	数值	Axial，IPB，OPB
	[129]	1996	Chang 等	数值	Axial，IPB，OPB
	[130]	2007	张宝峰等	数值	Axial
KT	[88]	1980	Wordsworth 等	试验，数值	Axial，IPB，OPB
	[85]	1988	Efthymiou	试验，数值	Axial，IPB，OPB
	[80]	1991	Smedley 等	数值	Axial，IPB，OPB
	[131]	2007	张秀峰	数值	Axial，IPB，OPB

续表

类型	文献	年份	作者	研究方法	荷载
N	[132]~[135]	2004~2008	Gao 等	试验，数值	Axial，IPB，OPB
	[136]	2008	章小蓉	数值	Axial，IPB，OPB
	[137]	2015	Yang 等	试验，值	Axial
	[138]	2016	杨简	试验，数值	Axial

表 1.5　加强管节点 SCF 极值公式对应文献汇总

加强方式	类型	文献	年份	作者	研究方法	荷载
内置加强环	T/Y	[139]	1991	Smedley 等	数值	Axial，IPB，OPB
		[118]	1992	Murthy 等	试验，数值	Axial，IPB，OPB
	X	[139]	1991	Smedley 等	数值	Axial，IPB，OPB
	K	[139]	1991	Smedley 等	数值	Axial，IPB，OPB
	KT	[33], [140], [141]	2012~2015	Ahmadi 等	数值	Axial，IPB，OPB
局部加强板	T	[142]	2002	Fung 等	试验，数值	Axial，IPB，OPB
		[143]	2007	Nazari 等	数值	Axial，IPB，OPB
	Y	[143]	2007	Nazari 等	数值	Axial，IPB，OPB
	X	[143]	2007	Nazari 等	数值	Axial，IPB，OPB
	K	[143]	2007	Nazari 等	数值	Axial，IPB，OPB
		[144]	2017	Nie 等	数值	Axial
	DK	[145]	2009	Woghiren 等	数值	Axial
主管灌混凝土	T/Y	[146]	2012	刁砚	试验，数值	Axial
		[147], [148]	2018~2019	Musa 等	数值	Axial，IPB，OPB
		[120], [121]	2018~2020	Zheng 等	试验，数值	Axial，IPB，OPB
		[149]	2019	Tong 等	试验，数值	Axial，IPB
		[150]	2020	Jiang 等	试验，数值	Axial，IPB
	K/N	[146]	2012	刁砚	试验，数值	Axial
		[151]	2019	Musa 等	数值	Axial
		[152]	2019	Zheng 等	试验，数值	Axial，IPB，OPB
		[153]	2019	Jiang 等	试验，数值	Axial，IPB
	X	[154]	2019	Jiang 等	试验，数值	Axial，IPB
FRP	T	[155]	2020	Hosseini 等	试验，数值	Axial

表 1.6　空间管节点 SCF 极值公式对应文献汇总

类型	文献	年份	作者	研究方法	荷载
DT	[96]	2000	Karamanos 等	数值	Axial
DX	[156]	1999	Karamanos 等	数值	Axial，IPB，OPB
	[98]	2000	Chiew 等	数值	Axial，IPB，OPB

类型	文献	年份	作者	研究方法	荷载
XT	[157]	2011	张华芬	数值	Axial，IPB，OPB
	[158]	2020	Ahmadi 等	数值	OPB
3KT	[24], [100], [101]	2012~2016	Ahmadi 等	数值	Axial，IPB，OPB

表1.7　方管、方–圆管节点SCF极值公式对应文献汇总

分类	类型	文献	年份	作者	研究方法	荷载
主方支方	T	[86]	1992	van Wingerde	试验，数值	Axial，IPB
	K	[159]	1988	Puthli 等	试验，数值	Axial，IPB
	X	[86]	1992	van Wingerde	试验，数值	Axial，IPB
		[108]	1994	Soh 等	试验，数值	Axial，IPB，OPB
		[160]	2013	Feng 等	试验，数值	Axial
		[161], [162]	2018~2020	Cheng 等	试验，数值	Axial，IPB
	平面 KK	[163]	1995	Soh 等	数值	Axial，IPB，OPB
主圆支方	X	[108]	1994	Soh 等	试验，数值	Axial，IPB，OPB
	K	[164]~[166]	2016~2017	胡康等	试验，数值	Axial，IPB，OPB
主方支圆	T	[109]	2017	詹洪勇	试验，数值	Axial
	Y	[167]~[169]	2018	尹越等	试验，数值	Axial，IPB，OPB
	X	[109]	2017	詹洪勇	试验，数值	Axial

表1.8　各类型管节点SCF沿焊缝分布公式对应文献汇总

分类	类型	文献	年份	作者	研究方法	荷载
平面	T/Y	[170]	1999	Chang 等	数值	Axial，IPB，OPB
		[114]	1999	Lee	数值	Axial，IPB，OPB
		[126]	2008	张国栋	试验，数值	Axial，IPB，OPB
	K	[111]~[113]	1998	Morgan 等	数值	Axial，IPB，OPB
		[114]	1999	Lee	数值	Axial，IPB，OPB
		[171]	2009	Shao 等	数值	Axial，IPB，OPB
	X	[114]	1999	Lee	数值	Axial，IPB，OPB
		[172]	1999	Chang	数值	Axial，IPB，OPB
	KT	[117]	2010	Lotfollahi-Yaghin 等	数值	Axial
	uni-DKT	[173]	2011	Ahmadi 等	数值	Axial
加强	含加强环 KT	[119]	2013	Ahmadi 等	试验，数值	Axial
空间	DT	[122]	2002	Karamanos 等	数值	IPB，OPB
		[123]	2018	Jiang 等	数值	Axial
	DKT	[124]	2011	Ahmadi 等	数值	Axial

第2章 管节点物理模型试验方法

2.1 空间结构复杂荷载试验系统

1. 系统组成及布局

为满足空间管节点试验需求，作者所在团队研发了可以实现空间结构多平面复杂荷载组合加载的试验系统。该试验系统可应用于具有复杂几何形状的试件或结构，试件的最大高度可达 4.5m；加载控制方式有力控和位移控；可开展静力试验和疲劳试验；可在多平面内同时施加轴力、弯矩、剪力和扭矩，或上述各荷载之间的任意组合。各基本荷载的加载范围：轴力为±320kN；弯矩为±80kN·m；剪力为±160kN；扭矩为±40kN·m。

如图 2.1 所示，空间结构多平面复杂荷载组合加载试验系统包括四个部分，分别为试验机基座、模拟试件边界条件的约束系统、模块化布置的加载系统以及电控系统。图中，a 为试验机基座，其通过地脚螺栓固定于地基上；b1 为可调节反力柱，b2 为悬臂法兰固定端，b3 为可移动铰支座，b1~b3 组成了约束系统，b1 和 b3 通过连接螺栓固定于试验机基座上，b2 通过连接螺栓固定于可调节反力柱上；c 为独立加载单元，若干个独立加载单元组成了加载系统，加载系统通过连接螺栓与试验机基座相连；d1 为电液伺服控制系统，d2 为液压油源，d3 为加压油泵，d4 为冷却水箱，d1~d4 组成了电控系统，布置于约束系统侧方。

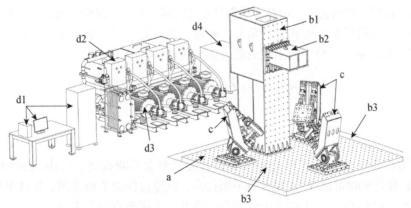

图 2.1 空间结构多平面复杂荷载组合加载试验系统整体结构

2. 模块化加载单元

空间结构多平面复杂荷载组合加载试验系统最具创新性和实用性的部分是独立加载单元，其主要构造特点及功能如下：

（1）每个独立加载单元都配备六个作动器和一块可视为刚体的钢板，每个作动器配备一个荷载传感器和一个位移传感器，使独立加载单元根据电控系统的指令施加基本荷载（轴力、面内弯矩、面外弯矩和扭矩）和组合荷载（任意基本荷载的组合）。

（2）独立加载单元的底部设置水平纵向滑动底板、水平横向滑动底板和竖直角度调节铰，可从两个平动自由度和两个转动自由度方向上调节独立加载单元与待加载试件连接面的位置，其余两个自由度可通过增加刚性垫片和旋转接触面实现。

（3）每个独立加载单元之间相互独立，仅与电控系统对应控制通道相连，可根据试验对象的需求进行模块化布置，实现多平面同时加载功能。本章介绍的试验对象为三平面 Y 型管节点，因此使用了三个独立加载单元，以完成分布于三个平面内的加载任务。

3. 电液伺服控制系统

控制系统采用电液伺服控制，包括电液伺服控制柜和操作软件。电液伺服控制系统的研发及应用可以保证荷载施加的准确性和加载过程的高效性。该控制系统可实现的功能如下：

（1）多通道组合加载和连续记录功能，大大简化了复杂荷载的施加和后处理；

（2）多通道数据即时可视化显示功能，便于试验人员监控试验过程和防止意外发生；

（3）具备力控制和位移控制两种加载方式，满足不同的试验需求；

（4）荷载类型可为静力荷载和周期性疲劳荷载，扩大了试验系统的应用范围；

（5）荷载曲线基本形式有三角形、梯形、简谐波形等，基本波形间的组合足以完成静力和疲劳试验中会出现的绝大多数荷载加载。

2.2　试件设计及处理

1. 试件材料

从海洋平台用钢的发展趋势来看，其强度要求不断提高，已由 355MPa 和 420MPa 增至 500MPa；厚度规格也不断提高，低温韧性向 F 级发展；并且更加重视钢材的耐腐蚀性能。从科学研究的角度出发，本试验有如下考量：

（1）已有的大量研究表明，管节点应力集中表现只与无量纲几何参数直接相关；

（2）为使测点处应变范围易于测量，所需施加的荷载与钢材的弹性模量和屈服强度相关，普通低碳钢可以满足试验的需求；

（3）以江苏某海上风电场 2.5MW 三桩风机基础结构中三平面 Y 型管节点为原型，制作 1∶10 缩尺模型，因缩尺后管壁厚度较小，对钢材层状撕拉性能可不做要求。

综上，对试件各部件所用钢材的选择列于表 2.1 中。

表 2.1　试件各部件所用钢材规格及参数

试件部件	加工形式	钢材型号	厚度/mm	其他尺寸/mm
弦杆	无缝钢管	Q235A	10	外径 500
撑杆	无缝钢管	Q235A	7	外径 300
弦杆法兰	钢板切割成圆环	Q235A	40	外径 700，内径 480
撑杆法兰	钢板切割成圆环	Q235A	30	外径 400，内径 260
法兰筋板	钢板切割成梯形	Q235A	16	高 260，宽 100

2. 材料试验

1）材料试验目的

材料试验的目的是测得弦杆和撑杆的弹性模量及泊松比，用于有限元计算和应变集中系数（strain concentration factor，SNCF）及 SCF 换算。

2）材料试验设备

材料试验加载仪器为 MTS Landmark® 伺服液压测试系统，传感器为 BX120-1AA 电阻应变片，应变采集仪器为 NI PXIe 采集仪，数据采集软件为 NI Signal Express。

3）材料试样

依据《钢制品机械测试的标准试验方法和定义》（ASTM A370—2013）规范设计钢管轴向矩形横截面板条试样，弦杆材料试样取样方式和尺寸示意图如图 2.2 所示，撑杆材料试样取样方式和尺寸示意图如图 2.3 所示。

从制作弦杆和撑杆的管材上分别截取一段，各制作 3 根试样，总共 6 根试样。弦杆试样编号为 C-1、C-2 和 C-3，撑杆试样编号为 B-1、B-2 和 B-3。材料试样与试样试验仪器如图 2.4 所示。

4）材料试验过程

材料试验过程如下：

（1）在每个试样标距段中心位置分别粘贴 1 个纵向应变片和 1 个横向应变片。

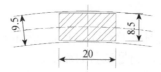

（a）弦杆轴向矩形板条试样取样示意图

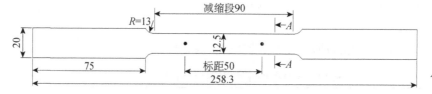

（b）弦杆轴向矩形板条试样尺寸示意图

图 2.2 弦杆材料试样取样方式和尺寸示意图（单位：mm）

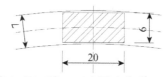

（a）撑杆轴向矩形板条试样取样示意图

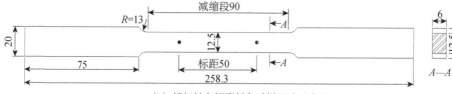

（b）撑杆轴向矩形板条试样尺寸示意图

图 2.3 撑杆材料试样取样方式和尺寸示意图（单位：mm）

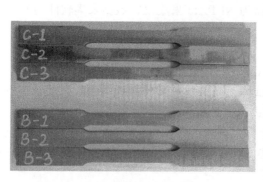

（a）材料试样

（b）试样试验仪器

图 2.4 材料试样和试样试验仪器

（2）安装试样，低强度荷载预压及对中，观察应变监控窗口，确保应变读数正常。

（3）按表 2.2 中荷载方案，匀速力控加载，同时记录荷载和应变数值。

（4）每个试样循环加载 2 次后，更换试样，重复步骤（2）和（3），直至全部完成。

表 2.2　材料试验加载方案

试样编号	设计截面积/ mm²	设计荷载/ kN	设计应力/ MPa	周期/s	加载速率/ （kN/min）	加载次数
C-1/C-2/C-3	106.25	20	188.24	180	6.67	2
B-1/B-2/B-3	75.0	15	200.0	120	7.50	2

5）材料试验结果

材料试验结果经处理后示于表 2.3。需要说明的是，表中“截面积”一列为试样标距段实测截面积均值。材料试验结果表明，弦杆钢材的弹性模量为 199.82GPa，泊松比为 0.32；撑杆钢材的弹性模量为 199.95GPa，泊松比为 0.26。此数据将应用于本章的试验数据处理和第 3 章的数值仿真等研究中。

表 2.3　材料试验结果

试样编号	加载次数	荷载/ kN	截面积/ mm²	应力/ MPa	纵向应变/ με	横向应变/ με	弹性模量/GPa 实测值	弹性模量/GPa 均值	泊松比 实测值	泊松比 均值
C-1	1	20.00	99.68	200.61	1003	−310	200.01		0.31	
	2	19.99		200.57	1006	−307	199.37		0.31	
C-2	1	19.99	101.23	197.50	985	−303	200.51	199.82	0.31	0.32
	2	20.00		197.52	992	−309	199.12		0.31	
C-3	1	20.01	103.67	192.98	966	−331	199.77		0.34	
	2	20.00		192.90	964	−318	200.11		0.33	
B-1	1	15.01	74.67	201.02	1003	−274	200.42		0.27	
	2	14.98		200.64	1005	−269	199.64		0.27	
B-2	1	15.01	75.62	198.47	994	−268	199.67	199.95	0.27	0.26
	2	14.99		198.21	987	−265	200.82		0.27	
B-3	1	14.99	73.28	204.56	1024	−260	199.76		0.25	
	2	15.01		204.79	1027	−261	199.41		0.25	

3. 几何尺寸

多平面管节点与简单管节点的主要差异在于不同平面撑杆间的空间相互作用。已有研究表明，撑-弦杆直径比 β 越大，空间相互作用效应越明显。基于 ANSYS 平台建立有限元模型试算，确定空间相互作用明显的撑-弦杆直径比 β 范围，并与工程上常用的几何参数进行对比，最终取一例典型尺寸，按 $1:10$ 缩尺，试件几何尺寸如图 2.5 所示。图中，L_C 为弦杆计算长度，L_1 为上弦杆长度，D 为弦杆外径，T 为弦杆壁厚，l_B 为撑杆计算长度，d 为撑杆外径，t 为撑杆壁厚。试件设计尺寸与实际尺寸列于表 2.4 中，表中，α 为弦杆长细比，β 为撑-弦杆直径比，γ 为弦杆径厚比，τ 为撑-弦杆壁厚比，θ 为撑-弦杆夹角。

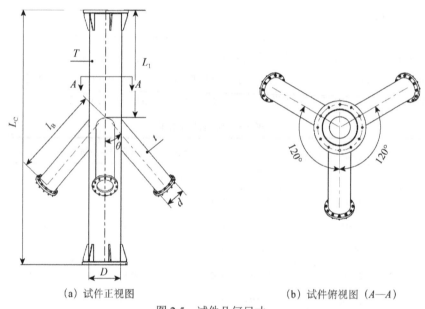

（a）试件正视图　　　　　　　　　（b）试件俯视图（A—A）

图 2.5　试件几何尺寸

表 2.4　试件设计尺寸和实际尺寸

尺寸	L_C/mm	L_1/mm	D/mm	T/mm	l_B/mm	d/mm	t/mm	α	β	γ	τ	θ/(°)
设计	3720	1527	500	10	1470	300	7	14.88	0.6	25	0.7	45
实际	3702	1509	498	9.3	1483	298.5	7.1	14.87	0.6	26.8	0.76	43

4. 加工质检

在本试验中，试件的焊接质量对试验结果的影响很大，焊接管节点应力集中性能在一定程度上受焊接质量的影响。实际工程中的海洋钢结构，其焊接工艺有严格的质量控制流程和质检指标。为了更加准确地模拟实际情况，本试验按照下列几个方面完成试件的加工与质检。

（1）钢材检测。所有钢管均进行外观检验，表面没有缺陷，详细检查项目参照《承压设备无损检测 第 7 部分：目视检测》（NB/T 47013.7—2012（JB/T 4730.7））[174]中相关规定；所用钢管符合 I 级探伤要求，并进行 100%超声波探伤。

（2）焊接设计。为保证试件质量，必须采用对接焊缝；撑杆与弦杆的焊接采用完全熔透（complete joint penetration，CJP）坡口焊缝，焊缝质量等级为一级；焊缝的坡口设计满足 AWS 规范[36]的要求。规范中关于坡口的重要图示及表格详见附录 A。

（3）焊接工艺。由拥有机械制造与加工行业焊工证的人员在室内完成试件焊接；每条焊缝施焊完毕后应立即清除熔渣及飞溅物；试件防腐施工处理之前，对所有焊缝应进行打磨，打磨半径应大于等于构件壁厚；焊接质量采用超声波技术检验后应符合 AWS 规范[36]要求。

5. 试件安装

试件安装过程如下：

（1）将试件吊装至可调节反力柱正面，调整试件位置，使弦杆轴线与可调节反力柱轴线处于同一平面，并且在下弦杆法兰盘边缘与可调节反力柱侧面之间预留部分操作空间，距离约为 30cm。用螺栓将试件下弦杆法兰盘固定在试验机基座上。

（2）调节悬臂法兰固定端位置，使其下表面与上弦杆法兰盘上表面刚好接触。先用螺栓将悬臂法兰固定端固定在可调节反力柱上，再用螺栓将试件上弦杆法兰盘固定在悬臂法兰固定端上。

（3）调节独立加载单元在试验机基座上的位置，使得独立加载单元的法兰盘中点法线与试件撑杆轴线共线。先用螺栓将独立加载单元固定在试验机基座上，再用螺栓将试件撑杆法兰盘固定在独立加载单元上。

（4）打开液压油源和控制系统软件界面，开启加压油泵，对各通道分别施加一个较小的荷载，约为设计荷载的 10%，测试并确保系统运行过程顺畅。

三平面 Y 型管节点 1 : 10 缩尺模型安装完成后的实物如图 2.6 所示。

图 2.6　三平面 Y 型管节点试件实物图

2.3　测点布置与试验工况

2.3.1　测点布置

1. 试验测量内容

试验测量内容如下：

（1）测量并记录试件管节点三个平面内弦杆表面，即沿焊缝一周垂直焊缝曲线方向的热点应变、冠点处切向应变和鞍点处切向应变。

（2）测量并记录试件管节点三个平面内撑杆表面，即沿焊缝一周平行于撑杆轴线方向的热点应变、冠点处切向应变和鞍点处切向应变。

（3）测量并记录试件三个撑杆上远离相贯线处名义应变。

2. 名义应力测点

SCF 定义为热点应力与名义应力的比值，其中名义应力可由材料力学公式计算得到。由圆环截面受轴力和弯矩荷载作用时截面正应力分布特点可知，需要沿着撑杆环向每隔 90° 布置一个名义应力测点，测量平行于撑杆轴线方向的应变。

由于焊缝附近的应力集中现象和撑杆加载端的端部效应，名义应力测点在撑

杆轴线方向的布设位置由有限元分析结果确定。图 2.7（a）～（c）分别为单撑杆
受三种基本荷载（轴力、面内弯矩、面外弯矩）作用时撑杆的应力云图。显然，
轴力作用下的端部效应最为明显，名义应力测点在撑杆轴线方向上的位置应设于
图 2.7（a）中矩形内，即从撑杆加载端沿撑杆轴线方向 335～545mm，保守起见
取居中位置，设于 440mm 处。此外，由图 2.7（b）和（c）可知，上述名义应力
测点的布置方案也满足面内弯矩和面外弯矩荷载作用时的需求。名义应力测点位
置示意图如图 2.7（d）所示。

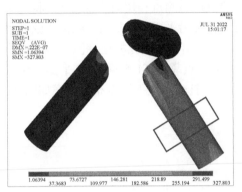

（a）单撑杆受轴力荷载　　　　　　　　　　　（b）单撑杆受面内弯矩荷载

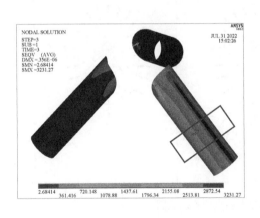
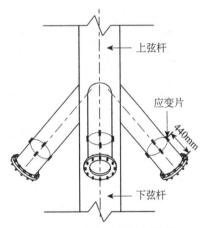

（c）单撑杆受面外弯矩荷载　　　　　　　（d）名义应力测点位置示意图
图 2.7　撑杆远离焊缝处 von Mises 等效应力分布情况及名义应力测点位置

3. 热点应力测点

　　热点应力由沿焊缝一周的几何应力取最大值得到，几何应力则由沿焊缝一周
垂直方向的几何应变与切向应变计算得到，因此热点应力测点包括几何应变测点
和切向应变测点。几何应变测点需要沿焊缝一周布设两圈，用于外推插值计算焊

缝处的几何应力；每圈测点与焊缝的距离按规范要求设置（表 1.1）；每圈 24 个参考点，即沿圆周每隔 15°取一个参考点。对于弦杆，应变片方向垂直于焊缝曲线；对于撑杆，应变片方向平行于撑杆轴线。切向应变测点的测量值用来计算应力应变转换系数 c，在 0°、90°、180°和 270°四个参考位置外圈处，各设一个切向应变测点，应变片方向要求为弦杆上平行于焊缝曲线切线，撑杆上垂直于撑杆轴线。

三平面 Y 型管节点有一个弦杆和三个撑杆，弦杆与撑杆之间共有三条焊缝，因此每条焊缝周围都需要按上述原则布设热点应力测点和切向应变测点。将三平面 Y 型管节点上撑杆与弦杆相交段截取出来，并沿平面母线展开，则位于弦杆表面的热点应力测点如图 2.8 所示。从图中可以看出各平面弦杆应变测点之间的位置关系，T2 平面上位于 0°～180°的热点应力测点靠近 T1 平面，T3 平面上位于 180°～360°的热点应力测点靠近 T1 平面。各撑杆热点应力测点布设方案如图 2.9 所示。

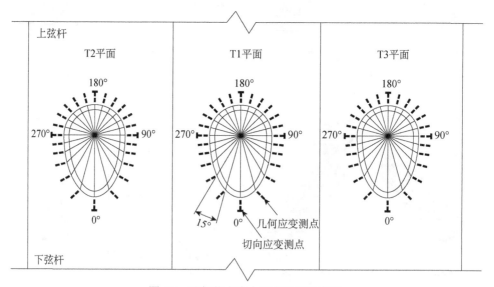

图 2.8　弦杆热点应力测点位置示意图

4. 测点编号汇总

本试验测点总数为 324，为了提高试验操作的准确性，并便于试验数据的后处理，本节对所有测点进行统一编号，编号的符号含义如表 2.5 所示，各测点编号汇总于表 2.6 中。三平面 Y 型管节点试件应变片布设实物如图 2.10 所示。

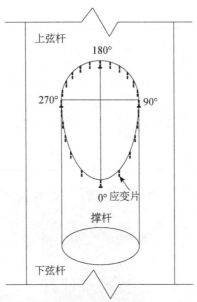

图 2.9　撑杆热点应力测点位置示意图

表 2.5　测点编号的字母或数字含义

符号及位置	含义
第一位字母	B：brace，代表测点位于撑杆表面 C：chord，代表测点位于弦杆表面
第二、三位字母	NS：nominal strain，名义应变测点 GN：geometric strain，near point，近插值点几何应变 GF：geometric strain，far point，远插值点几何应变 GP：geometric strain，parallel，切向测点几何应变
第一位数字	1 代表撑杆 1（T1 撑杆）；2 代表撑杆 2（T2 撑杆）；3 代表撑杆 3（T3 撑杆）
第二、三位数字	01~04 对应 ϕ 从 0°~270°，间隔 90°；01~24 对应 ϕ 从 0°~345°，间隔 15°

表 2.6　测点编号列表及含义说明

测点类型	测点编号	具体含义
名义应变 （共 12 个）	BNS101~BNS104	撑杆 1 表面名义应变测点
	BNS201~BNS204	撑杆 2 表面名义应变测点
	BNS301~BNS304	撑杆 3 表面名义应变测点
几何应变 （共 288 个）	CGN101~CGN124	弦杆表面对应撑杆 1 的近插值点处几何应变测点
	CGN201~CGN224	弦杆表面对应撑杆 2 的近插值点处几何应变测点
	CGN301~CGN324	弦杆表面对应撑杆 3 的近插值点处几何应变测点
	CGF101~CGF124	弦杆表面对应撑杆 1 的远插值点处几何应变测点
	CGF201~CGF224	弦杆表面对应撑杆 2 的远插值点处几何应变测点
	CGF301~CGF324	弦杆表面对应撑杆 3 的远插值点处几何应变测点
	BGN101~BGN124	撑杆 1 上近插值点处几何应变测点
	BGN201~BGN224	撑杆 2 上近插值点处几何应变测点
	BGN301~BGN324	撑杆 3 上近插值点处几何应变测点

测点类型	测点编号	具体含义
几何应变 （共288个）	BGF101～BGF124	撑杆1上远插值点处几何应变测点
	BGF201～BGF224	撑杆2上远插值点处几何应变测点
	BGF301～BGF324	撑杆3上远插值点处几何应变测点
切向应变 （共24个）	CGP101～CGP104	弦杆表面对应撑杆1的切向应变测点
	CGP201～CGP204	弦杆表面对应撑杆2的切向应变测点
	CGP301～CGP304	弦杆表面对应撑杆3的切向应变测点
	BGP101～BGP104	撑杆1的切向应变测点
	BGP201～BGP204	撑杆2的切向应变测点
	BGP301～BGP304	撑杆3的切向应变测点

图 2.10　三平面 Y 型管节点试件应变片布设实物

2.3.2　试验工况

1. 加载模式

为了研究三平面 Y 型管节点在基本荷载单独作用和复杂荷载组合作用时的应力集中反应，本试验按实际荷载情况设计了 14 种加载模式，分为以下四组：

（1）LA 组单撑杆受基本荷载作用，共 3 种加载模式，其形式与编号见图 2.11 。

（2）LB 组三撑杆受基本荷载作用，共 3 种加载模式，其形式与编号见图 2.12 。

（3）LC 组单撑杆受复杂荷载组合作用，共 4 种加载模式，其形式与编号见图 2.13。

（4）LD 组多撑杆受复杂荷载组合作用，共 4 种加载模式，其形式与编号见图 2.14。

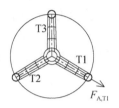

(a) LA01轴力加载模式

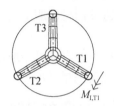

(b) LA02面内弯矩加载模式

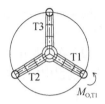

(c) LA03面外弯矩加载模式

图 2.11　单撑杆受基本荷载作用

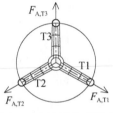

(a) LB01三平面加载模式

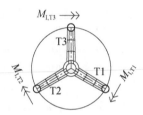

(b) LB02三平面加载模式

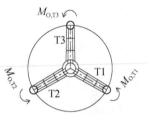

(c) LB03三平面加载模式

图 2.12　三撑杆受基本荷载作用

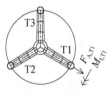

(a) LC01组合加载模式

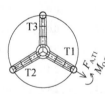

(b) LC02组合加载模式

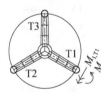

(c) LC03组合加载模式

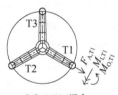

(d) LC04组合加载模式

图 2.13　单撑杆受复杂荷载组合作用

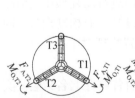

(a) LD01两平面组合加载模式

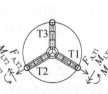

(b) LD02两平面组合加载模式

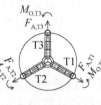

(c) LD03三平面组合加载模式

(d) LD04三平面组合加载模式

图 2.14　多撑杆受复杂荷载组合作用

2. 荷载方案

1）设计荷载

三平面 Y 型管节点试验的设计荷载列于表 2.7 中，其设计原则为：

（1）海洋工程中不允许结构进入塑性工作状态，因此试验过程中试件上任一点的 von Mises 等效应力不能超过钢材屈服应力 235MPa，且应留有一定的安全余量。

（2）在满足第一条原则的前提下，应尽可能地使测点处应变变化明显，以减小试验过程中的相对误差，提高应变测量精度。

表 2.7　三平面 Y 型管节点试验设计荷载

工况编号	T1 撑杆			T2 撑杆			T3 撑杆		
	F_A / kN	M_I / (kN·m)	M_O / (kN·m)	F_A / kN	M_I / (kN·m)	M_O / (kN·m)	F_A / kN	M_I / (kN·m)	M_O / (kN·m)
LA01	−90.0	0.0	0.0	0.0	0.0	0.0	0.0	0.0	0.0
LA02	0.0	19.2	0.0	0.0	0.0	0.0	0.0	0.0	0.0
LA03	0.0	0.0	8.0	0.0	0.0	0.0	0.0	0.0	0.0
LB01	56.0	0.0	0.0	−56.0	0.0	0.0	56.0	0.0	0.0
LB02	0.0	−17.6	0.0	0.0	17.6	0.0	0.0	17.6	0.0
LB03	0.0	0.0	5.2	0.0	0.0	5.2	0.0	0.0	−5.2
LC01	80.0	6.4	0.0	0.0	0.0	0.0	0.0	0.0	0.0
LC02	50.0	0.0	3.8	0.0	0.0	0.0	0.0	0.0	0.0
LC03	0.0	7.2	7.2	0.0	0.0	0.0	0.0	0.0	0.0
LC04	50.0	3.6	3.6	0.0	0.0	0.0	0.0	0.0	0.0
LD01	36.0	0.0	2.4	−36.0	0.0	2.4	0.0	0.0	0.0
LD02	36.0	2.4	2.4	−36.0	2.4	2.4	0.0	0.0	0.0
LD03	32.0	0.0	2.4	−32.0	0.0	2.4	32.0	0.0	−2.4
LD04	31.0	2.2	2.2	−31.0	2.2	2.2	31.0	2.2	−2.2

为提高荷载施加精度，在正式试验前，应在安全范围内进行反复预压，消除焊接及安装造成的残余应力，并检查试验支架和加载连接端是否有松动现象。同时观察名义应力测点处的应变是否符合预期，确保加载位置物理对中。

2）实测荷载

三平面 Y 型管节点试验的实测荷载列于表 2.8 中，其由各撑杆上名义应变实测值计算得到，实测荷载计算公式根据材料力学知识推导如下。

（1）轴力：

$$F_A = \sigma_{n,A} A = \varepsilon_{n,A} EA \qquad (2.1)$$

其中，

$$\varepsilon_{n,A} = \frac{\varepsilon_1 + \varepsilon_2 + \varepsilon_3 + \varepsilon_4}{4} \tag{2.2}$$

$$A = \frac{\pi\left[d^2 - (d - 2t)^2\right]}{4} \tag{2.3}$$

式中，E 为撑杆钢材弹性模量；A 为撑杆截面积；F_A 为轴力荷载；$\sigma_{n,A}$ 为因轴力荷载产生的名义应力；$\varepsilon_{n,A}$ 为因轴力荷载产生的名义应变；ε_1、ε_2、ε_3 和 ε_4 分别为对应撑杆上 BNSX01、BNSX02、BNSX03 和 BNSX04（X 为撑杆编号，取值为 1、2 和 3）测点的名义应变。

（2）面内弯矩：

$$M_I = \sigma_{n,I}W = \varepsilon_{n,I}EW \tag{2.4}$$

其中，

$$\varepsilon_{n,I} = \frac{\varepsilon_1 - \varepsilon_3}{2} \tag{2.5}$$

$$W = \frac{\pi d^3\left[1 - \left(\frac{d - 2t}{d}\right)^4\right]}{32} \tag{2.6}$$

式中，W 为撑杆截面抗弯刚度；M_I 为面内弯矩荷载；$\sigma_{n,I}$ 为因面内弯矩荷载产生的名义应力；$\varepsilon_{n,I}$ 为因面内弯矩荷载产生的名义应变。

（3）面外弯矩：

$$M_O = \sigma_{n,O}W = \varepsilon_{n,O}EW \tag{2.7}$$

其中，

$$\varepsilon_{n,O} = \frac{\varepsilon_2 - \varepsilon_4}{2} \tag{2.8}$$

式中，M_O 为面外弯矩荷载；$\sigma_{n,O}$ 为因面外弯矩荷载产生的名义应力；$\varepsilon_{n,O}$ 为因面外弯矩荷载产生的名义应变。

表2.8 三平面Y型管节点试验实测荷载

工况编号	T1 撑杆			T2 撑杆			T3 撑杆		
	F_A/kN	M_I/(kN·m)	M_O/(kN·m)	F_A/kN	M_I/(kN·m)	M_O/(kN·m)	F_A/kN	M_I/(kN·m)	M_O/(kN·m)
LA01	−88.67	0.00	0.00	0.00	0.00	0.00	0.00	0.00	0.00
LA02	0.00	18.73	0.00	0.00	0.00	0.00	0.00	0.00	0.00
LA03	0.00	0.00	7.66	0.00	0.00	0.00	0.00	0.00	0.00

工况编号	T1 撑杆			T2 撑杆			T3 撑杆		
	F_A / kN	M_I / (kN·m)	M_O / (kN·m)	F_A / kN	M_I / (kN·m)	M_O / (kN·m)	F_A / kN	M_I / (kN·m)	M_O / (kN·m)
LB01	54.36	0.00	0.00	−55.77	0.00	0.00	57.23	0.00	0.00
LB02	0.00	−18.01	0.00	0.00	17.21	0.00	0.00	16.91	0.00
LB03	0.00	0.00	5.33	0.00	0.00	5.62	0.00	0.00	−5.41
LC01	77.92	5.89	0.00	0.00	0.00	0.00	0.00	0.00	0.00
LC02	48.23	0.00	3.59	0.00	0.00	0.00	0.00	0.00	0.00
LC03	0.00	6.87	6.64	0.00	0.00	0.00	0.00	0.00	0.00
LC04	49.10	3.47	3.35	0.00	0.00	0.00	0.00	0.00	0.00
LD01	35.73	0.00	2.59	−39.16	0.00	2.11	0.00	0.00	0.00
LD02	34.29	2.15	2.67	−37.89	2.31	2.34	0.00	0.00	0.00
LD03	33.12	0.00	2.30	−31.05	0.00	2.52	31.07	0.00	−2.33
LD04	30.16	2.08	2.53	−29.98	2.02	2.03	29.68	2.37	−2.14

2.4　试验结果分析

2.4.1　试验数据处理

1. 试验公式推导

SCF 是热点应力与名义应力的比值，SNCF 是热点应变与名义应变的比值，二者并不相等。当试验中采用的传感器是电阻应变片时，直接获得的数据是应变，而不是应力，因此不能直接计算得到 SCF。Shao[128]给出了 SCF 和 SNCF 之间的换算公式，推导过程如下。

已知 SNCF 的计算公式为

$$\text{SNCF} = \frac{\varepsilon_\perp}{\varepsilon_n} \qquad (2.9)$$

式中，$\varepsilon_\perp$ 为垂直焊缝方向的应变；ε_n 为撑杆名义应变。

研究焊缝附近的一个微小单元，如图 2.15 所示。

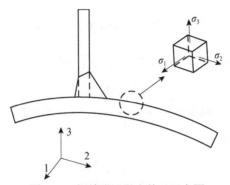

图 2.15　焊缝附近微小单元示意图

记平行于焊缝的应变为 $\varepsilon_\parallel = \varepsilon_1$，垂直于焊缝的应变为 $\varepsilon_\perp = \varepsilon_2$。由三维问题的 Hooke 定理可以得到应力和应变之间的关系如下：

$$\begin{cases} \varepsilon_1 = \dfrac{1}{E}\big[\sigma_1 - \upsilon(\sigma_2 + \sigma_3)\big] \\[2mm] \varepsilon_2 = \dfrac{1}{E}\big[\sigma_2 - \upsilon(\sigma_1 + \sigma_3)\big] \\[2mm] \sigma_3 = 0 \end{cases} \quad (2.10)$$

式中，E 为弹性模量；υ 为泊松比；σ_1、σ_2 和 σ_3 分别为第一、第二和第三主应力。

由式（2.10）的第二和第三个方程可得

$$E\varepsilon_2 = \sigma_2 - \upsilon\sigma_1 \quad (2.11)$$

将式（2.11）等号两侧同时除以名义应变 ε_n 可以得到

$$E\frac{\varepsilon_2}{\varepsilon_n} = \frac{\sigma_2 - \upsilon\sigma_1}{\varepsilon_n} = \frac{\sigma_2 - \upsilon\sigma_1}{\sigma_n / E} = E\left(\frac{\sigma_2}{\sigma_n} - \upsilon\frac{\sigma_1}{\sigma_n}\right) = E\left(\mathrm{SCF} - \upsilon\frac{\sigma_1}{\sigma_n}\right) \quad (2.12)$$

因此可得到 SNCF 与 SCF 的关系：

$$\mathrm{SNCF} = \mathrm{SCF} - \upsilon\frac{\sigma_1}{\sigma_n} \quad (2.13)$$

再由式（2.10）的第一和第三个方程可得

$$\sigma_1 = E\varepsilon_1 + \upsilon\sigma_2 \quad (2.14)$$

将式（2.14）代入式（2.13），可以得到

$$\mathrm{SNCF} = \mathrm{SCF} - \upsilon\frac{E\varepsilon_1 + \upsilon\sigma_2}{\sigma_n} = (1 - \upsilon^2)\mathrm{SCF} - \upsilon\frac{\varepsilon_1}{\varepsilon_n} \quad (2.15)$$

又因为：

$$\frac{\varepsilon_1}{\varepsilon_n} = \frac{\varepsilon_1}{\varepsilon_2}\frac{\varepsilon_2}{\varepsilon_n} = \frac{\varepsilon_1}{\varepsilon_2}\text{SNCF} = \frac{\varepsilon_\parallel}{\varepsilon_\perp}\text{SNCF} \qquad (2.16)$$

将式（2.16）代入式（2.15），进行等式变换后可得

$$\text{SCF} = \frac{\left(1 + \upsilon\dfrac{\varepsilon_\parallel}{\varepsilon_\perp}\right)\text{SNCF}}{1 - \upsilon^2} \overset{\text{def}}{=} c \cdot \text{SNCF} \qquad (2.17)$$

因此，参数 c 的表达式为

$$c = \frac{1 + \upsilon\dfrac{\varepsilon_\parallel}{\varepsilon_\perp}}{1 - \upsilon^2} \qquad (2.18)$$

参数 c 可通过平行于焊缝的应变和垂直于焊缝的应变之间的比值来确定，c 的范围通常在 1.1～1.2。

通过式（2.18）可以确定 SCF 和 SNCF 之间的关系，从而可以根据试验测得的应变计算出 SCF 的大小。试验直接测量得到的原始数据为各撑杆的名义应变、沿焊缝一周插值区域内结构应变以及冠点和鞍点处切向应变，原始数据的处理步骤如下。

（1）根据式（2.19）计算得到各平面沿焊缝一周的应变集中系数 SNCF（ϕ）：

$$\text{SNCF}(\phi) = \frac{\varepsilon_\perp(\phi)}{\varepsilon_n} \qquad (2.19)$$

（2）根据式（2.20）计算冠点和鞍点的 c 值，并插值得到沿焊缝一周的转换系数 c：

$$c = \frac{1 + \upsilon\dfrac{\varepsilon_\parallel}{\varepsilon_\perp}}{1 - \upsilon^2} \qquad (2.20)$$

（3）根据式（2.21）计算得到各平面沿焊缝一周的应力集中系数 SCF（ϕ）：

$$\text{SCF}(\phi) = \frac{\left(1 + \upsilon\dfrac{\varepsilon_\parallel}{\varepsilon_\perp}\right)\text{SNCF}(\phi)}{1 - \upsilon^2} \overset{\text{def}}{=} c \cdot \text{SNCF}(\phi) \qquad (2.21)$$

对于四组试验工况，名义应变的取用各有不同，因此 SNCF 的计算有所区别。

2. 三个定义

1）定义一

对于 LA 组工况，T1 平面内的 SNCF（ϕ）与以往研究中的定义相同，即 T1 平面内的结构应变除以 T1 撑杆的名义应变；但是对于 T2 和 T3 平面，其对应撑杆上并无荷载，即名义应力为零，但是其结构应变并不为零。为了便于后续的对

比和讨论，本书将不受荷载撑杆的结构应变统一除以 T1 撑杆名义应变来定义各平面的 SNCF（ϕ）。

对于 LD 组工况，其中 LD01 和 LD02 工况为 T1 和 T2 撑杆受复杂荷载作用，T3 撑杆不受荷载，即 T3 撑杆的名义应变为零，且 T1 和 T2 撑杆的等效名义应变也不相同。因此，统一将各平面内的结构应变除以 T1 撑杆名义应变来定义各平面的 SNCF（ϕ）。

$$\mathrm{SNCF}_{\mathrm{T}i}\left(\phi\right)=\frac{\varepsilon_{\mathrm{n},L}^{\mathrm{T}i}\left(\phi\right)}{\varepsilon_{\mathrm{n},L}^{\mathrm{T}1}} \tag{2.22}$$

式中，ϕ 为沿焊缝一周极角，$0°\leqslant\phi\leqslant360°$；$\mathrm{SNCF}_{\mathrm{T}i}\left(\phi\right)$ 为 $\mathrm{T}i$（i=1，2，3）平面沿焊缝分布的应变集中系数；$\varepsilon_{\mathrm{n},L}^{\mathrm{T}1}$ 为 T1 平面在基本荷载作用下的名义应变，当 L 为 A、I、O 时分别代表轴力、面内弯矩、面外弯矩荷载；$\varepsilon_{\mathrm{n},L}^{\mathrm{T}i}\left(\phi\right)$ 为基本荷载作用下 $\mathrm{T}i$（i=1，2，3）平面沿焊缝分布的热点应变。

2）定义二

对于 LB 组工况，将各平面内的结构应变分别除以各自平面内撑杆的名义应变。

$$\mathrm{SNCF}_{\mathrm{T}i}\left(\phi\right)=\frac{\varepsilon_{\mathrm{n},L}^{\mathrm{T}i}\left(\phi\right)}{\varepsilon_{\mathrm{n},L}^{\mathrm{T}i}} \tag{2.23}$$

式中，$\varepsilon_{\mathrm{n},L}^{\mathrm{T}i}$ 为 $\mathrm{T}i$（i=1，2，3）平面在基本荷载作用下的名义应变，当 L 为 A、I、O 时分别代表轴力、面内弯矩、面外弯矩荷载。

3）定义三

对于 LC 组工况，单撑杆受多种基本荷载组合作用（复杂荷载），规范中没有与之对应的名义应力计算方法。事实上，最终影响疲劳寿命评估结果的是管节点的热点应力，名义应力的定义只是用来计算热点应力的一个中间变量，理论上选择任何一种定义都可以，只要同时选择相应的热点应力计算方法即可。本书第 4 章将介绍一种管节点在复杂荷载作用下热点应力的计算方法，其中并不涉及复杂荷载作用下名义应力的计算，但是本节为呈现试验结果，从基本荷载的名义应力定义出发，选择 von Mises 等效应力量化复杂荷载作用下的名义应力，以便于后续数据处理。复杂荷载作用下等效名义应力和等效名义应变的计算公式分别为

$$\sigma_{\mathrm{n,von}}=\left|\sigma_{\mathrm{n,A}}\right|+\sqrt{\sigma_{\mathrm{n,I}}^2+\sigma_{\mathrm{n,O}}^2} \tag{2.24}$$

$$\varepsilon_{\mathrm{n,von}}=\frac{\sigma_{\mathrm{n,von}}}{E}=\left|\varepsilon_{\mathrm{n,A}}\right|+\sqrt{\varepsilon_{\mathrm{n,I}}^2+\varepsilon_{\mathrm{n,O}}^2} \tag{2.25}$$

由式（2.25）计算出受荷载平面的等效名义应变后，代入式（2.22）即可得到 LC 组工况各平面沿焊缝一周的 SNCF。

2.4.2　SCF分布规律分析

本节按组分析三平面 Y 型管节点在各工况下的 SCF 沿焊缝分布规律。图 2.16～图 2.29 为表 2.7 中 14 种试验工况下 SCF 沿焊缝分布曲线。图中，横轴为焊缝曲线上结构应变测点对应撑杆轴线角度，以冠踵为 0°，逆时针为正；"T1-EXP"、"T2-EXP" 和 "T3-EXP" 分别为 T1、T2 和 T3 撑杆的 SCF 分布曲线。

1. 单撑杆受基本荷载作用

图 2.16～图 2.18 为单撑杆受基本荷载（轴力、面内弯矩和面外弯矩）作用时的 SCF 分布曲线，由图可以总结出以下分布规律：

（1）不同荷载作用下三平面 Y 型管节点 SCF 极值。在弦杆一侧，轴力引起的最大 SCF 绝对值为 10.6，面外弯矩引起的最大 SCF 绝对值为 9.0，面内弯矩引起的最大 SCF 绝对值为 3.0，三者之比为 1∶0.85∶0.28；在撑杆一侧，轴力引起的最大 SCF 绝对值为 7.3，面外弯矩引起的最大 SCF 绝对值为 5.6，面内弯矩引起的最大 SCF 绝对值为 2.5，三者之比为 1∶0.77∶0.34。因此，不同基本荷载引起的 SCF 不同，轴力最大，面外弯矩次之，面内弯矩最小；在相同荷载作用下，弦杆一侧的 SCF 普遍大于撑杆。

（2）三平面 Y 型管节点相互作用效应。LA 组工况 T2 和 T3 撑杆上荷载为零，但 SCF 不为零，可见 T1 撑杆上受荷载作用会引起相邻撑杆上产生应力，即多平面管节点不受荷载的平面会由于其他平面撑杆受荷载而产生应力，这个现象称为多平面相互作用。当轴力作用时，受荷载撑杆的弦杆侧最大 SCF 绝对值与不受荷载撑杆的弦杆侧之比为 1∶0.47；当面内弯矩作用时，受荷载撑杆的弦杆侧最大 SCF 绝对值与不受荷载撑杆的弦杆侧之比为 1∶0.29；当面外弯矩作用时，受荷载撑杆的弦杆侧最大 SCF 绝对值与不受荷载撑杆的弦杆侧之比为 1∶0.31。多平面相互作用在各种荷载下都存在，但效果不同，可以合理推测多平面相互作用既与节点的几何形状有关，又与荷载类型有关。多平面相互作用为多平面管节点的特有属性，是本书后续内容的重点之一。

（3）轴力作用下三平面 Y 型管节点 SCF 分布规律。如图 2.16 所示，轴力作用下，T1 平面弦杆侧和撑杆侧 SCF 分布关于 T1 平面对称，T1 平面两侧的 SCF 分布关于各自鞍点对称；T1 撑杆冠趾处 SCF 略大于冠踵，这是因为 Y 型管节点撑杆轴线在弦杆轴线方向不对称，即 θ 为 45°而非 90°；T2 和 T3 撑杆 SCF 分布关于 T1 平面对称，且最大值都发生在靠近 T1 平面的鞍点处；T2（T3）撑杆 SCF 在 T2（T3）平面两侧符号相反。

（4）面内弯矩作用下三平面 Y 型管节点 SCF 分布规律。如图 2.17 所示，面内弯矩作用下，T1 平面弦杆侧和撑杆侧 SCF 分布关于 T1 平面对称，而 T1 平面两侧的 SCF 分布关于各自鞍点反对称，冠趾处 SCF 略大于冠踵；T2 和 T3 撑杆 SCF 分布关于 T1 平面对称，靠近 T1 平面一侧 SCF 关于鞍点反对称，远离 T1 平面一侧 SCF 几乎为零。

（5）面外弯矩作用下三平面 Y 型管节点 SCF 分布规律。如图 2.18 所示，面外弯矩作用下，T1 平面弦杆侧和撑杆侧 SCF 分布关于 T1 平面反对称，而 T1 平面两侧的 SCF 分布关于各自鞍点对称，冠趾与冠踵处 SCF 都为零；T2 和 T3 撑杆 SCF 分布关于 T1 平面反对称，且最大值都发生在靠近 T1 平面的鞍点处；T2（T3）撑杆的 SCF 在 T2（T3）平面两侧符号相同。

（6）上述 SCF 分布规律与荷载特性密切相关，轴力作用下撑杆截面上的名义应力分布关于 T1 平面对称，但 Y 型管节点撑杆与弦杆轴线夹角不垂直，导致冠趾和冠踵的应力略有不同。面内弯矩造成的名义应力关于 T1 平面对称，但关于鞍点反对称；面外弯矩与面内弯矩荷载方向垂直，名义应力特性相反。

（7）不受荷载平面内的 SCF 分布明显呈现出"就近现象"，即以各自所在平面为界，距离受荷撑杆较近一侧的 SCF 绝对值较大，反映了荷载的作用范围影响效应。

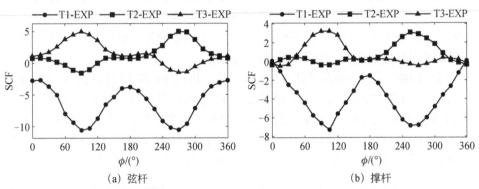

(a) 弦杆　　　　　　　　　　(b) 撑杆

图 2.16　LA01 工况三平面 Y 型管节点 SCF 沿焊缝分布曲线

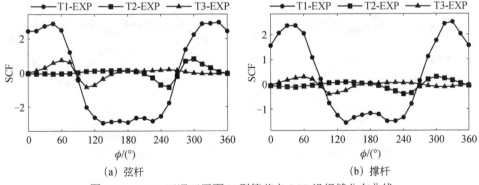

(a) 弦杆　　　　　　　　　　(b) 撑杆

图 2.17　LA02 工况三平面 Y 型管节点 SCF 沿焊缝分布曲线

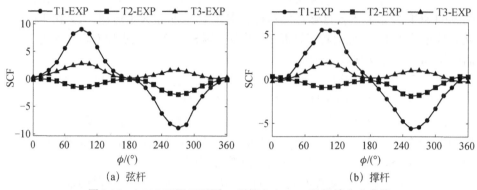

图 2.18　LA03 工况三平面 Y 型管节点 SCF 沿焊缝分布曲线

2. 三撑杆受基本荷载作用

图 2.19～图 2.21 为三撑杆同时受基本荷载（轴力、面内弯矩和面外弯矩）作用时的 SCF 分布曲线，由图可以看出以下分布规律：

（1）基本荷载同时施加三撑杆的 SCF 分布规律与单撑杆受荷情况类似，即轴力作用时 SCF 分布关于受荷平面和鞍点都有对称特性，面内弯矩作用时 SCF 分布关于受荷平面有对称性、关于鞍点则有反对称性，面外弯矩作用时 SCF 分布关于受荷平面有反对称性、关于鞍点则有对称性。

（2）LB01 工况下荷载关于 T2 平面对称，因此 T1 和 T3 撑杆的 SCF 分布关于 T2 平面对称，T2 撑杆的 SCF 分布关于 T2 平面自身对称；LB02 工况下荷载关于 T1 平面对称，因此 T2 和 T3 撑杆 SCF 分布关于 T1 平面对称，T1 撑杆 SCF 分布关于 T1 平面对称；而 LB03 工况下荷载关于 T3 平面反对称，因此 T1 和 T2 撑杆 SCF 分布关于 T3 平面反对称，T3 撑杆 SCF 分布关于 T3 平面反对称。

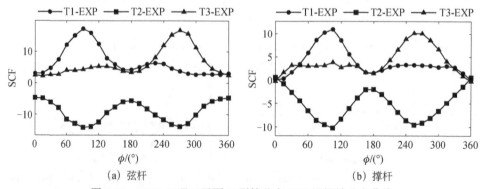

图 2.19　LB01 工况三平面 Y 型管节点 SCF 沿焊缝分布曲线

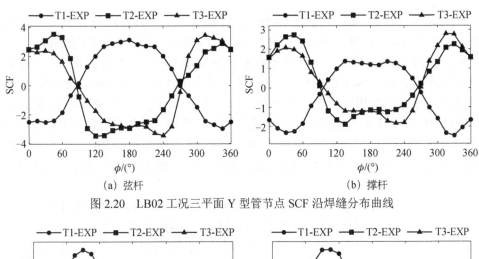

(a) 弦杆　　　　　　　　　　　　(b) 撑杆

图 2.20　LB02 工况三平面 Y 型管节点 SCF 沿焊缝分布曲线

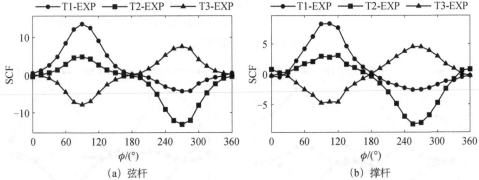

(a) 弦杆　　　　　　　　　　　　(b) 撑杆

图 2.21　LB03 工况三平面 Y 型管节点 SCF 沿焊缝分布曲线

（3）LB 组工况与 LA 组工况相比可以看出，三平面同时受基本荷载时 SCF 增幅明显，轴力作用下弦杆一侧最大 SCF 绝对值在单撑杆受荷时为 10.59，在多撑杆受荷时为 17.34，二者之比为 1∶1.64；面内弯矩作用下弦杆一侧最大 SCF 绝对值在单撑杆受荷时为 2.97，在多撑杆受荷时为 3.31，二者之比为 1∶1.11；面外弯矩作用下弦杆一侧最大 SCF 绝对值在单撑杆受荷时为 9.04，在多撑杆受荷时为 13.56，二者之比为 1∶1.50。产生增幅的原因是空间管节点多平面相互作用的存在。

3. 单撑杆受复杂荷载作用

图 2.22～图 2.25 为单撑杆受复杂荷载组合作用时的 SCF 分布曲线，由图可以看出以下分布规律：

（1）LC 组工况 SCF 绝对值与 LA 组相比，轴力与面内弯矩联合作用时 SCF 绝对值为 5.36，小于轴力单独作用时的 SCF 绝对值 10.59，大于面内弯矩单独作用时的 SCF 绝对值 2.97；轴力与面外弯矩联合作用时 SCF 绝对值为 9.80，小于

轴力单独作用时的 SCF 绝对值 10.59，大于面外弯矩单独作用时的 SCF 绝对值
9.04；面内弯矩与面外弯矩联合作用时 SCF 绝对值为 6.92，大于面内弯矩单独作
用时的 SCF 绝对值 2.97，小于面外弯矩单独作用时的 SCF 绝对值 9.04；三种基
本荷载组合作用时 SCF 绝对值为 7.90，小于轴力单独作用时的 SCF 绝对值 10.59
和面外弯矩单独作用时的 SCF 绝对值 9.04，大于面内弯矩单独作用时的 SCF 绝
对值 2.97。结合 LA 组工况 SCF 分布规律第一条所述，轴力引起的 SCF 最大，面
外弯矩次之，面内弯矩最小，可见几种基本荷载组合作用时产生的 SCF 会有"冲
抵现象"，即多种基本荷载作用下反应的叠加效应，此作用是本书后续内容的重
点之一。

（2）轴力和面内弯矩荷载都关于作用平面对称，因此 LC01 工况 SCF 分布关
于 T1 平面对称；而面外弯矩荷载不具有对称性，因此 LC02～LC04 工况的 SCF
分布没有明显的对称性。复杂荷载作用下极值点位置有明显偏移，多数不在鞍点
或冠点，此类现象产生的原因是反应的叠加效应。

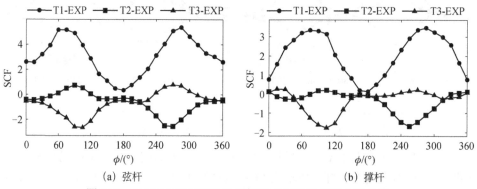

(a) 弦杆　　　　　　　(b) 撑杆

图 2.22　LC01 工况三平面 Y 型管节点 SCF 沿焊缝分布曲线

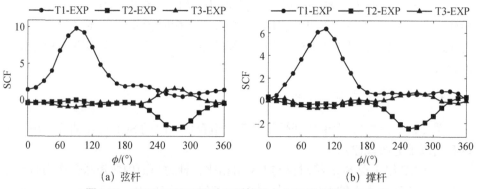

(a) 弦杆　　　　　　　(b) 撑杆

图 2.23　LC02 工况三平面 Y 型管节点 SCF 沿焊缝分布曲线

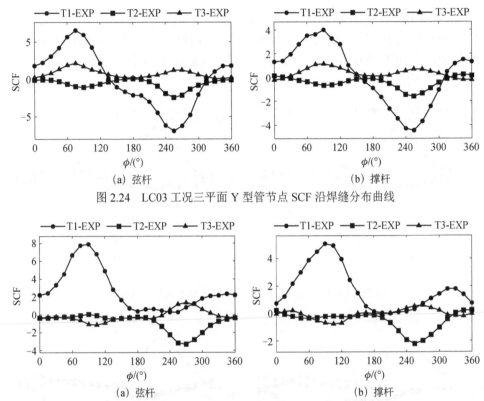

图 2.24　LC03 工况三平面 Y 型管节点 SCF 沿焊缝分布曲线

图 2.25　LC04 工况三平面 Y 型管节点 SCF 沿焊缝分布曲线

（3）LC 组工况与 LA 组工况具有差异的原因为反应的叠加效应，而 LB 组工况与 LA 组工况具有差异的原因为多平面相互作用。结合这两组对比结果可以发现，荷载间反应的叠加效应影响的是 SCF 分布曲线的形态，而多平面相互作用影响的是 SCF 绝对值大小。

（4）从 LA 组和 LC 组工况的 SCF 绝对值的角度来看，各工况组合的危险程度依次为轴力单独作用（SCF 绝对值为 10.59）、轴力和面外弯矩联合作用（SCF 绝对值为 9.80）、面外弯矩单独作用（SCF 绝对值为 9.04）、三种基本荷载组合作用（SCF 绝对值为 7.90）、面内弯矩与面外弯矩联合作用（SCF 绝对值为 6.92）、轴力与面内弯矩联合作用（SCF 绝对值为 5.36）、面内弯矩单独作用（SCF 绝对值为 2.97）。

4. 多撑杆受复杂荷载作用

图 2.26～图 2.29 为多撑杆受复杂荷载组合作用时的 SCF 分布曲线，由图可以看出以下分布规律：

（1）LD02 工况与 LD01 工况相比，增加了面内弯矩荷载的作用，但是最大 SCF 绝对值减小了约 17%；同样，LD04 工况与 LD03 工况相比，面内弯矩荷载的作用使最大 SCF 绝对值减小了约 23%。这一现象再次说明不同基本荷载的应力集中表现不同，且荷载引起的反应之间存在叠加效应。

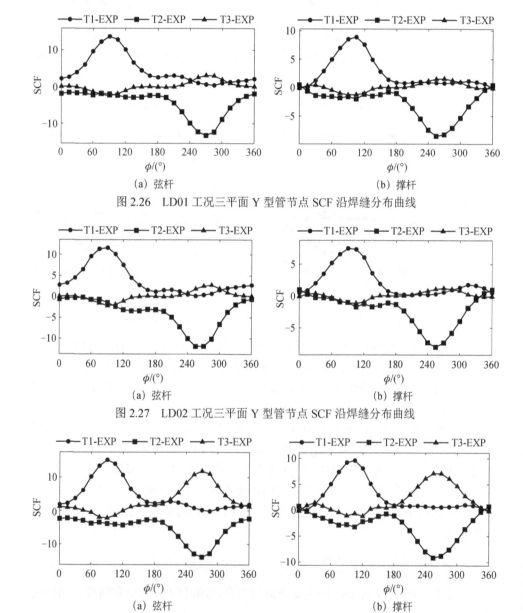

(a) 弦杆　　　　　　　　　　　(b) 撑杆

图 2.26　LD01 工况三平面 Y 型管节点 SCF 沿焊缝分布曲线

(a) 弦杆　　　　　　　　　　　(b) 撑杆

图 2.27　LD02 工况三平面 Y 型管节点 SCF 沿焊缝分布曲线

(a) 弦杆　　　　　　　　　　　(b) 撑杆

图 2.28　LD03 工况三平面 Y 型管节点 SCF 沿焊缝分布曲线

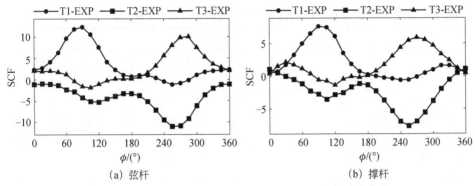

图 2.29　LD04 工况三平面 Y 型管节点 SCF 沿焊缝分布曲线

（2）LC02 工况、LD01 工况和 LD03 工况均为轴力与面外弯矩荷载组合作用，加载撑杆数依次增加，三种工况下最大 SCF 绝对值之比为 1：1.39：1.55；LC04 工况、LD02 工况和 LD04 工况均为三种基本荷载组合作用，加载撑杆数依次增加，三种工况下最大 SCF 绝对值之比为 1：1.47：1.56。这一现象说明了多平面相互作用的影响显著。

2.4.3　SCF 关键点值分析

表 2.9 和表 2.10 分别列出了三平面 Y 型管节点弦杆一侧和撑杆一侧关键位置的 SCF 值，包括鞍点值、冠点值和极值。

表 2.9　三平面 Y 型管节点弦杆一侧 SCF 关键点值

工况编号	T1 平面				T2 平面				T3 平面			
	鞍点	冠点	极值		鞍点	冠点	极值		鞍点	冠点	极值	
			数值	位置			数值	位置			数值	位置
LA01	−10.6	−3.8	−10.6	90°	5.0	0.8	5.0	270°	5.0	1.1	5.0	90°
LA02	−0.5	−2.9	3.0	345°	−0.2	0.1	−0.9	255°	−0.3	0.1	−0.9	105°
LA03	9.0	0.1	9.0	90°	−2.8	−0.1	−2.8	270°	2.8	0.3	2.8	90°
LB01	17.3	4.2	17.3	90°	−14.2	−5.6	−14.2	90°	16.8	3.4	16.8	270°
LB02	0.2	3.1	3.3	180°	−0.8	−2.9	3.5	45°	−0.5	−2.9	3.5	315°
LB03	13.6	0.5	13.6	90°	−13.1	−0.4	−13.1	270°	−7.9	0.2	−7.9	90°
LC01	5.1	2.6	5.4	285°	−2.5	−0.4	−2.5	270°	−2.6	−0.5	−2.6	105°
LC02	9.8	1.9	9.8	90°	−3.9	−0.4	−3.9	270°	1.6	−0.5	1.6	270°
LC03	−6.2	−2.1	−6.9	255°	−2.1	−0.1	−2.4	255°	1.7	0.2	2.2	75°
LC04	7.9	2.2	7.9	90°	−3.3	−0.4	−3.3	270°	1.3	−0.4	1.3	270°
LD01	13.7	2.6	13.7	90°	−13.3	−2.4	−13.3	270°	3.1	−0.1	3.1	270°
LD02	11.6	2.7	11.6	90°	−11.9	−3.2	−11.9	255°	2.5	0.0	2.7	285°
LD03	15.2	2.2	15.2	90°	−13.8	−2.8	−13.8	270°	11.9	1.6	11.9	270°
LD04	12.3	2.3	12.3	90°	−10.9	−3.3	−11.0	255°	9.8	2.1	10.0	285°

表2.10 三平面Y型管节点撑杆一侧SCF关键点值

工况编号	T1 平面				T2 平面				T3 平面			
	鞍点	冠点	极值		鞍点	冠点	极值		鞍点	冠点	极值	
			数值	位置			数值	位置			数值	位置
LA01	-6.8	-1.5	-7.3	105°	2.9	-0.3	3.1	255°	3.2	0.2	3.2	105°
LA02	0.2	1.6	2.5	330°	-0.1	-0.1	-0.4	240°	-0.1	0.0	-0.4	105°
LA03	5.5	0.3	-5.6	255°	-1.8	0.3	-1.9	255°	1.7	-0.3	1.8	105°
LB01	10.3	1.6	11.0	105°	-9.5	-1.9	-10.2	105°	10.1	1.5	10.1	255°
LB02	-0.3	-1.7	-2.5	330°	0.2	1.6	2.7	45°	0.3	1.5	2.8	315°
LB03	8.3	-0.3	8.4	105°	-8.1	0.8	-8.3	255°	-4.8	-0.3	-4.8	90°
LC01	3.4	0.8	3.5	285°	-1.5	0.1	-1.7	255°	-1.6	-0.1	-1.8	105°
LC02	6.0	0.7	6.3	105°	-2.4	0.2	-2.5	255°	0.7	0.0	0.7	270°
LC03	4.0	1.3	-4.4	255°	-1.3	0.1	-1.6	255°	1.1	-0.2	1.1	90°
LC04	5.1	0.7	5.1	90°	-2.0	0.2	-2.2	255°	-0.7	0.0	-0.8	105°
LD01	8.5	0.9	8.9	105°	-8.3	-1.0	-8.5	255°	1.6	-0.1	1.6	270°
LD02	7.5	0.5	7.5	90°	-7.3	-1.3	-8.0	255°	1.2	-0.1	1.2	270°
LD03	9.2	0.9	9.6	105°	-8.8	-1.1	-9.1	255°	7.1	0.7	7.1	255°
LD04	7.6	0.5	7.6	90°	-6.9	-1.3	-7.6	255°	5.9	0.4	5.9	270°

撑杆一侧的 SCF 极值点发生位置与弦杆一侧类似，下面以弦杆一侧为例分析极值点位置规律。

（1）由 LA 组工况数据可知，当轴力和面外弯矩荷载单独作用时，三个平面内 SCF 极值都发生在鞍点处；而当面内弯矩荷载作用时，T1 平面内 SCF 极值发生在冠趾附近，T2 和 T3 平面内 SCF 极值都发生在鞍点附近。LB 组数据与 LA 组情况类似，且极值点发生位置更加稳定，说明三平面受基本荷载作用可强化单撑杆受荷载效果。

（2）LC 组与 LD 组工况中仅受轴力和面外弯矩荷载作用，如 LC02、LD01 和 LD03，其 SCF 极值发生位置总在鞍点；而其他受面内弯矩荷载作用的工况，由于面内弯矩产生的名义应力绝对值小于轴力和面外弯矩之和，即轴力和面外弯矩仍为控制荷载，因此 SCF 极值发生位置仍然在鞍点附近。

（3）LA 组工况和 LB 组工况分别为单撑杆和三撑杆受基本荷载，且荷载类型一一对应，对比这两组工况可以发现，SCF 在同种基本荷载作用下符合叠加效应。例如，表2.9 中 LA01 作用下 T1 平面和 T2 平面鞍点处 SCF 绝对值之和为 15.6，与 LB01 工况下 T1 平面鞍点处 SCF 绝对值 17.3 接近，二者的差值可以合理推测为 T3 平面远离 T1 平面一侧鞍点值的影响。

（4）LC03 工况中面内弯矩和面外弯矩荷载相同，设备自单独作用时的名义应力为 σ，则二者同时作用在同一撑杆时的名义应力为 1.41σ（根据式（2.24）计算），鞍点处 SCF 绝对值为 6.2。LA02 工况为面内弯矩荷载单独作用，T1 平面鞍点处 SCF 值为-0.5；LA03 工况为面外弯矩荷载单独作用，T1 平面鞍点处 SCF 值为 9.0，二者之和的绝对值为 8.5，约为 LC03 工况中鞍点处 SCF 绝对值的 1.37 倍。

（5）虽然本试验中 SCF 极值点多发生在鞍点处，但是可以合理预见当不同荷载产生的名义应力比值发生变化时，极值点位置也会随之变化，即复杂荷载作用下的极值点不总在冠点或鞍点，因此仅计算鞍点值和冠点值不能准确地计算出组合荷载作用下的热点应力。

（6）对平面 T/Y 型管节点的研究均表明，面内弯矩作用时鞍点值接近零，面外弯矩作用时冠点值接近零，表 2.9 和表 2.10 中面内弯矩控制工况和面外弯矩控制工况时的数据也证明了这一规律。但是在某些规范中，如 API[35]标准所述，在计算热点应力时忽略面内弯矩作用下的鞍点值和面外弯矩作用下的冠点值是偏于不安全的，尤其是在复杂荷载组合作用时，不确定性更加明显。

2.4.4　试验值与规范对比

国内外各钢结构疲劳设计规范中给出的简单管节点 SCF 计算公式主要有两类，一类是被 CIDECT[15]、API[35]、IIW[32]、DNV[16]、CCS[49]等机构制定的规范采用的 Efthymiou 公式[85]；另一类是英国卫生与安全管理局（Health and Safety Executive，HSE）资助研发的 Lloyd's Register 公式（LR 公式）[75]。劳氏船级社对 Efthymiou 公式和 LR 公式的比较研究表明[25]，前者对数据库的拟合效果最佳（变异系数 COV=19%），后者的拟合效果略差一点（变异系数 COV=21%），但是预测结果更偏于保守。

1. T/Y 型管节点的 Efthymiou 公式

Efthymiou 公式适用的参数范围：$4\leqslant\alpha\leqslant40$，$0.2\leqslant\beta\leqslant1.0$，$7.5\leqslant\gamma\leqslant32$，$0.2\leqslant\tau\leqslant1.0$，$30°\leqslant\theta\leqslant90°$。

1）轴力作用

弦杆鞍点：

$$\text{SCF} = F_1\gamma\tau^{1.1}\left[1.11-3\left(\beta-0.52\right)^2\right]\left(\sin\theta\right)^{1.6} \tag{2.26}$$

弦杆冠点：

$$\text{SCF} = \gamma^{0.2}\tau\left[2.65+5\left(\beta-0.65\right)^2\right]+\tau\beta(0.25\alpha-3)\sin\theta \tag{2.27}$$

撑杆鞍点：

$$SCF = F_1 \left\{ 1.3 + \gamma\tau^{0.52}\alpha^{0.1} \left[0.187 - 1.25\beta^{1.1}\left(\beta - 0.96\right) \right] \left(\sin\theta\right)^{2.7-0.01\alpha} \right\}$$

（2.28）

撑杆冠点：

$$SCF = 3 + \gamma^{1.2}\left(0.12e^{-4\beta} + 0.011\beta^2 - 0.045\right) + \tau\beta\left(0.1\alpha - 1.2\right) \quad （2.29）$$

式中，F_1 为轴力荷载作用下弦杆短杆效应系数，其计算公式如下：

$$\begin{cases} F_1 = 1, & \alpha \geqslant 12 \\ F_1 = 1 - \left(0.83\beta - 0.56\beta^2 - 0.02\right)\gamma^{0.23}\exp\left(-0.21\gamma^{-1.16}\alpha^{2.5}\right), & \alpha < 12 \end{cases} \quad （2.30）$$

2）面内弯矩作用

弦杆冠点：

$$SCF = 1.45\beta\tau^{0.85}\gamma^{1-0.68\beta}\left(\sin\theta\right)^{0.7} \quad （2.31）$$

撑杆冠点：

$$SCF = 1 + 0.65\beta\tau^{0.4}\gamma^{1.09-0.77\beta}\left(\sin\theta\right)^{0.06\gamma-1.16} \quad （2.32）$$

3）面外弯矩作用

弦杆鞍点：

$$SCF = F_3\gamma\tau\beta\left(1.7 - 1.05\beta^3\right)\left(\sin\theta\right)^{1.6} \quad （2.33）$$

撑杆鞍点：

$$SCF = F_3 \left[\gamma^{0.95}\tau^{0.46}\beta\left(1.7 - 1.05\beta^3\right)\left(0.99 - 0.47\beta + 0.08\beta^4\right)\left(\sin\theta\right)^{1.6} \right]$$

（2.34）

式中，F_3 为面外弯矩作用下弦杆短杆效应系数，其计算公式如下：

$$\begin{cases} F_3 = 1, & \alpha \geqslant 12 \\ F_3 = 1 - 0.55\beta^{1.8}\gamma^{0.16}\exp\left(-0.49\gamma^{-0.89}\alpha^{1.8}\right), & \alpha < 12 \end{cases} \quad （2.35）$$

2. T/Y 型管节点的 LR 公式

LR 公式适用的参数范围：$4 \leqslant \alpha$，$0.13 \leqslant \beta \leqslant 1.0$，$10 \leqslant \gamma \leqslant 35$，$0.25 \leqslant \tau \leqslant 1.0$，$30° \leqslant \theta \leqslant 90°$。

1）轴力荷载

弦杆鞍点：

$$SCF = F_1 \left[\tau\gamma^{1.2}\beta\left(2.12 - 2\beta\right)\left(\sin\theta\right)^2 \right] \quad （2.36）$$

弦杆冠点：

$$SCF = \tau\gamma^{0.2}\left(3.5 - 2.4\beta\right)\left(\sin\theta\right)^{0.3} \quad （2.37）$$

撑杆鞍点：

$$\text{SCF} = F_1 \left[1 + \tau^{0.6} \gamma^{1.3} \beta \left(0.76 - 0.7\beta \right) \left(\sin\theta \right)^{2.2} \right] \tag{2.38}$$

撑杆冠点：

$$\text{SCF} = 2.6 \beta^{0.65} \gamma^{0.3 - 0.5\beta} \tag{2.39}$$

式中，F_1 计算公式同式（2.30）。

2）面内弯矩荷载

弦杆冠点：

$$\text{SCF} = 1.22 \beta \tau^{0.8} \gamma^{1 - 0.68\beta} \left(\sin\theta \right)^{1 - \beta^3} \tag{2.40}$$

撑杆冠点：

$$\text{SCF} = 1 + \beta \gamma \tau^{0.2} \left(0.26 - 0.21\beta \right) \left(\sin\theta \right)^{1.5} \tag{2.41}$$

3）面外弯矩荷载

弦杆鞍点：

$$\text{SCF} = F_3 \left[\gamma \tau \beta \left(1.4 - \beta^5 \right) \left(\sin\theta \right)^{1.7} \right] \tag{2.42}$$

撑杆鞍点：

$$\text{SCF} = F_3 \left[1 + \beta \tau^{0.6} \gamma^{1.3} \left(0.27 - 0.2\beta^5 \right) \left(\sin\theta \right)^{1.7} \right] \tag{2.43}$$

式中，F_3 计算公式同式（2.35）。

表 2.11 和表 2.12 列出了试验结果与两类经验公式计算值对比，因为规范中没有复杂荷载和多平面同时受荷载情况的 SCF 计算公式，所以表中只列出了 LA 组和 LB 组工况计算结果，并且这两组的规范值相同。分析表中数据，可以得出如下规律：

（1）分析 LA 组工况的数据发现，当三平面 Y 型管节点只有单平面受荷载时，其与单平面 Y 型管节点的经验公式计算结果相差不大，是否可以得出"多平面管节点在单平面受荷状态下的 SCF 可按简单管节点处理"的结论，还需更多样本和系统研究才能证实，本书后续关于多平面相互作用的介绍将深入地论证此问题。

（2）分析 LB 组工况的数据发现，当三平面同时受荷载时，SCF 较单平面 Y 型管节点有大幅增加，与 Efthymiou 公式相比最高增幅可达 38%，与 LR 公式相比最高增幅可达 42%。偶有例外的情况发生在面内弯矩荷载作用时，这是由于 Efthymiou 公式和 LR 公式都对面内弯矩荷载的预测过于保守。

表2.11　三平面Y型管节点与平面Y型管节点弦杆一侧SCF对比

工况编号	T1 平面试验值		Efthymiou公式		Efthymiou（试验）		LR公式		LR（试验）	
	鞍点	冠点	鞍点	冠点	鞍点	冠点	鞍点	冠点	鞍点	冠点
LA01	10.6	3.8	11.72	4.13	1.11	1.09	10.09	2.69	0.95	0.71
LA02	0.5	2.9	—	3.69	—	1.27	—	3.05	—	1.05
LA03	9	0.1	9.76	—	1.08	—	8.43	—	0.94	—
LB01	17.3	4.2	11.72	4.13	0.68	0.98	10.09	2.69	0.58	0.64
LB02	0.2	3.1	—	3.69	—	1.19	—	3.05	—	0.98
LB03	13.6	0.5	9.76	—	0.72	—	8.43	—	0.62	—

注："—"表示没有相关数据。

表2.12　三平面Y型管节点与平面Y型管节点撑杆一侧SCF对比

工况编号	T1 平面试验值		Efthymiou公式		Efthymiou（试验）		LR公式		LR（试验）	
	鞍点	冠点	鞍点	冠点	鞍点	冠点	鞍点	冠点	鞍点	冠点
LA01	6.8	1.5	6.38	1.57	0.94	1.05	6.36	1.87	0.94	1.24
LA02	0.2	1.6	—	3.32	—	2.08	—	2.15	—	1.34
LA03	5.5	0.3	6.90	—	1.25	—	5.86	—	1.06	—
LB01	10.3	1.6	6.38	1.57	0.62	0.98	6.36	1.87	0.62	1.17
LB02	0.3	1.7	—	3.32	—	1.95	—	2.15	—	1.26
LB03	8.3	0.3	6.90	—	0.83	—	5.86	—	0.71	—

2.4.5　试验经验总结

完成本试验的主要难点在于焊缝的存在对管节点应力集中表现影响很大，精确采集焊缝附近的应变受操作空间与传感器自身尺寸的影响。从2.4.2节和2.4.3节呈现的数据来看，试验结果总体符合预期，总结为以下几点经验：

（1）已知几何尺寸对SCF分布有重要影响，因此本试验对试件制作的质量要求非常严格，质量把控深入钢材来源、材料试验、焊缝设计、工人施工、除锈防腐、焊缝打磨等生产的每一个环节。

（2）在正式试验开始前进行预试验，一方面可以用来检验新研发及新建成的试验系统，另一方面从预试验中总结可以改进的地方，并在正式试验时全面实现。

（3）本试验对误差来源的分析较为全面，并采取了应对手段。①在设计试验荷载时尽量方便数据的采集，并且设置名义应变测点和荷载传感器，为实测荷载数据的准确性提供双重保障，并依此计算SCF以消除荷载施加误差；②由于试验场地难以消除其他设备的影响，用温度补偿片波动均值修正测点应变片受环境干扰的误差；③试验完成后，从弦杆和撑杆上不同部位分别截取钢材，制作多根材料试样，按规范完成材料试验，用实测试件材料特性计算 SCF。

（4）试验仍然存在难以避免的不足，例如，由于是 1∶10 的缩尺试验，弦杆和撑杆的壁厚仅为实际尺寸的 10%，连接处的加工精度、焊缝的均匀性和一致性均大于实际工程中的相对误差。

第3章 管节点数值仿真方法

3.1 焊缝体数学模型

1. Y型管节点焊缝

Wordsworth 等[88]对管节点的研究发现，焊缝的存在对应力集中有显著影响，之后的研究中，数值模型中的焊缝模拟成为了必不可少的重要环节。根据《重型机械通用技术条件 第3部分：焊接件》（GB/T 37400.3—2019）[175]的规定，焊缝按接合形式可分为角焊缝（图3.1（a））、对接焊缝（图3.1（b））、塞焊缝、槽焊缝和端接焊缝五种。由对接焊缝和角焊缝组成的焊缝称为组合焊缝（图3.1（c）），即T形接头（十字接头）开坡口后进行完全熔透焊接并且具有一定焊脚的焊缝，坡口内的焊缝为对接焊缝，坡口外连接两焊件的焊缝为角焊缝。工程中管节点的杆件连接方式以角焊缝和组合焊缝为主[36]。

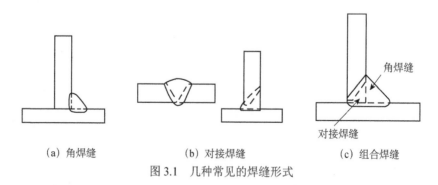

(a) 角焊缝   (b) 对接焊缝   (c) 组合焊缝

图 3.1　几种常见的焊缝形式

当杆件壁厚与设计荷载均较小时，可采用角焊缝连接。在管节点研究中，角焊缝也称为单边焊缝（single-sided weld），以Lee[114]和Ahmadi等[173]为代表的学者采用同心圆法模拟焊缝，其核心建模思路如图3.2所示。其中，过撑杆与弦杆交线上某点处作弦杆和撑杆外表面切平面，两平面夹角定义为二面角 γ。这种建模方法只在撑杆外表面与弦杆外表面相交处设置焊缝体，撑杆内表面与弦杆外表面相交处仍为无焊缝时的相贯线。

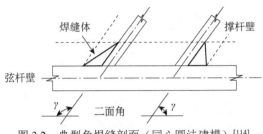

图 3.2　典型角焊缝剖面（同心圆法建模）[114]

当杆件壁厚与设计荷载较大时，须采用组合焊缝连接。本书关注的管节点为固定式海上风机基础结构的关键部位，其体量远大于一般工业与民用建筑中的管节点，杆件的壁厚可达 40～100mm，按照各国的焊接规范（如 AWS[36]、IIW[32]和 CCS[49]）都须采用完全熔透坡口组合焊缝。完全熔透的目的是增加构件之间的连接面积，为了实现完全熔透，必须在构件上开坡口。AWS 规范[36]中规定，焊接坡口形式和尺寸取决于待连接构件表面间的二面角。对于管节点，弦杆与撑杆外表面的二面角沿焊缝周向不断变化，即焊脚形状和尺寸也沿焊缝周向不断变化，这使得管节点组合焊缝比角焊缝的模拟复杂得多。第 2 章中试件撑杆与弦杆之间的焊接即为完全熔透坡口组合焊缝。本书介绍的数值仿真方法也将依据 AWS 规范中对坡口焊缝的规定建立焊缝模型。

Cao 等[176]采用二次投影法推导出了撑杆与弦杆相交线方程，Lie 等[177]在此基础上建立了一种模拟组合焊缝的方法，该方法不仅满足 AWS 规定的最小焊缝尺寸，还通过严谨的数学推导给出了平滑的焊缝曲线。模拟组合焊缝的方法能在数值分析中真实地模拟出焊缝存在的效果，因此被很多管节点研究者采用（如 Shao[128]、张国栋[126]、Ahmadi 等[173]等）。该方法模拟焊缝的主要思路和流程如图 3.3 所示。

2. 撑杆与弦杆交线

图 3.4 为一典型的 Y 型管节点空间坐标系[178]。图中，R 为弦杆外半径，r 为撑杆外半径，θ 为撑-弦杆轴线夹角。为求得撑杆与弦杆相交线方程，在图中定义了四个坐标系：①$O\text{-}xyz$ 为撑杆坐标系，其原点为撑杆轴线与弦杆外表面交点，撑杆轴线即为 z 轴；②$O\text{-}XYZ$ 为弦杆坐标系，从 $O\text{-}xyz$ 坐标系原点向弦杆轴线做垂线，其交点即为 $O\text{-}XYZ$ 坐标系的原点，弦杆轴线为 Z 轴；③考虑到圆柱曲面可以展开为平面的几何特点，将弦杆沿母线剪开，展开至撑-弦杆交线冠趾切平面，即 $X=R$ 平面，该平面定义为 $O\text{-}Y'Z'$ 坐标系，弦杆外表面上的每一点都可以一一对应地映射到 $O\text{-}Y'Z'$ 坐标系；④将 $x=r$ 平面定义为 $O\text{-}y'z'$ 坐标系。

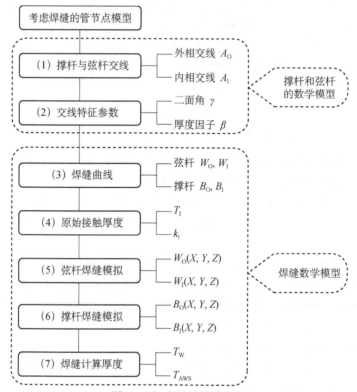

图 3.3 组合焊缝建模流程

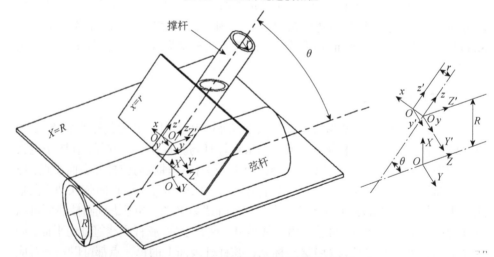

图 3.4 Y 型管节点空间坐标系的定义[178]

由空间几何知识可知各坐标系之间的转换公式如下。

（1）由 $O\text{-}y'z'$ 坐标系转换至 $O\text{-}xyz$ 坐标系公式：

$$
\begin{cases}
x = r\cos\dfrac{y'}{r} \\[2mm]
y = r\sin\dfrac{y'}{r} \\[2mm]
z = z'
\end{cases}
\tag{3.1}
$$

（2）由 $O\text{-}Y'Z'$ 坐标系转换至 $O\text{-}XYZ$ 坐标系公式：

$$
\begin{cases}
X = R\cos\dfrac{Y'}{R} \\[2mm]
Y = R\sin\dfrac{Y'}{R} \\[2mm]
Z = Z'
\end{cases}
\tag{3.2}
$$

（3）由 $O\text{-}XYZ$ 坐标系转换至 $O\text{-}xyz$ 坐标系公式：

$$
\begin{cases}
x = (X - R)\cos\theta - Z\sin\theta \\
y = Y \\
z = (X - R)\sin\theta + Z\cos\theta
\end{cases}
\tag{3.3}
$$

在 $O\text{-}XYZ$ 坐标系下，弦杆外表面可定义为

$$
X^2 + Y^2 = R^2
\tag{3.4}
$$

在 $O\text{-}xyz$ 坐标系下，撑杆外表面可定义为

$$
x^2 + y^2 = r^2
\tag{3.5}
$$

将式（3.3）代入式（3.5），可以得到撑杆表面在 $O\text{-}XYZ$ 坐标系下的表达式：

$$
\left[(X - R)\cos\theta - Z\sin\theta\right]^2 + Y^2 = r^2
\tag{3.6}
$$

联立式（3.4）和式（3.6），即可得到撑杆与弦杆的交线，该交线是位于弦杆表面的一条三维曲线，结合坐标转换公式（3.1）～（3.3）可以得到交线在四个不同坐标系下的表达式。

将式（3.2）代入式（3.4）和式（3.6），可将交线投影至 $O\text{-}Y'Z'$ 坐标系中，得到一条二维曲线，其表达式为

$$
R^2\sin^2\frac{Y'}{R} + \left[Z'\sin\theta + R\left(1 - \cos\frac{Y'}{R}\right)\cos\theta\right]^2 = r^2
\tag{3.7}
$$

将式（3.1）和式（3.3）代入式（3.4）和式（3.6），可得到交线在 $O\text{-}y'z'$ 坐标系下的表达式：

$$
r^2\sin^2\frac{y'}{r} + \left(z'\sin\theta + r\cos\frac{y'}{r}\cos\theta + R\right)^2 = R^2
\tag{3.8}
$$

　　考虑到后续要对弦杆和撑杆进行网格划分，为了更加高效地得到均匀的映射网格，定义了一个二维圆周，经过二次投影与撑-弦杆交线相对应，如图 3.5 所示。需要注意的是 $\alpha \neq \phi$。

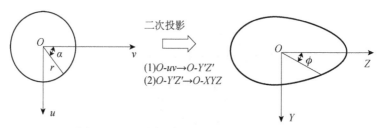

图 3.5　$O\text{-}uv$ 坐标系二次投影至 $O\text{-}XYZ$ 坐标系

在 $O\text{-}uv$ 坐标系下该圆周表达式为

$$u^2 + v^2 = r^2 \tag{3.9}$$

该圆周在 $O\text{-}uv$ 坐标系下的参数表达式为

$$\begin{cases} u = r\sin\alpha \\ v = r\cos\alpha \end{cases} \tag{3.10}$$

比较式（3.7）和式（3.9），将 $O\text{-}Y'Z'$ 平面上的交线与 $O\text{-}uv$ 坐标系下的圆周对应，设

$$\begin{cases} Y' = R\arcsin\dfrac{u}{R} \\ Z' = \left\{ v - R\left[1 - \cos\left(\arcsin\dfrac{u}{R} \right) \right] \cos\theta \right\} \dfrac{1}{\sin\theta} \end{cases} \tag{3.11}$$

式（3.11）联立式（3.2），可以用 u、v 表示 $O\text{-}XYZ$ 坐标系下的交线方程：

$$\begin{cases} X = R\cos\left(\arcsin\dfrac{u}{R} \right) \\ Y = u \\ Z = \left\{ v - R\left[1 - \cos\left(\arcsin\dfrac{u}{R} \right) \right] \cos\theta \right\} \dfrac{1}{\sin\theta} \\ \phi = \arctan\dfrac{Y}{Z} \end{cases} \tag{3.12}$$

式（3.12）联立式（3.10），可以得到由唯一自变量 α 决定的交线方程表达式。

3. 二面角和厚度因子

根据 AWS[36]规范的设计要求，焊缝厚度取决于二面角 γ 和厚度因子 β，如图

3.6 所示。过撑-弦杆交线上某点处做弦杆和撑杆外表面的切平面，两平面夹角定义为二面角 γ；交线上某点法向量与 Z 轴夹角定义为厚度因子 β。

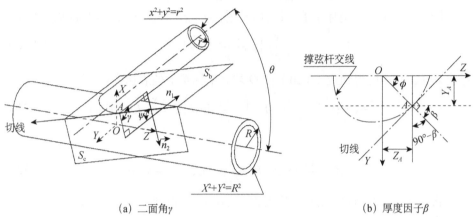

(a) 二面角 γ　　　　　　　　　　　(b) 厚度因子 β

图 3.6　二面角和厚度因子的定义[177]

设 A 点在撑-弦杆相交线上，过 A 点分别做弦杆和撑杆外表面的切平面 S_c 和 S_b，根据二面角的定义，S_c 和 S_b 之间的夹角即为二面角 γ，记 S_c 和 S_b 的法向量为 n_1 和 n_2，n_1 和 n_2 之间夹角为 ψ，γ 与 ψ 互为补角，则 γ 可由 n_1 和 n_2 表示为

$$\gamma = \pi - \arccos\left(\frac{n_1 n_2}{\|n_1\|\|n_2\|}\right) \tag{3.13}$$

由空间几何知识可知，在三维 $O\text{-}XYZ$ 坐标系下，若平面方程写成标准形式 $AX + BY + CZ = D$，则该平面的法向量为 $AI + BJ + CK$，其中 I、J 和 K 分别为 X 轴、Y 轴和 Z 轴的单位向量，记

$$n_1 = A_1 I + B_1 J + C_1 K \tag{3.14}$$

$$n_2 = A_2 I + B_2 J + C_2 K \tag{3.15}$$

将式（3.14）和式（3.15）代入式（3.13），则二面角 γ 的表达式可写为

$$\gamma = \pi - \arccos\left(\frac{A_1 A_2 + B_1 B_2 + C_1 C_2}{\sqrt{A_1^2 + B_1^2 + C_1^2}\sqrt{A_2^2 + B_2^2 + C_2^2}}\right) \tag{3.16}$$

在 $O\text{-}XYZ$ 坐标系下，设 A 点坐标为（X_A，Y_A，Z_A），可求得切平面 S_c 方程：

$$X = -\frac{Y_A}{X_A}Y + \frac{R^2}{X_A} \tag{3.17}$$

写成标准形式为

$$\left(\frac{X_A}{R^2}\right)X + \left(\frac{Y_A}{R^2}\right)Y = 1 \tag{3.18}$$

显然

$$A_1 = \frac{X_A}{R^2}, \quad B_1 = \frac{Y_A}{R^2}, \quad C_1 = 0 \tag{3.19}$$

同理，在 $O\text{-}xyz$ 坐标系下，设 A 点坐标为 (x_A, y_A, z_A)，切平面 S_b 方程为

$$\left(\frac{x_A}{r^2}\right)x + \left(\frac{y_A}{r^2}\right)y = 1 \tag{3.20}$$

结合式（3.3），可得到式（3.20）在 $O\text{-}XYZ$ 坐标系下的表达式：

$$\left(\frac{x_A}{r^2}\cos\theta\right)X + \left(\frac{y_A}{r^2}\right)Y + \left(-\frac{x_A}{r^2}\sin\theta\right)Z = \frac{x_A}{r^2}R\cos\theta + 1 \tag{3.21}$$

显然

$$A_2 = \frac{x_A}{r^2}\cos\theta, \quad B_2 = \frac{y_A}{r^2}, \quad C_2 = -\frac{x_A}{r^2}\sin\theta \tag{3.22}$$

将式（3.19）和式（3.22）代入式（3.16），可得到二面角 γ 在 $O\text{-}XYZ$ 坐标系下的表达式。

图 3.6 中切线为切平面 S_c 和 S_b 的交线，记其方向向量为

$$m = aI + bJ + cK \tag{3.23}$$

由向量几何知识可知：

$$m = n_1 \times n_2 = \begin{vmatrix} I & J & K \\ A_1 & B_1 & C_1 \\ A_2 & B_2 & C_2 \end{vmatrix} \tag{3.24}$$

所以：

$$a = B_1C_2 - C_1B_2, \quad b = C_1A_2 - A_1C_2, \quad c = A_1B_2 - B_1A_2 \tag{3.25}$$

记该切线在 A 点的法向量为

$$n = dI + eJ + fK \tag{3.26}$$

因为有

$$n = m \times n_1 = \begin{vmatrix} I & J & K \\ a & b & c \\ A_1 & B_1 & C_1 \end{vmatrix} \tag{3.27}$$

所以：

$$d = bC_1 - cB_1, \quad e = cA_1 - aC_1, \quad f = aB_1 - bA_1 \tag{3.28}$$

由图 3.6 定义可得厚度因子 β 在 $O\text{-}XYZ$ 坐标系下的表达式：

$$\beta = \arctan\frac{e}{f} \tag{3.29}$$

4. 焊缝曲线推导

图 3.7（a）为无焊缝时撑杆与弦杆外表面接触处的剖面示意图，因为撑杆有壁厚，所以有内外两个表面。撑杆与弦杆外表面的交线有两条，分别称为内相交线和外相交线，它们的方程可将撑杆的内外半径分别代入式（3.10）和式（3.12）得到；两条交线之间的距离为撑-弦杆原始接触厚度 T_1，撑杆外表面与弦杆外表面夹角为外二面角 γ_O，撑杆内表面与弦杆表面夹角为内二面角 γ_I。

实际上，对于焊接管节点，撑杆与弦杆之间不直接接触，撑杆经切坡口后与焊缝直接相连，焊缝再与弦杆相连，图 3.7（b）为一典型切坡口焊缝剖面。焊缝与弦杆和撑杆各有两条交线，位于弦杆表面且半径较大的称为弦杆焊趾曲线，位于弦杆表面且半径较小的称为弦杆焊踵曲线；位于撑杆外表面的交线称为撑杆焊趾曲线，位于撑杆内表面的交线称为撑杆焊踵曲线。焊缝与弦杆的接触厚度为 T_W。

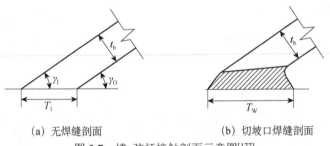

(a) 无焊缝剖面　　　　　　　　(b) 切坡口焊缝剖面

图 3.7　撑-弦杆接触剖面示意图[177]

撑杆坡口的切割角度随着二面角的变化而变化，因此焊缝剖面也随之变化，图 3.8（a）绘出了投影至 OYZ 平面上的撑-弦杆交线与焊缝曲线，可以看出焊趾曲线的半径总是大于撑-弦杆外相交线，而焊踵曲线与撑-弦杆内相交线有交点。设内相交线上的点为 A_I，外相交线上的点为 A_O，弦杆焊踵上的点为 W_I，弦杆焊趾上的点为 W_O，撑杆焊踵上的点为 B_I，撑杆焊趾上的点为 B_O。

图 3.8（b）为 OYZ 平面第一象限内的细节放大图，在 O-uv 坐标系中任取一 α（$0° \leqslant \alpha \leqslant 360°$），代入式（3.12）即可得到对应的 A_I 和 A_O 坐标、撑-弦杆内相交线极角 ϕ_I、外相交线极角 ϕ_O；Lie 等[177]的研究指出，ϕ_I 与 ϕ_O 之间差距可以忽略不计，当且仅当撑-弦杆外径之比等于 1 时才需要考虑，而这种情况在三平面 Y 型管节点中不可能发生。将 α 代入式（3.10），并按步骤演算至式（3.29），可得到焊踵厚度因子 β_I 和焊趾厚度因子 β_O；Lie 等[177]还研究了 β_I 与 β_O 之间关系，发现在任意几何参数条件下，二者间的差距都很小。

焊踵和焊趾点的坐标需要通过对 A_I 和 A_O 坐标进行修正得到。弦杆焊趾与外相交线之间的距离（A_O 和 W_O 之间的距离）定义为 T_2；弦杆焊踵与内相交线之间的距离（A_I 和 W_I 之间的距离）定义为 T_3。由图 3.8（a）可知，T_2 总为正值，T_3 则有正有负，根据 AWS[36]的规定，T_3 在 $30° \leqslant \gamma < 90°$ 时为正，在 $90° < \gamma \leqslant 180°$ 时为负。这两种典型焊缝的剖面如图 3.9 所示，分别对应图 3.8（a）中 1-1 和 2-2 剖面。由图 3.9 可知，撑杆焊趾 B_O 与外相交线 A_O 之间的距离是 T_1+T_4，撑杆焊踵 B_1 与外相交线 A_1 之间的距离是 T_4。

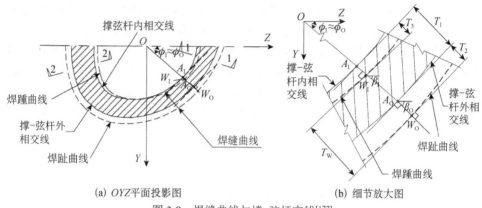

(a) OYZ 平面投影图　　　　　　　　　　(b) 细节放大图

图 3.8　焊缝曲线与撑-弦杆交线[177]

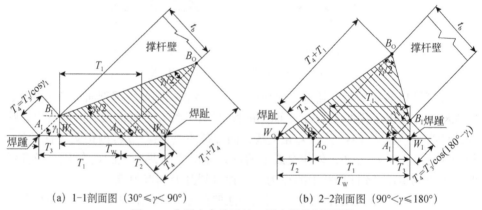

(a) 1-1 剖面图（$30° \leqslant \gamma < 90°$）　　　　　　(b) 2-2 剖面图（$90° < \gamma \leqslant 180°$）

图 3.9　典型完全熔透坡口组合焊缝剖面[177]

5. 焊缝厚度

1）原始接触厚度

为了模拟既满足 AWS 规范又足够光滑的焊缝曲线，进行如下假设[177]：

（1）撑杆厚度 t_b 远小于弦杆半径 R；

（2）撑杆与弦杆轴线夹角 θ 不小于 $30°$；

（3）当二面角 $\gamma > 135°$ 时可适当增加焊缝厚度。

图 3.7（a）中，撑-弦杆原始接触厚度为 T_1，显然 T_1 是 γ_O 和 γ_1 的函数，其值

沿焊缝曲线变化，根据上述假设，T_1 表达式可写为

$$T_1 = k_1 t_b \tag{3.30}$$

$$k_1 = \frac{1}{\sin \gamma_1} \tag{3.31}$$

2）弦杆焊缝模拟

弦杆焊趾曲线的修正厚度为 T_2，其值取决于点 A_O 处外二面角 γ_O（$30° \leqslant \gamma_O \leqslant 180°$），当 γ_O 从 $30°$ 变化至 $180°$ 时，T_2 从一有限值变化至零，因此其表达式可写为

$$T_2 = k_2 t_b \tag{3.32}$$

$$k_2 = \text{Fos}_{\text{outer}} \left[1 - \left(\frac{\gamma_O - \theta_s}{180° - \theta_s} \right)^m \right] \tag{3.33}$$

式中，k_2 为外相交曲线修正因子；θ_s 为最小撑-弦杆轴线夹角，其值为 $30°$；$\text{Fos}_{\text{outer}}$ 为比例因子；m 为一常数。$\text{Fos}_{\text{outer}}$ 与 m 的值将在本节结尾结合 k_1、k_3 和 k_{AWS} 给出。

由 β_O 和 T_2 可以得出弦杆焊趾曲线上点的坐标：

$$\begin{cases} Z_{W_O} = Z_{A_O} + T_2 \cos \beta_O \\ Y_{W_O} = Y_{A_O} + T_2 \sin \beta_O \\ X_{W_O} = \sqrt{R^2 - Y_{W_O}^2} \end{cases} \tag{3.34}$$

同理，弦杆焊踵曲线的修正厚度为 T_3，其值取决于点 A_1 处内二面角 γ_1（$30° \leqslant \gamma_1 \leqslant 180°$）。当 $30° \leqslant \gamma_1 < 90°$ 时，$T_3 > 0$；当 $\gamma_1 = 90°$ 时，T_3 等于零；当 $90° < \gamma_1 \leqslant 180°$ 时，$T_3 < 0$。类似于 T_2，T_3 表达式可写为

$$T_3 = k_3 t_b \tag{3.35}$$

$$k_3 = \text{Fos}_{\text{inner}} \left[1 - \left(\frac{\gamma_1 - \theta_s}{90° - \theta_s} \right)^n \right] \tag{3.36}$$

式中，k_3 为内相交曲线修正因子；$\text{Fos}_{\text{inner}}$ 为比例因子；n 为一常数。$\text{Fos}_{\text{inner}}$ 与 n 的值将在本节结尾结合 k_1、k_2 和 k_{AWS} 给出。

由 β_1 和 T_3 可以得出弦杆焊踵曲线上点的坐标：

$$\begin{cases} Z_{W_1} = Z_{A_1} + T_3 \cos \beta_1 \\ Y_{W_1} = Y_{A_1} + T_3 \sin \beta_1 \\ X_{W_1} = \sqrt{R^2 - Y_{W_1}^2} \end{cases} \tag{3.37}$$

3）撑杆焊缝模拟

根据图 3.9 所示的几何关系可推导出 T_4 的表达式如下：

$$\begin{cases} T_4 = \dfrac{T_3}{\cos\gamma_1}, & 30° \leqslant \gamma < 90° \\[4mm] T_4 = \dfrac{T_3}{\cos(180° - \gamma_1)}, & 90° \leqslant \gamma \leqslant 180° \end{cases} \tag{3.38}$$

撑杆焊趾曲线上点的坐标可以写为

$$\begin{cases} Z_{B_0} = Z_{A_0} + (T_1 + T_4)\cos\gamma_0 \cos\beta_0 \\ Y_{B_0} = Y_{A_0} + (T_1 + T_4)\cos\gamma_0 \sin\beta_0 \\ X_{B_0} = X_{A_0} + (T_1 + T_4)\sin\gamma_0 \end{cases} \tag{3.39}$$

撑杆焊踵曲线上点的坐标可以写为

$$\begin{cases} Z_{B_1} = Z_{A_1} + T_4 \cos\gamma_1 \cos\beta_1 \\ Y_{B_1} = Y_{A_1} + T_4 \cos\gamma_1 \sin\beta_1 \\ X_{B_1} = X_{A_1} + T_4 \sin\gamma_1 \end{cases} \tag{3.40}$$

4）焊缝计算厚度

焊缝计算厚度 T_W 为 T_1、T_2、T_3 之和：

$$T_W = T_1 + T_2 + T_3 = (k_1 + k_2 + k_3)t_b \overset{\text{def}}{=} k_W t_b \tag{3.41}$$

焊缝计算厚度须大于等于 AWS 规范规定的焊缝最小厚度 T_{AWS}：

$$T_W \geqslant T_{AWS} \overset{\text{def}}{=} k_{AWS} t_b \tag{3.42}$$

即要求：

$$k_W \geqslant k_{AWS} \tag{3.43}$$

Lie 等[177]对式（3.43）进行了一系列的参数研究，并得出如下结论：对任意 Y 型焊接管节点，按 Fos$_{outer}$=0.3，Fos$_{inner}$=0.25，m=2.0，n=0.4 建立焊缝模型，都可以满足 AWS 规范对最小焊缝尺寸的要求。本书介绍的数值仿真方法中的焊缝建模采纳此项研究结果。至此，含有焊缝的管节点几何模型数学表达式推导完毕。

3.2　含焊缝管节点数值模型

1. 数值仿真分析平台介绍

ANSYS 以其优秀的建模能力、丰富的单元库和材料库、多种高效求解器、强大的后处理功能等优点广泛应用于各行业有限元分析。本书介绍的针对三平面 Y 型管节点的建模、计算、后处理等内容均基于 ANSYS 平台，并使用 ANSYS 参数化设计语言（ANSYS parametric design language，简称 APDL）开发相应子程序。在有限元分析中，单元类型选择、网格划分方案和荷载施加方案都直接影响结果的准确性，本节即从这三个方面进行探讨，以确定三平面 Y 型管节点的有限元模型。

　　在管节点热点应力研究初期，很多学者采用壳单元模拟管节点[84, 85]，然而壳单元的一大缺点是不能模拟焊缝的存在，随着人们对焊缝重要性的察觉，以及计算机和有限元技术的长足发展，研究者开始采用实体单元模拟焊接管节点[86]，实体单元不仅能模拟焊缝，还能反映出应力沿壁厚方向的变化。李娜[28]对厚壳单元和实体单元的对比研究表明，采用厚壳单元建模的计算结果与试验值相差较大，而实体单元可以模拟出热点应力的真实情况。综上，采用 SOLID186 实体单元模拟焊接管节点杆件及焊缝。

　　如图 3.10 所示，SOLID186 实体单元是一种具有二次位移特性的高阶三维 20 节点实体单元（节点编号如图中字母所示），每个节点有 3 个自由度，分别为沿 X、Y 和 Z 方向平动自由度。该实体单元支持塑性、超弹性、蠕变、应力强化、大挠度、大应变和任意的空间各向异性，还可以采用混合模式模拟近不可压缩弹塑性材料和完全不可压缩超弹性材料。其具有的二次位移模式可以更好地模拟具有不规则边界情况的模型。

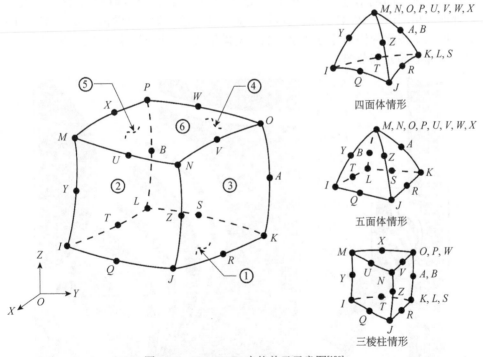

图 3.10　SOLID186 实体单元示意图[180]

　　由图 3.10 可见，标准的 SOLID186 实体单元是一个六面体（各个面的编号分别为①②③④⑤⑥），当有适应复杂几何形状的需求时，六面体可退化为三棱柱、五面体及四面体。由有限元知识可知，六面体单元较四面体单元有更高的精度及可靠度。对于焊接管节点，自由网格划分难以产生六面体单元，须采用映射网格划分，这需要周密细致的网格划分方案。由于焊缝的存在，弦杆和撑杆相交处较不规则，并且此处是应力集中的核心区域，即有限元分析的主要关注点，所以本书介绍的网格划分方案，一方面从焊缝处入手，优先确保焊缝处的映射网格划分，然后逐层向弦杆和撑杆管体推进；另一方面随着应力梯度的减小，逐步减小网格密度，以在保证足够计算精度的前提下提高计算速度。

2. 有限元模型的建立

鉴于三平面 Y 型管节点的对称特性，可以先建立 1/6 模型，然后对称复制得到一根完整的撑杆，再复制两次得到完整模型。为更加清楚地展示分区网格划分方案，图 3.11 呈现了 1/6 模型及分区处局部放大图。图中，PART1 为撑-弦杆相交及外推插值区，该区的应力梯度最大，因此网格密度最大。插值区域往外，应力梯度大幅减小，网格密度也可随之减小，因此设置若干网格密度过渡区。PART2 为弦杆厚度方向网格过渡区，PART3 和 PART4 为弦杆表面网格过渡区，PART5 为撑杆厚度方向网格过渡区，PART6 和 PART7 为支撑表面网格过渡区。过渡区之外即为粗网格区 PART8，这些区域的应力分布较均匀，对网格密度不敏感。图 3.12 展示了按此网格划分方案建立的完整模型及高密度网格区域放大图，图 3.13 展示了焊缝部分细节图。

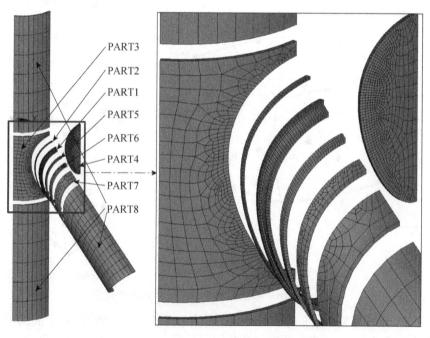

PART3
PART2
PART1
PART5
PART6
PART4
PART7
PART8

(a) 1/6模型　　　　　　　　　　(b) 分区处局部放大图

图 3.11　模型网格密度分区图

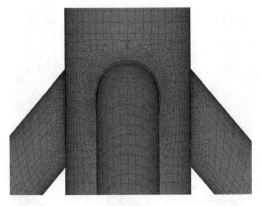

　　　（a）整体模型图　　　　　　　　　（b）高密度网格区域放大图

图 3.12　三平面 Y 型管节点有限元模型

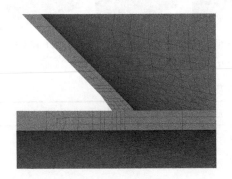
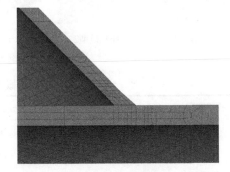

　　　（a）$\phi = 0°$剖面图　　　　　　　　　（b）$\phi = 180°$剖面图

图 3.13　焊缝细节图

3. 有限元网格收敛性研究

　　有限元剖分方案影响计算结果的可靠性，因此有必要进行网格收敛性研究。本节按照第 2 章给出的试件尺寸，建立五个具有不同网格密度的有限元模型，施加同样的荷载（表 2.8）及边界条件，通过计算结果的对比，确定适当的网格密度。

　　各模型整体视图如图 3.14 所示，高应力区的网格剖分如图 3.15 所示，表 3.1 列出了各模型网格剖分方案的数据，其中"计算耗时"项是采用同一台计算机完成并统计计算时长，该计算机的处理器型号为 Intel（R）Core（TM）i7-7700 CPU，主频为 4.20GHz，随机存储器（random access memory，RAM）内存为 16GB，ANSYS 软件版本为 18.0。

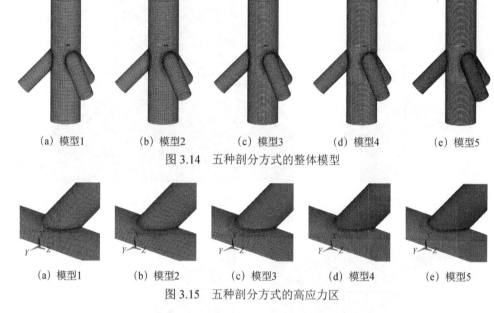

(a) 模型1　　　(b) 模型2　　　(c) 模型3　　　(d) 模型4　　　(e) 模型5

图 3.14　五种剖分方式的整体模型

(a) 模型1　　　(b) 模型2　　　(c) 模型3　　　(d) 模型4　　　(e) 模型5

图 3.15　五种剖分方式的高应力区

表 3.1　各模型概况及计算效率对比

模型编号	节点总数	单元总数	沿交线单元数	壁厚方向单元数	计算耗时/min
模型 1	76116	12834	36	1	3
模型 2	116502	20125	60	1	3
模型 3	204932	41675	60	3	3
模型 4	249872	51121	72	3	5
模型 5	322777	66248	90	3	12

　　图 3.16～图 3.18 对比了五种模型在 LA01～LA03 三种工况下弦杆和撑杆的 SCF 极值。由图可看出，从模型 1～模型 5，SCF 极值逐渐收敛，模型 1 与模型 5 的弦杆 SCF 极值差距在 3%以内，撑杆 SCF 极值差距在 7%以内；模型 3 与模型 5 的弦杆和撑杆的 SCF 极值差距都在千分之一以内，足以说明模型 5 的 SCF 计算值已经收敛。

　　从计算效率角度来看，网格剖分方案的改变增加了计算时长，模型 5 的节点总数是模型 1 的 4.2 倍，计算时长是模型 1 的 4 倍。模型 5 的计算时长为 12min，在可以接受的范围内，因此选择模型 5 作为最终有限元模型，该模型可在满足计算效率要求的同时，最大化保证计算结果的精度。

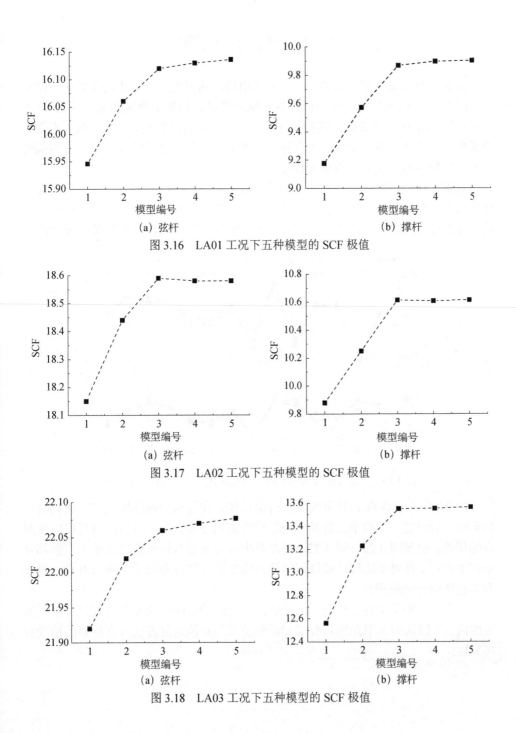

(a) 弦杆　　　　　　　　　(b) 撑杆

图 3.16　LA01 工况下五种模型的 SCF 极值

(a) 弦杆　　　　　　　　　(b) 撑杆

图 3.17　LA02 工况下五种模型的 SCF 极值

(a) 弦杆　　　　　　　　　(b) 撑杆

图 3.18　LA03 工况下五种模型的 SCF 极值

3.3　数值仿真方法验证

为验证有限元模型的有效性，本节采用最终确定的有限元建模方案——模型5，按照表 2.4 所示尺寸，建立试件的有限元模型，施加试验实测荷载（表 2.8）开展计算。由 SCF 和 SNCF 转换公式（式（2.17））可以发现，转换系数 c 不是一个常数，而是会沿焊缝曲线发生变化，因此本节直接对比试验和有限元法得到的应变，以便更直接地验证有限元模型。

有限元法计算结果与试验应变极值对比如图 3.19 所示。由图可见，有限元法计算结果（有限元值）与试验应变极值（试验值）相对误差很小，最大相对误差仅为 4.21%。可以合理地推测，试验误差是由焊缝尺寸无法精确模拟而导致的。

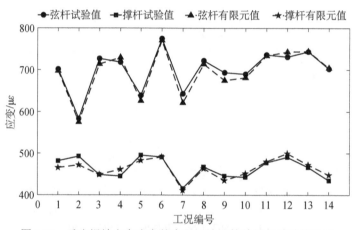

图 3.19　垂直焊缝方向应变的有限元法计算结果与试验值对比

由 2.4.2 节中对 SCF 分布规律的讨论可知，在复杂荷载作用或多平面同时受荷载时，沿焊缝一周的垂直焊缝方向的应变都很重要，为了分析所有几何应变测点的误差，绘制图 3.20～图 3.22，可以看出有限元值与试验值之比绝大多数都分布在 1 附近。有限元法与试验得到的几何应变沿焊缝分布图示于附录 B 中，可以看出总体吻合情况很好。

综合两方面的对比，有限元法计算结果与试验值间的误差在合理且可接受的范围内，可以认为本书介绍的有限元模型及系列数值研究方法具有足够的精度和可靠度。

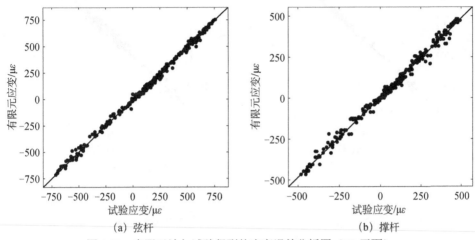

(a) 弦杆　　　　　　　　　　　　　　　(b) 撑杆

图 3.20　有限元法与试验得到的应变误差分析图（T1 平面）

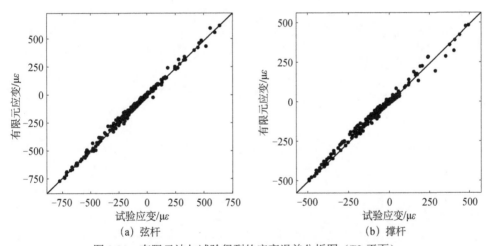

(a) 弦杆　　　　　　　　　　　　　　　(b) 撑杆

图 3.21　有限元法与试验得到的应变误差分析图（T2 平面）

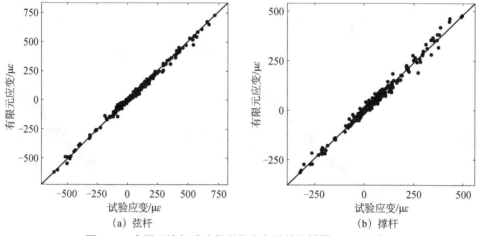

（a）弦杆　　　　　　　　　（b）撑杆

图 3.22　有限元法与试验得到的应变误差分析图（T3 平面）

第4章 多平面管节点热点应力计算方法

4.1 复杂荷载作用下的热点应力

第 2 章对三平面 Y 型管节点的试验研究，从 SCF 角度初步揭示了反应叠加效应和多平面相互作用的表现及规律。本节基于第 3 章的数值仿真方法，从热点应力角度定量分析上述两个问题。

1. 荷载系数计算

按照表 2.4 中的尺寸建立有限元模型，依据表 2.7 施加设计荷载开展计算。为了便于量化研究反应叠加效应和多平面相互作用，以表 2.7 中 LA01 工况下的轴力、LA02 工况下的面内弯矩和 LA03 工况下的面外弯矩荷载分别作为轴力、面内弯矩和面外弯矩荷载的归一化因子，对表 2.7 进行归一化处理，即将表 2.7 中轴力荷载都除以 -90kN，得到各工况下各撑杆的轴力荷载系数 η_i^{A}（i 对应撑杆编号，取值为 1、2 和 3）；面内弯矩荷载都除以 19.2kN·m，得到各工况下各撑杆的面内弯矩荷载系数 η_i^{I}；面外弯矩荷载都除以 8.0kN·m，得到各工况下各撑杆的面内弯矩荷载系数 η_i^{O}。归一化结果如表 4.1 所示。

表4.1　三平面 Y 型管节点各平面荷载系数

工况编号	T1 撑杆			T2 撑杆			T3 撑杆		
	η_1^{A}	η_1^{I}	η_1^{O}	η_2^{A}	η_2^{I}	η_2^{O}	η_3^{A}	η_3^{I}	η_3^{O}
LA01	1	0	0	0	0	0	0	0	0
LA02	0	1	0	0	0	0	0	0	0
LA03	0	0	1	0	0	0	0	0	0
LB01	−0.62	0	0	0.62	0	0	−0.62	0	0
LB02	0	−0.92	0	0	0.92	0	0	0.92	0
LB03	0	0	0.65	0	0	0.65	0	0	−0.65
LC01	−0.89	0.33	0	0	0	0	0	0	0
LC02	−0.56	0	0.48	0	0	0	0	0	0
LC03	0	0.38	0.90	0	0	0	0	0	0
LC04	−0.56	0.19	0.45	0	0	0	0	0	0
LD01	−0.40	0	0.30	0.40	0	0.30	0	0	0
LD02	−0.40	0.13	0.30	0.40	0.13	0.30	0	0	0
LD03	−0.36	0	0.30	0.36	0	0.30	−0.36	0	−0.30
LD04	−0.34	0.11	0.28	0.34	0.11	0.28	−0.34	0.11	−0.28

2. 几何应力分布

表 2.7 所列的 14 种工况下几何应力沿焊缝分布情况如图 4.1～图 4.14 所示，由图可以得出以下规律：

（1）将图 4.1～图 4.14 所呈现的几何应力曲线与图 2.16～图 2.29 呈现的 SCF 曲线对比可以发现，二者有很高的一致性，但也有一些微小的差别，差别的来源一方面是在计算 SCF 时，限于试验条件，对 SCF 和 SNCF 转换系数进行了简化处理；另一方面是在计算名义应力时，对复杂荷载作用下的计算方法采用了一些假设。

（2）类似于 SCF，弦杆一侧的几何应力普遍大于撑杆一侧。这是由于弦杆依靠径向刚度来抵抗撑杆传来的荷载，而撑杆是依靠轴向刚度来抵抗撑杆端部荷载，显然撑杆的轴向刚度大于弦杆的径向刚度，所以撑杆的变形相对弦杆较小，在弹性范围内，撑杆上的几何应力即小于弦杆。

（3）从几何应力分布图中可以更直观地看出多平面相互作用对疲劳设计的影响。例如，在 LA01 工况下，T2 和 T3 平面所对应的弦杆一侧最大几何应力高达 78MPa；对比 LA01 工况与 LB01 工况，T1 平面几何应力极值相当，但是 LB01 工况下的 T1 撑杆所受的荷载仅为 LA01 工况下的 62%（表 4.1）。由此可见，虽然单平面受荷载时多平面相互作用不影响管节点热点应力大小，但是多平面同时受荷载时，叠加效应会使几何应力大大增加，从而影响热点应力（几何应力极值），进而影响疲劳寿命评估。

（4）当管节点单平面受荷载时（LA 组和 LC 组工况），不受荷载平面的构件也会承担一部分荷载，从而使得管节点整体抵抗外力的能力增加；当管节点多平面受荷载时（LB 组和 LD 组工况），由于多平面相互作用的存在，不同平面内构件应力分布更加均衡。

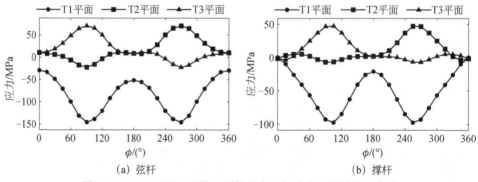

(a) 弦杆　　　　　　　　　　　　　(b) 撑杆

图 4.1　LA01 工况三平面 Y 型管节点几何应力沿焊缝分布曲线

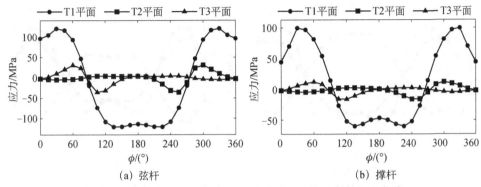

图 4.2　LA02 工况三平面 Y 型管节点几何应力沿焊缝分布曲线

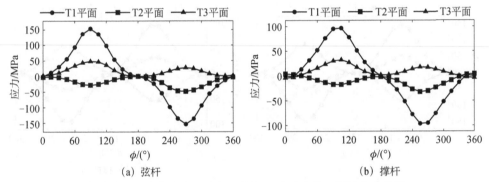

图 4.3　LA03 工况三平面 Y 型管节点几何应力沿焊缝分布曲线

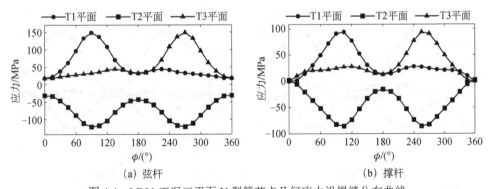

图 4.4　LB01 工况三平面 Y 型管节点几何应力沿焊缝分布曲线

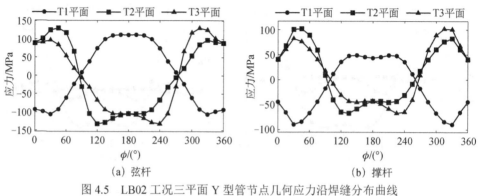

(a) 弦杆　　　　　　　　　　　(b) 撑杆

图 4.5　LB02 工况三平面 Y 型管节点几何应力沿焊缝分布曲线

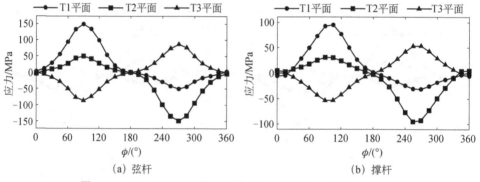

(a) 弦杆　　　　　　　　　　　(b) 撑杆

图 4.6　LB03 工况三平面 Y 型管节点几何应力沿焊缝分布曲线

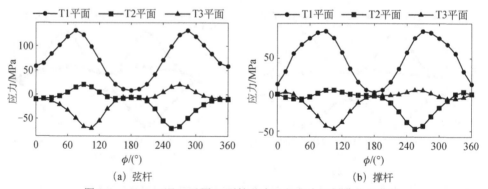

(a) 弦杆　　　　　　　　　　　(b) 撑杆

图 4.7　LC01 工况三平面 Y 型管节点几何应力沿焊缝分布曲线

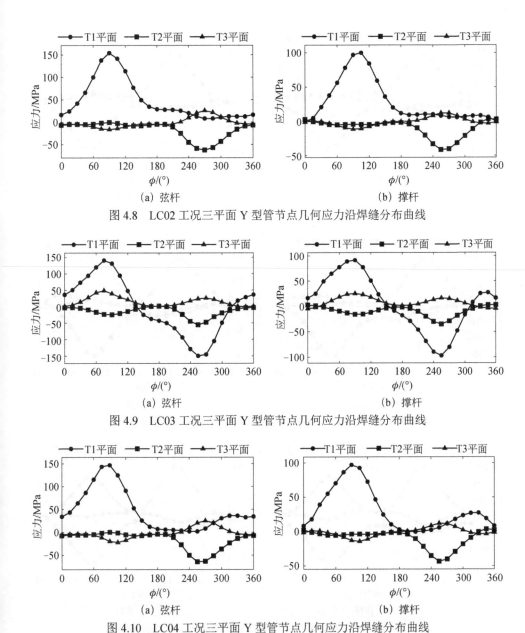

(a) 弦杆　　　　　　　　　　　　　　　(b) 撑杆

图 4.8　LC02 工况三平面 Y 型管节点几何应力沿焊缝分布曲线

(a) 弦杆　　　　　　　　　　　　　　　(b) 撑杆

图 4.9　LC03 工况三平面 Y 型管节点几何应力沿焊缝分布曲线

(a) 弦杆　　　　　　　　　　　　　　　(b) 撑杆

图 4.10　LC04 工况三平面 Y 型管节点几何应力沿焊缝分布曲线

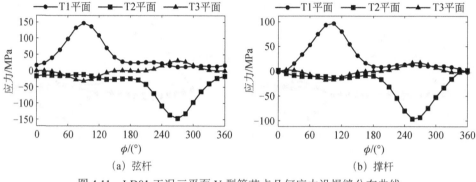

(a) 弦杆　　　　　　　　　　　　　　　　(b) 撑杆

图 4.11　LD01 工况三平面 Y 型管节点几何应力沿焊缝分布曲线

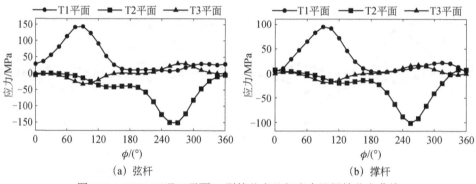

(a) 弦杆　　　　　　　　　　　　　　　　(b) 撑杆

图 4.12　LD02 工况三平面 Y 型管节点几何应力沿焊缝分布曲线

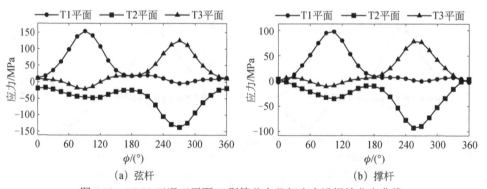

(a) 弦杆　　　　　　　　　　　　　　　　(b) 撑杆

图 4.13　LD03 工况三平面 Y 型管节点几何应力沿焊缝分布曲线

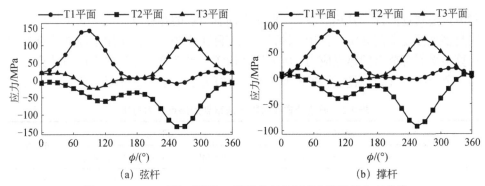

图 4.14　LD04 工况三平面 Y 型管节点几何应力沿焊缝分布曲线

3. 热点应力分析

依据表 2.7 施加荷载，按照式（1.13）计算的热点应力和有限元（finite element，FE）法直接提取的热点应力列于表 4.2 中。表中最后一列 DFR 大小反映规范公式与有限元法得到的结果的差距，DFR 为正值表明 DNV 方法的预测值偏高，DFR 为负值表明 DNV 公式的预测值偏低。分析表中数据可得到以下结论：

（1）分析 LA 组工况的 DFR 可知，当多平面 Y 型管节点受单平面荷载作用时，用平面 Y 型管节点公式计算热点应力，可以得到一个比较保守的结果，其中面外弯矩荷载的误差最小，在可接受的范围内，而轴力和面内弯矩的结果都过于"安全"，尤其是在面内弯矩荷载作用时，DNV 公式对热点应力的高估可达 23.2%。工程计算时准确预测是比较理想的状态，过于高估或低估都不利于整体设计。

（2）分析 LB 组工况的 DFR 可知，当三平面 Y 型管节点受三平面荷载作用时，平面 Y 型管节点公式会严重低估热点应力的大小，尤其是当轴力荷载作用时，误差高达 34.1%。需要说明的是，面内弯矩荷载作用时预测的误差虽然较小，但结合上一条分析可知，这是因为平面管节点公式在面内弯矩作用时的预测太过于保守。

（3）分析 LC 组工况的 DFR 可知，当三平面 Y 型管节点受单平面复杂荷载作用时，平面 Y 型管节点公式对热点应力的预测误差在 10% 以内，根据荷载组合情况的不同有正有负。由此可见，不同荷载引起反应的叠加作用很明显，需要找到其内在规律才能准确地预测复杂荷载作用下的热点应力。

（4）分析 LD 组工况的 DFR 可知，当三平面 Y 型管节点受多平面复杂荷载作用时，平面 Y 型管节点公式会低估 19%～30% 的热点应力，严重影响预测的准确度。这也说明多平面复杂荷载作用下不能采用平面 Y 型管节点的预测公式计算热点应力。

综合上述分析可知，当且仅当多平面管节点受单平面荷载作用时，可用平面管节点公式近似计算其热点应力，但多平面管节点的存在就注定了其工作环境一定是多平面复杂荷载组合作用。因此，在实际工程中，不能采用平面管节点公式计算多平面管节点的热点应力，应采用适用于多平面管节点的热点应力计算方法（4.3 节介绍），以及对应的 SCF 等参数的计算方法（第 5 章～第 7 章）。

表4.2　规范公式和有限元法得到的热点应力对比

工况编号	DNV 方法		FE 法		DFR/%
	HSS/MPa	热点应力位置（ϕ）	HSS/MPa	热点应力位置（ϕ）	
LA01	−159.9	90°	−145.9	90°（T1）	9.6
LA02	149.4	0°	121.3	330°（T1）	23.2
LA03	161.6	90°	153.6	90°（T1）	5.3
LB01	98.0	90°	148.8	270°（T3）	−34.1
LB02	−143.7	0°	−132.2	120°（T2）	8.7
LB03	−112.5	90°	−149.2	270°（T2）	−24.6
LC01	140.5	90°	132.3	285°（T1）	6.2
LC02	162.7	270°	154.0	90°（T1）	5.7
LC03	−140.1	90°	−149.8	255°（T1）	−6.5
LC04	159.2	270°	146.5	90°（T1）	8.7
LD01	−119.1	270°	−147.2	270°（T2）	−19.1
LD02	−118.2	270°	−151.1	270°（T2）	−21.8
LD03	108.3	270°	153.9	90°（T1）	−29.7
LD04	107.8	270°	142.2	90°（T1）	−24.2

注：DFR=（DNV 方法值−FE 法值）/ FE 法值×100%。

4. 叠加效应

对比单平面受荷载工况（LA 组工况）和单平面受组合荷载工况（LC 组工况），发现荷载作用效果具有叠加特征。以 LC01 工况为例，该工况为 T1 撑杆同时受轴力和面内弯矩作用，其几何应力分布曲线近似可由 LA01 和 LA02 工况下的曲线按表 4.1 所示荷载系数比例叠加得到，图 4.15～图 4.17 分别为三个撑杆所在平面弦杆的几何应力分布图，图 4.15（a）～图 4.17（a）中的虚线为叠加后的应力，可以看出与图 4.15（b）～图 4.17（b）中的虚线完全相同。同样地，LC 组的其他工况也有类似规律。

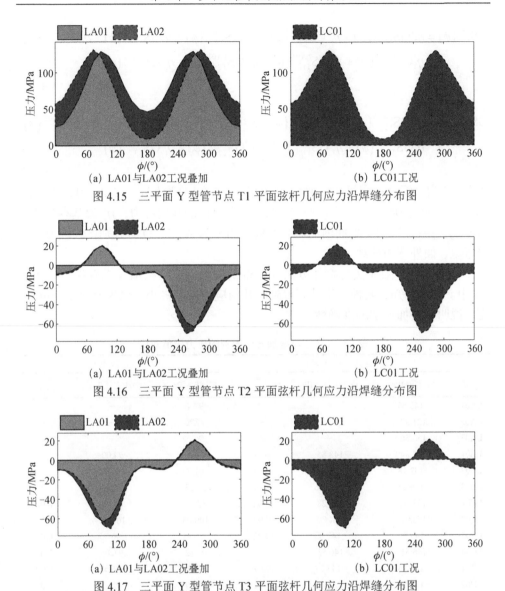

(a) LA01 与 LA02 工况叠加　　　　　　(b) LC01 工况

图 4.15　三平面 Y 型管节点 T1 平面弦杆几何应力沿焊缝分布图

(a) LA01 与 LA02 工况叠加　　　　　　(b) LC01 工况

图 4.16　三平面 Y 型管节点 T2 平面弦杆几何应力沿焊缝分布图

(a) LA01 与 LA02 工况叠加　　　　　　(b) LC01 工况

图 4.17　三平面 Y 型管节点 T3 平面弦杆几何应力沿焊缝分布图

　　通过对几何应力分布和热点应力规律的研究，合理猜想：在表 2.7 中 LB 组、LC 组和 LD 组工况下，各平面几何应力分布可由 LA 组工况下各平面几何应力分布按表 4.1 所示荷载系数与式（4.1）～式（4.3）计算得到。

$$\mathrm{GS}_{\mathrm{T1}}^{\mathrm{L}Xi}\left(\phi\right)=\eta_1^{\mathrm{A}}\mathrm{GS}_{\mathrm{T1}}^{\mathrm{LA01}}\left(\phi\right)+\eta_3^{\mathrm{A}}\mathrm{GS}_{\mathrm{T2}}^{\mathrm{LA01}}\left(\phi\right)+\eta_2^{\mathrm{A}}\mathrm{GS}_{\mathrm{T3}}^{\mathrm{LA01}}\left(\phi\right)+\eta_1^{\mathrm{I}}\mathrm{GS}_{\mathrm{T1}}^{\mathrm{LA02}}\left(\phi\right)+\eta_3^{\mathrm{I}}\mathrm{GS}_{\mathrm{T2}}^{\mathrm{LA02}}\left(\phi\right)+$$
$$\eta_2^{\mathrm{I}}\mathrm{GS}_{\mathrm{T3}}^{\mathrm{LA02}}\left(\phi\right)+\eta_1^{\mathrm{O}}\mathrm{GS}_{\mathrm{T1}}^{\mathrm{LA03}}\left(\phi\right)+\eta_3^{\mathrm{O}}\mathrm{GS}_{\mathrm{T2}}^{\mathrm{LA03}}\left(\phi\right)+\eta_2^{\mathrm{O}}\mathrm{GS}_{\mathrm{T3}}^{\mathrm{LA03}}\left(\phi\right)$$

$$（4.1）$$

$$\mathrm{GS}_{\mathrm{T2}}^{\mathrm{L}Xi}(\phi) = \eta_2^{\mathrm{A}}\mathrm{GS}_{\mathrm{T1}}^{\mathrm{LA01}}(\phi) + \eta_1^{\mathrm{A}}\mathrm{GS}_{\mathrm{T2}}^{\mathrm{LA01}}(\phi) + \eta_3^{\mathrm{A}}\mathrm{GS}_{\mathrm{T3}}^{\mathrm{LA01}}(\phi) + \eta_2^{\mathrm{I}}\mathrm{GS}_{\mathrm{T1}}^{\mathrm{LA02}}(\phi) + \eta_1^{\mathrm{I}}\mathrm{GS}_{\mathrm{T2}}^{\mathrm{LA02}}(\phi) +$$
$$\eta_3^{\mathrm{I}}\mathrm{GS}_{\mathrm{T3}}^{\mathrm{LA02}}(\phi) + \eta_2^{\mathrm{O}}\mathrm{GS}_{\mathrm{T1}}^{\mathrm{LA03}}(\phi) + \eta_1^{\mathrm{O}}\mathrm{GS}_{\mathrm{T2}}^{\mathrm{LA03}}(\phi) + \eta_3^{\mathrm{O}}\mathrm{GS}_{\mathrm{T3}}^{\mathrm{LA03}}(\phi)$$

$$(4.2)$$

$$\mathrm{GS}_{\mathrm{T3}}^{\mathrm{L}Xi}(\phi) = \eta_3^{\mathrm{A}}\mathrm{GS}_{\mathrm{T1}}^{\mathrm{LA01}}(\phi) + \eta_2^{\mathrm{A}}\mathrm{GS}_{\mathrm{T2}}^{\mathrm{LA01}}(\phi) + \eta_1^{\mathrm{A}}\mathrm{GS}_{\mathrm{T3}}^{\mathrm{LA01}}(\phi) + \eta_3^{\mathrm{I}}\mathrm{GS}_{\mathrm{T1}}^{\mathrm{LA02}}(\phi) + \eta_2^{\mathrm{I}}\mathrm{GS}_{\mathrm{T2}}^{\mathrm{LA02}}(\phi) +$$
$$\eta_1^{\mathrm{I}}\mathrm{GS}_{\mathrm{T3}}^{\mathrm{LA02}}(\phi) + \eta_3^{\mathrm{O}}\mathrm{GS}_{\mathrm{T1}}^{\mathrm{LA03}}(\phi) + \eta_2^{\mathrm{O}}\mathrm{GS}_{\mathrm{T2}}^{\mathrm{LA03}}(\phi) + \eta_1^{\mathrm{O}}\mathrm{GS}_{\mathrm{T3}}^{\mathrm{LA03}}(\phi)$$

$$(4.3)$$

式中，ϕ 为沿焊缝一周极角，$0° \leqslant \phi \leqslant 360°$；$\mathrm{GS}_{\mathrm{T}j}^{\mathrm{L}Xi}(\phi)$ 为 LXi（X=A，B，C，D；i=01，02，03，04）工况下 Tj（j=1，2，3）平面内的几何应力；η_j^{L} 为基本荷载作用下 Tj（j=1，2，3）平面内的荷载系数，当 L 为 A、I、O 时分别代表轴力、面内弯矩、面外弯矩荷载。

　　各工况下有限元法与叠加方法计算得到的几何应力极值及二者误差列于表 4.3 中。由表可知，两种方法计算得到的几何应力误差极小，仅为万分之一量级，充分说明了叠加方法的准确性。

表4.3　FE 法与叠加方法得到的应力极值对比

工况编号	弦杆几何应力极值			撑杆几何应力极值		
	FE 法/MPa	叠加方法/MPa	误差 ER/%	FE 法/MPa	叠加方法/MPa	误差 ER/%
LA01	−145.85	—	—	−97.40	—	—
LA02	121.32	—	—	99.70	—	—
LA03	153.56	—	—	−96.68	—	—
LB01	148.84	148.85	0.01	94.00	94.00	0
LB02	−132.18	−132.19	0.01	101.74	101.74	0
LB03	−149.25	−149.26	0.01	95.23	95.23	0
LC01	132.26	132.28	0.02	87.26	87.27	0.01
LC02	153.97	154.00	0.02	100.03	100.04	0.01
LC03	−149.80	−149.83	0.02	−96.94	−96.95	0.01
LC04	146.51	146.53	0.01	97.12	97.14	0.01
LD01	−147.24	−147.27	0.02	−96.50	−96.52	0.02
LD02	−151.10	−151.13	0.02	−101.77	−101.79	0.02
LD03	153.93	153.96	0.02	97.66	97.68	0.01
LD04	142.23	142.26	0.02	−92.42	−92.44	0.02

　　注：ER=（叠加方法值−FE 法值）/FE 法值×100%。

　　由式（4.1）～式（4.3）可知，三平面 Y 型管节点受多平面复杂荷载作用时的几何应力分布可由受单平面单一基本荷载作用时的几何应力分布按荷载系数叠加得到。进一步推理可得，若可以得到三平面 Y 型管节点受单平面单一基本荷载作用时的几何应力分布的定量表达式，则可以按叠加方法得到三平面 Y 型管节点在任意工况下的几何应力分布。这一结论有以下重大意义：

（1）三平面 Y 型管节点几何应力可由受单平面单一基本荷载作用时的几何应力进行线性代数计算得到。

（2）将所需研究的加载模式从复杂荷载缩减到三种基本荷载，在保证计算方法可靠度的同时，大大减小了工作量。

4.2　多平面相互作用研究

2.4 节和 4.1 节分别从 SCF 和热点应力角度阐述了多平面相互作用的特征和研究重点，本节采用第 3 章介绍的数值仿真方法，建立覆盖工程中常用几何参数范围的模型库，对每个模型施加单平面单一基本荷载（轴力、面内弯矩和面外弯矩），计算并分析其结果，以得到多平面相互作用定量表达式。

1. 相互作用因子的定义及特性

当三平面 Y 型管节点 T1 撑杆受轴力荷载作用时（图 2.11（a）），其几何应力分布如图 4.1 所示，显然仅 T1 平面承受直接荷载，但是 T2 和 T3 平面的几何应力都不为零；同样对于面内弯矩和面外弯矩荷载也有类似现象。当受荷载平面承担荷载，而不受荷载平面也产生几何应力的现象，称为多平面相互作用。为了量化多平面相互作用，以精确地计算出热点应力，与 SCF 概念相对应，提出 MIF 的概念，其定义如下：

$$\text{MIF}_{i,j}^{L}(\phi) = \frac{\text{GS}_{i,j}^{L}(\phi)}{\sigma_{n,L}^{\text{T}j}} \tag{4.4}$$

式中，ϕ 为沿焊缝一周极角，$0° \leqslant \phi \leqslant 360°$；$L$ 为 A、I、O 时分别代表轴力、面内弯矩、面外弯矩荷载；$\text{MIF}_{i,j}^{L}(\phi)$ 为 Tj（j=1，2，3）平面受基本荷载 L 作用时 Ti（i=1，2，3）平面的相互作用因子；$\text{GS}_{i,j}^{L}(\phi)$ 为 Tj 平面受基本荷载 L 作用时 Ti 平面的几何应力；$\sigma_{n,L}^{\text{T}j}$ 为 Tj 平面受基本荷载 L 作用时 Tj 撑杆的名义应力，可由式（1.5）～式（1.7）计算得到。

当式（4.4）中 $i=j$ 时，MIF 的定义式即为传统的 SCF 定义式：

$$\text{MIF}_{i,i}(\phi) = \text{SCF}_{i,i}(\phi) \tag{4.5}$$

由三平面 Y 型管节点三个撑杆关于弦杆中心对称可知：

$$\begin{cases} \text{MIF}_{11}(\phi) \equiv \text{MIF}_{22}(\phi) \equiv \text{MIF}_{33}(\phi) \overset{\text{def}}{=} \text{SCF}(\phi) \\ \text{MIF}_{21}(\phi) \equiv \text{MIF}_{32}(\phi) \equiv \text{MIF}_{13}(\phi) \overset{\text{def}}{=} \text{MIF1}(\phi) \\ \text{MIF}_{31}(\phi) \equiv \text{MIF}_{12}(\phi) \equiv \text{MIF}_{23}(\phi) \overset{\text{def}}{=} \text{MIF2}(\phi) \end{cases} \tag{4.6}$$

由于 T2 和 T3 平面关于 T1 平面轴对称，且轴力荷载和面内弯矩荷载关于 T1 平面轴对称，面外弯矩荷载关于 T1 平面中心对称，结合图 4.1～图 4.3 可知：

$$\text{MIF2}(\phi) = \begin{cases} \text{MIF1}(360° - \phi)（轴力荷载和面内弯矩荷载）\\ -\text{MIF1}(360° - \phi)（面外弯矩荷载）\end{cases} \tag{4.7}$$

显然，MIF1（ϕ）极值与 MIF2（ϕ）极值之间有如下关系：

$$\left|\text{MIF1}_{max}\right| \equiv \left|\text{MIF2}_{max}\right| \overset{\text{def}}{=} \text{MIF}_{max} \tag{4.8}$$

对于 n 平面管节点，式（4.6）可推广为

$$\begin{cases} \text{MIF}_{1,2} = \cdots = \text{MIF}_{i,i+1}\left(当 i+1>n 时，用 \text{MIF}_{i,i+1-n}\right) = \cdots = \text{MIF}_{n,1}\\ \vdots\\ \text{MIF}_{1,1+l} = \cdots = \text{MIF}_{i,i+l}\left(当 i+l>n 时，用 \text{MIF}_{i,i+l-n}\right) = \cdots = \text{MIF}_{n,1+l}\\ \vdots\\ \text{MIF}_{1,n} = \cdots = \text{MIF}_{i,i+(n-1)}\left(当 i+(n-1)>n 时，用 \text{MIF}_{i,i+(n-1)-n}\right) = \cdots = \text{MIF}_{n,n-1} \end{cases} \tag{4.9}$$

式中，i=1，2，$\cdots$，n；l=1，2，$\cdots$，$n-1$。

2. 几何参数取值范围

为了建立覆盖工程中常用几何参数范围的模型库，以 Efthymiou 公式[85]与 Lloyd's Register 公式[80]适用的几何参数范围为基础（表 4.4），基于三桩海上风机结构的实际尺寸，确定三平面 Y 型管节点各参数取值，需要说明的是：

（1）α 为弦杆长度与外径之比，反映弦杆两端约束的强弱。当 α 较小时，弦杆两端的约束较强，会对撑-弦杆相交处的 SCF 与 MIF 的大小产生较大影响，DNV[18]和 API[35]等规范规定，当 $\alpha<12$ 时，计算 SCF 需要乘以弦杆短杆效应系数。对于三平面 Y 型管节点，工程中常用的 α 大多小于 12，因此本节不考虑短杆效应系数，直接考虑 α 的影响，并将其取值调整为 6～15。

（2）Hellier 等[125]的研究表明，当撑杆的长细比 $\alpha_B>8$ 时，对 SCF 大小没有影响。考虑到三平面 Y 型管节点的 α_B 很容易满足这一条件，本模型库中所有模型的 $\alpha_B=10$。

（3）β 为撑-弦杆外径比，反映撑杆相应弦杆的大小。由空间几何知识可以确定三平面 Y 型管节点 β 的上限为 0.75，若 β 再继续增加，则相邻撑杆间的热点应力插值区，甚至是焊缝曲线之间就会有重叠部分，这在实际工程中是不允许的。同样，当 $\beta<0.4$ 时，一方面失去了对弦杆的支撑作用，另一方面会对弦杆体造成较大的冲剪压力，所以 β 的下限为 0.4。

（4）与参数 β 密切相关的参数是撑-弦杆壁厚比 τ，二者取值正相关，即当 β 较大时，τ 也较大；反之，当 β 较小时，τ 也较小。因此，虽然表 4.4 中 τ 取值有

9 个，但是对应每个 β，τ 只取与之相近的 5 个值。

（5）γ 为弦杆外径与壁厚之比，反映弦杆的径向刚度或承受撑杆所传荷载的能力，γ 取值越小，弦杆的径向刚度越大。相较于平面管节点，海上风机基础结构的三平面 Y 型管节点弦杆尺寸很大，γ 典型取值为 25～40。

（6）规范中往往将平面 Y 型和 T 型管节点归为一类，即 T 型管节点是 Y 型管节点几何参数 θ=90°时的特殊情况。但由图 1.4（b）可以看出，三平面 Y 型管节点与三平面 T 型管节点在几何形状、受力特征、传力方式等方面都有明显不同。实际工程设计中，三平面 Y 型管节点 θ 的典型取值为 30°～60°。

表4.4　几何参数范围

公式名称	α	β	γ	τ	θ
Efthymiou	[4, 40]	[0.2, 1.0]	[7.5, 32]	[0.2, 1.0]	[30°, 90°]
Lloyd's Register	[4, $-\infty$)	[0.13, 1.0]	[10, 35]	[0.25, 1.0]	[30°, 90°]
本书研究	[6, 15]	[0.4, 0.75]	[25, 40]	[0.5, 0.9]	[30°, 60°]

根据上述几何参数范围，可以确定数值模型库中几何参数的取值，如表 4.5 所示，由表中数据可算出数值模型库中模型数量为 4×8×4×5×3=1920 个。

表4.5　数值模型库几何参数取值

参数	θ	α	γ	β	τ
取值	30°, 45°, 60°	6, 9, 12, 15	25, 30, 35, 40	0.40	0.50, 0.55, 0.60, 0.65, 0.70
				0.45	0.55, 0.60, 0.65, 0.70, 0.75
				0.50	0.60, 0.65, 0.70, 0.75, 0.80
				0.55	0.60, 0.65, 0.70, 0.75, 0.80
				0.60	0.65, 0.70, 0.75, 0.80, 0.85
				0.65	0.65, 0.70, 0.75, 0.80, 0.85
				0.70	0.70, 0.75, 0.80, 0.85, 0.90
				0.75	0.70, 0.75, 0.80, 0.85, 0.90

3. 多平面相互作用范围

根据表 4.5 所列参数取值，取弦杆外直径 D=5m，采用第 3 章的有限元建模方法，建立含有 1920 个模型的模型库，对每个模型施加单平面单一基本荷载（轴力、面内弯矩和面外弯矩），按式（4.4）和式（4.5）计算各模型在三种基本荷载作用下的 MIF 和 SCF。为了分析多平面相互作用范围，计算每个模型的 MIF 极值与 SCF 极值之比，并将结果呈现于图 4.18～图 4.20 和表 4.6 中。在图 4.18～图 4.20 中，每个点代表一个模型，点的纵轴位置越接近 1，说明该模型的多平面相互作用越显著。

（1）特点分析。

对比三种基本荷载下的 MIF/SCF 可知，对于弦杆，在轴力荷载作用下多平面相互作用最大，面内弯矩次之，面外弯矩最小；对于撑杆，在轴力和面外弯矩荷载作用下多平面相互作用都很显著，而在面内弯矩作用下多平面相互作用较小。

（2）范围分析。

在工程设计、数值分析，乃至数学推导中，经常认为小一个量级即小于 10% 的数值在某些情况下可以忽略。由图 4.18 可见，在轴力荷载作用时，MIF 与 SCF 极值之比大于 10% 的模型数量高达 98%。对于面内弯矩和面外弯矩荷载，虽然多平面相互作用范围略小（分别为 60% 和 86%），但是在实际工程中，三平面 Y 型管节点的工作状态总为三种基本荷载同时作用，并且轴力荷载引起的热点应力份额常大于弯矩荷载。因此，若想得到可靠的热点应力，则所有工程中使用的三平面 Y 型管节点都不可按平面管节点处理，即均须采用专有 SCF、MIF、几何应力等公式计算热点应力。

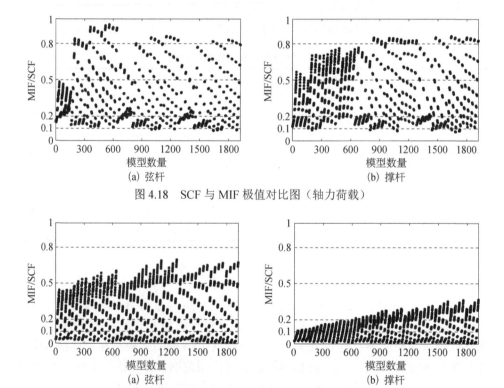

图 4.18　SCF 与 MIF 极值对比图（轴力荷载）

图 4.19　SCF 与 MIF 极值对比图（面内弯矩荷载）

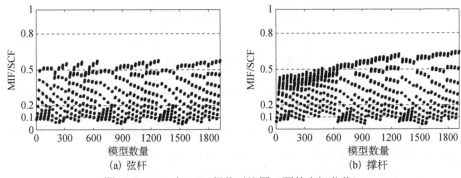

图 4.20　SCF 与 MIF 极值对比图（面外弯矩荷载）

表 4.6　各基本荷载下 MIF/SCF 比例分布

荷载类型	位置	MIF/SCF>Ω 的模型数量占总模型数量的比例/%			
		Ω=10%	Ω=20%	Ω=50%	Ω=80%
轴力	弦杆	98	67	25	6
	撑杆	98	66	29	6
面内弯矩	弦杆	60	47	13	0
	撑杆	44	18	0	0
面外弯矩	弦杆	86	54	9	0
	撑杆	86	56	11	0

4.3　空间管节点热点应力计算公式

在 2.4.1 节计算试件 SCF 时，对名义应力的处理较为复杂。然而，对管节点应力集中性状的研究是源于钢结构疲劳性能评估的需求，直接影响钢结构疲劳寿命的是管节点的热点应力，名义应力并不能影响结构疲劳寿命，因此讨论复杂荷载作用下某撑杆上的名义应力意义不大。综合 4.1 节验证的叠加方法和 4.2 节提出的相互作用因子，本节直接推导空间管节点受多平面复杂荷载作用时的热点应力表达式。

1. 多平面 Y 型管节点热点应力公式

对于一个具有 n 个平面的 Y 型管节点，其热点应力为各平面热点应力最大值：

$$\text{HSS}_{n\text{Y}} = \max\left\{\text{HSS}_{\text{T1}}, \ \text{HSS}_{\text{T2}}, \ \cdots, \ \text{HSS}_{\text{T}n}\right\} \quad (4.10)$$

各个平面的热点应力分别为各平面几何应力极值：

$$\begin{bmatrix} \mathrm{HSS}_{\mathrm{T1}} \\ \vdots \\ \mathrm{HSS}_{\mathrm{T}n} \end{bmatrix} = \begin{bmatrix} \max\left\{\mathrm{GS}_1\left(\phi\right)\right\} \\ \vdots \\ \max\left\{\mathrm{GS}_n\left(\phi\right)\right\} \end{bmatrix} \tag{4.11}$$

当三种基本荷载同时作用于 n 个平面时，各平面几何应力为各基本荷载作用下的几何应力之和：

$$\mathrm{GS}_i\left(\phi\right) = \mathrm{GS}_i^{\mathrm{A}}\left(\phi\right) + \mathrm{GS}_i^{\mathrm{I}}\left(\phi\right) + \mathrm{GS}_i^{\mathrm{O}}\left(\phi\right) \tag{4.12}$$

式中，ϕ 为沿焊缝一周极角，$0 \leqslant \phi \leqslant 360°$；$i=1$，2，$\cdots$，$n$。

各基本荷载作用下的几何应力为相互作用因子与名义应力之积：

$$\mathrm{GS}_i^L\left(\phi\right) = \sum_{j=1}^{n} \mathrm{GS}_{i,j}^L\left(\phi\right) = \sum_{j=1}^{n} \mathrm{MIF}_{i,j}^L\left(\phi\right) \cdot \sigma_{\mathrm{n},L}^{\mathrm{T}j} \tag{4.13}$$

式中，L 为 A、I、O 时分别代表轴力、面内弯矩、面外弯矩荷载；i 为拟计算的几何应力所在平面，$i=1$，2，$\cdots$，n；j 为荷载所在平面，$j=1$，2，$\cdots$，n；$\mathrm{MIF}_{i,j}^L\left(\phi\right)$ 为 Tj 平面受基本荷载 L 作用时 Ti 平面的相互作用因子；$\sigma_{\mathrm{n},L}^{\mathrm{T}j}$ 为 Tj 平面受基本荷载 L 作用时 Tj 撑杆的名义应力。

将式（4.13）写成矩阵形式为

$$\begin{bmatrix} \mathrm{GS}_1^L\left(\phi\right) \\ \vdots \\ \mathrm{GS}_n^L\left(\phi\right) \end{bmatrix} = \begin{bmatrix} \mathrm{MIF}_{11}^L\left(\phi\right) & \cdots & \mathrm{MIF}_{1n}^L\left(\phi\right) \\ \vdots & & \vdots \\ \mathrm{MIF}_{m1}^L\left(\phi\right) & \cdots & \mathrm{MIF}_{nn}^L\left(\phi\right) \end{bmatrix} \begin{bmatrix} \sigma_{\mathrm{n},L}^{\mathrm{T1}} \\ \vdots \\ \sigma_{\mathrm{n},L}^{\mathrm{T}n} \end{bmatrix} \tag{4.14}$$

若已知一个具有 n 个平面的 Y 型管节点的几何参数、荷载情况和多平面相互作用因子公式，则该节点的热点应力可综合式（4.10）~式（4.14）求出。在疲劳计算时，几何参数和荷载情况是易于得到的，再结合第 5 章~第 7 章介绍的 MIF 计算方法，即可高效地计算出复杂荷载作用下的热点应力。

2. 三平面 Y 型管节点公式

对于三平面 Y 型管节点，热点应力公式可由式（4.10）简化如下：

$$\mathrm{HSS}_{3\mathrm{Y}} = \max\left\{\left|\mathrm{HSS}_{\mathrm{T1}}\right|, \left|\mathrm{HSS}_{\mathrm{T2}}\right|, \left|\mathrm{HSS}_{\mathrm{T3}}\right|\right\} \tag{4.15}$$

由式（4.11）可求得各平面热点应力：

$$\begin{Bmatrix} \mathrm{HSS}_{\mathrm{T1}} \\ \mathrm{HSS}_{\mathrm{T2}} \\ \mathrm{HSS}_{\mathrm{T3}} \end{Bmatrix} = \begin{Bmatrix} \max\left\{\mathrm{GS}_1\left(\phi\right)\right\} \\ \max\left\{\mathrm{GS}_2\left(\phi\right)\right\} \\ \max\left\{\mathrm{GS}_3\left(\phi\right)\right\} \end{Bmatrix} \tag{4.16}$$

由式（4.13）可求得各平面几何应力：

$$\begin{cases} \mathrm{GS}_1^L(\phi) = \mathrm{MIF}_{11}^L(\phi) \cdot \sigma_{\mathrm{n},L}^{\mathrm{T}1} + \mathrm{MIF}_{12}^L(\phi) \cdot \sigma_{\mathrm{n},L}^{\mathrm{T}2} + \mathrm{MIF}_{13}^L(\phi) \cdot \sigma_{\mathrm{n},L}^{\mathrm{T}3} \\ \mathrm{GS}_2^L(\phi) = \mathrm{MIF}_{21}^L(\phi) \cdot \sigma_{\mathrm{n},L}^{\mathrm{T}1} + \mathrm{MIF}_{22}^L(\phi) \cdot \sigma_{\mathrm{n},L}^{\mathrm{T}2} + \mathrm{MIF}_{23}^L(\phi) \cdot \sigma_{\mathrm{n},L}^{\mathrm{T}3} \\ \mathrm{GS}_3^L(\phi) = \mathrm{MIF}_{31}^L(\phi) \cdot \sigma_{\mathrm{n},L}^{\mathrm{T}1} + \mathrm{MIF}_{32}^L(\phi) \cdot \sigma_{\mathrm{n},L}^{\mathrm{T}2} + \mathrm{MIF}_{33}^L(\phi) \cdot \sigma_{\mathrm{n},L}^{\mathrm{T}3} \end{cases} \quad (4.17)$$

式（4.17）可写成如下矩阵形式：

$$\begin{bmatrix} \mathrm{GS}_1^L(\phi) \\ \mathrm{GS}_2^L(\phi) \\ \mathrm{GS}_3^L(\phi) \end{bmatrix} = \begin{bmatrix} \mathrm{MIF}_{11}^L(\phi) & \mathrm{MIF}_{12}^L(\phi) & \mathrm{MIF}_{13}^L(\phi) \\ \mathrm{MIF}_{21}^L(\phi) & \mathrm{MIF}_{22}^L(\phi) & \mathrm{MIF}_{23}^L(\phi) \\ \mathrm{MIF}_{31}^L(\phi) & \mathrm{MIF}_{32}^L(\phi) & \mathrm{MIF}_{33}^L(\phi) \end{bmatrix} \begin{bmatrix} \sigma_{\mathrm{n},L}^{\mathrm{T}1} \\ \sigma_{\mathrm{n},L}^{\mathrm{T}2} \\ \sigma_{\mathrm{n},L}^{\mathrm{T}3} \end{bmatrix} \quad (4.18)$$

考虑 MIF 与 SCF 之间的关系，将式（4.6）代入式（4.18）可得

$$\begin{bmatrix} \mathrm{GS}_1^L(\phi) \\ \mathrm{GS}_2^L(\phi) \\ \mathrm{GS}_3^L(\phi) \end{bmatrix} = \begin{bmatrix} \mathrm{SCF}^L(\phi) & \mathrm{MIF}2^L(\phi) & \mathrm{MIF}1^L(\phi) \\ \mathrm{MIF}1^L(\phi) & \mathrm{SCF}^L(\phi) & \mathrm{MIF}2^L(\phi) \\ \mathrm{MIF}2^L(\phi) & \mathrm{MIF}1^L(\phi) & \mathrm{SCF}^L(\phi) \end{bmatrix} \begin{bmatrix} \sigma_{\mathrm{n},L}^{\mathrm{T}1} \\ \sigma_{\mathrm{n},L}^{\mathrm{T}2} \\ \sigma_{\mathrm{n},L}^{\mathrm{T}3} \end{bmatrix} \quad (4.19)$$

式（4.19）中应力集中系数和相互作用因子的表达式，即 $\mathrm{SCF}^L(\phi)$、$\mathrm{MIF}1^L(\phi)$ 和 $\mathrm{MIF}2^L(\phi)$，参见第 6 章和第 7 章。

3. 简化的三平面 Y 型管节点公式

式（4.19）给出了三平面 Y 型管节点各平面在各基本荷载作用下沿焊缝一周各点的几何应力，而现行规范中多以 SCF 极值（或关键点值）计算热点应力，若将式（4.19）中 SCF 和 MIF 分布曲线替换为各自极值（式（4.20）），可为工程初步设计提供一个简化计算方法。

$$\begin{bmatrix} \mathrm{GS}_{1\,\mathrm{max}}^L \\ \mathrm{GS}_{2\,\mathrm{max}}^L \\ \mathrm{GS}_{3\,\mathrm{max}}^L \end{bmatrix} = \begin{bmatrix} \mathrm{SCF}_{\mathrm{max}}^L & \mathrm{MIF}2_{\mathrm{max}}^L & \mathrm{MIF}1_{\mathrm{max}}^L \\ \mathrm{MIF}1_{\mathrm{max}}^L & \mathrm{SCF}_{\mathrm{max}}^L & \mathrm{MIF}2_{\mathrm{max}}^L \\ \mathrm{MIF}2_{\mathrm{max}}^L & \mathrm{MIF}1_{\mathrm{max}}^L & \mathrm{SCF}_{\mathrm{max}}^L \end{bmatrix} \begin{bmatrix} \sigma_{\mathrm{n},L}^{\mathrm{T}1} \\ \sigma_{\mathrm{n},L}^{\mathrm{T}2} \\ \sigma_{\mathrm{n},L}^{\mathrm{T}3} \end{bmatrix} \quad (4.20)$$

将式（4.8）代入式（4.20）可得如下关系式。

（1）轴力荷载或面内弯矩荷载作用时：

$$\begin{cases} \mathrm{GS}_{1\,\mathrm{max}}^L \\ \mathrm{GS}_{2\,\mathrm{max}}^L \\ \mathrm{GS}_{3\,\mathrm{max}}^L \end{cases} = \begin{bmatrix} \mathrm{SCF}_{\mathrm{max}}^L & \mathrm{MIF}_{\mathrm{max}}^L & \mathrm{MIF}_{\mathrm{max}}^L \\ \mathrm{MIF}_{\mathrm{max}}^L & \mathrm{SCF}_{\mathrm{max}}^L & \mathrm{MIF}_{\mathrm{max}}^L \\ \mathrm{MIF}_{\mathrm{max}}^L & \mathrm{MIF}_{\mathrm{max}}^L & \mathrm{SCF}_{\mathrm{max}}^L \end{bmatrix} \begin{bmatrix} \sigma_{\mathrm{n},L}^{\mathrm{T}1} \\ \sigma_{\mathrm{n},L}^{\mathrm{T}2} \\ \sigma_{\mathrm{n},L}^{\mathrm{T}3} \end{bmatrix} \quad (4.21)$$

（2）面外弯矩荷载作用时：

$$\begin{bmatrix} \mathrm{GS}_{1\,\mathrm{max}}^L \\ \mathrm{GS}_{2\,\mathrm{max}}^L \\ \mathrm{GS}_{3\,\mathrm{max}}^L \end{bmatrix} = \begin{bmatrix} \mathrm{SCF}_{\mathrm{max}}^L & -\mathrm{MIF}_{\mathrm{max}}^L & \mathrm{MIF}_{\mathrm{max}}^L \\ \mathrm{MIF}_{\mathrm{max}}^L & \mathrm{SCF}_{\mathrm{max}}^L & -\mathrm{MIF}_{\mathrm{max}}^L \\ -\mathrm{MIF}_{\mathrm{max}}^L & \mathrm{MIF}_{\mathrm{max}}^L & \mathrm{SCF}_{\mathrm{max}}^L \end{bmatrix} \begin{bmatrix} \sigma_{\mathrm{n},L}^{\mathrm{T}1} \\ \sigma_{\mathrm{n},L}^{\mathrm{T}2} \\ \sigma_{\mathrm{n},L}^{\mathrm{T}3} \end{bmatrix} \quad (4.22)$$

式（4.21）和式（4.22）即为简化的三平面 Y 型管节几何应力表达式，因为式中采用 SCF 和 MIF 极值（计算公式参见第 5 章），所以求得的几何应力极值大于等于式（4.19）计算结果，即求得一个大于等于实际值的热点应力，若以此进行疲劳设计，则会得到偏于保守的结果。

第5章 SCF和MIF极值计算方法

5.1 SCF和MIF极值规律概览

表 5.1 归纳了各几何参数对 SCF 和 MIF 极值影响的大体趋势,以便于对不同荷载作用下的各几何参数影响进行纵向对比,得到的主要结论如下:

(1)撑-弦杆壁厚比 τ 和撑-弦杆夹角 θ 对 SCF 和 MIF 极值变化规律的影响在三种基本荷载作用下均保持一致,即 SCF 和 MIF 极值随 τ 和 θ 的增大而增大。

(2)弦杆径厚比 γ 对 SCF 极值的影响、撑-弦杆直径比 β 对 MIF 极值的影响在三种基本荷载作用下一致,都有使极值增大的趋势。

(3)弦杆长细比 α 对 SCF 和 MIF 极值的影响与荷载类型有关,轴力荷载与面外弯矩荷载作用下一致,都随 α 的增大而增大;面内弯矩荷载下的 SCF 极值对 α 的变化不敏感。

表5.1 SCF和MIF极值随几何参数变化规律概览

极值	荷载	$\alpha\uparrow$		$\beta\uparrow$		$\gamma\uparrow$		$\tau\uparrow$		$\theta\uparrow$	
		弦杆	撑杆	弦杆	撑杆	弦杆	撑杆	弦杆	撑杆	弦杆	撑杆
SCF	轴力	↑	↑	↓	→	↑	↑	↑	→	↑	↑
	面内弯矩	→	→	↓	↓	↑	↑	↑	→	↑	↑
	面外弯矩	↑	↑	↑↓	↑↓	↑	↑	↑	→	↑	↑
MIF	轴力	↓↑	↑	↑	↑	→↑	→↑	↑	↑	↑	↑
	面内弯矩	↓↑	↓↑	↑	↑	↓↑	↓↑	↑	→	↑	↑
	面外弯矩	↓↑	↓↑	↑	↑	→↑	→↑	↑	→	↑	↑

注:"↑"代表增大,"↓"代表减小,"→"代表不变,"↑↓"代表先增大再减小,"↓↑"代表先减小再增大,"→↑"代表先不变再增大。

5.2 多维非线性拟合方法

根据 4.2 节建立的模型库数值计算结果,以及 5.1 节几何参数对 SCF 和 MIF 极值影响规律,本节基于 1stOpt[179]和 MATLAB[180]软件平台对 SCF 和 MIF 极值进行多维非线性拟合,以得到准确有效的计算公式。式(5.2)~式(5.13)中有效几何参数取值范围如表 5.2 所示,计算时 θ 须先转换为弧度制。多维非线性拟合的数学原理和上述软件平台的应用方法属于其他领域的成熟基础理论,此处不再赘述。本节重点阐释在拟合公式时选用的两个重要观测指标。

表 5.2　式（5.2）～式（5.13）有效几何参数取值范围

几何参数	α	β	γ	τ	θ
取值范围	[6, 15]	[0.4, 0.75]	[25, 40]	[0.5, 0.9]	[30°, 60°]

拟合方程的目标是找到一个最优的数学模型，给出与观测值最接近的预测值。在本节的拟合中，以经过验证的 1920 个数值模型的有限元计算结果为观测值，记为 y；y 的平均值记为 $\bar{y}$；拟合公式给出的预测值记为 $\hat{y}$。根据统计学理论，$\sum(y-\bar{y})^2$ 为观测值的总平方和 SST（sum of squares for total）；$\sum(\hat{y}-\bar{y})^2$ 为拟合方程的回归平方和 SSR（regression sum of squares），用于描述预测值对观测值所解释的部分，故又称解释平方和；$\sum(y-\hat{y})^2$ 为拟合方程的残差平方和 SSE（error sum of squares），用于描述预测值与观测值之间的误差，即拟合方程未能解释的部分。由上述定义又可衍生出若干衡量拟合优度的统计量，如均方根误差 RMSE（root mean squared error），其定义为残差平方和除以样本数量的平方根，可以直观表达预测值与实测值间的平均误差。

上述统计量表现的是拟合误差的绝对值，对于不同的拟合过程，尚需归一化的指标来评价拟合优度。最能实现此功能的统计量为可决系数 R^2（coefficient of determination），亦称 R 方（R-square），其计算公式为

$$R^2 = 1 - \frac{\text{SSE}}{\text{SST}} = 1 - \frac{\sum(y-\hat{y})^2}{\sum(y-\bar{y})^2} \tag{5.1}$$

显然残差平方和越小，R^2 越接近 1，意味着拟合方程将预测值解释得越好。

值得注意的是，相关系数 R（correlation coefficient）也常用于评价拟合优度，但是 R 为评价线性相关度的指标，其对于非线性拟合的评估没有意义；而可决系数 R^2 既可以评价线性拟合，也可以评价非线性拟合。虽然可决系数 R^2 的符号为相关系数 R 的平方，但是二者的定义截然不同，在且仅在带有截距项的线性最小二乘多元回归中，可决系数 R^2 在数值上等于相关系数 R 的平方，即仅在此时二者的评价结果相同。

残差平方和与可决系数只能表现总残差的大小，而无法表现每一个数据点的相对残差。因此，当数据点众多且观测值的离散度较高时，若数学模型在观测值绝对值较大的部分预测效果较好，则会夸大数学模型的拟合优度。如前所述，为了尽可能多地涵盖工程中常用的几何参数范围，第 4 章建立了 1920 个数值模型，即每一次拟合中有 1920 个数据点，由于参数覆盖范围大，观测值的离散度也较高，仅采用可决系数来判断拟合优度是不够全面的，因此本章的拟合引入残差分布图来观察拟合公式在各参数段的预测表现。

研究已发表文献中提出的各种管节点 SCF 极值计算公式可以发现，对于空间管节点应力集中问题，一方面由于其复杂的物理特性，当方程的可决系数达到 0.9 及以上时，就有理由认为其拟合效果理想；另一方面文献中缺少残差分布图，即不能全面地反映其方程的拟合优度，这是需要完善之处。

为全面且直观地衡量方程拟合优度，本节后面所介绍的公式之后均附其可决系数 R^2 和残差分布图。

5.3　基本荷载作用下极值公式

1. 轴力荷载公式

（1）轴力荷载作用下 T1 平面弦杆 SCF 极值公式：

$$\mathrm{SCF}_{\max}^{A} = 0.331\theta^{1.694}\alpha^{0.831}\gamma^{0.638}\beta^{f_1(\theta,\alpha,\gamma)}\tau^{f_2(\theta,\alpha,\gamma)}$$

$$f_1(\theta,\alpha,\gamma) = 0.193\theta + 0.023\alpha - 0.018\gamma$$

$$f_2(\theta,\alpha,\gamma) = 0.328\theta + 0.025\alpha + 0.016\gamma$$

$$R^2 = 0.99 \tag{5.2}$$

轴力荷载作用下 T1 平面弦杆 SCF 极值残差分布图如图 5.1 所示。

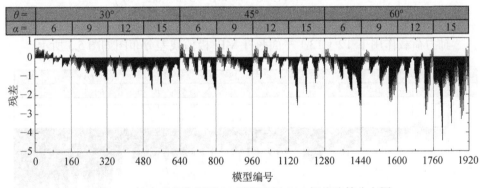

图 5.1　轴力荷载作用下 T1 平面弦杆 SCF 极值残差分布图

（2）轴力荷载作用下 T1 平面撑杆 SCF 极值公式：

$$\mathrm{SCF}_{\max}^{A} = 1.145\theta\alpha^{-0.153}\gamma^{1.065}\left[0.17 + f_1(\theta,\alpha,\gamma,\tau) - f_2(\theta,\alpha,\gamma,\beta)\right]$$

$$f_1(\theta,\alpha,\gamma,\tau) = \frac{507\theta + 20\alpha - 5\gamma}{1000}\tau - 0.247\tau^2$$

$$f_2(\theta,\alpha,\gamma,\beta) = \frac{640720}{\left(3692 - 1000\beta - 2059\theta + 160\alpha\right)^2}$$

$$R^2 = 0.99 \tag{5.3}$$

轴力荷载作用下 T1 平面撑杆 SCF 极值残差分布图如图 5.2 所示。

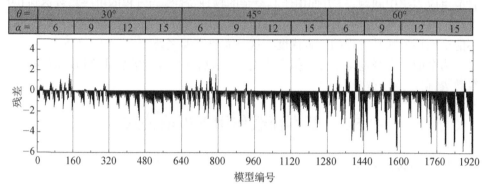

图 5.2 轴力荷载作用下 T1 平面撑杆 SCF 极值残差分布图

（3）轴力荷载作用下 T2（T3）平面弦杆 MIF 极值公式：

$$\mathrm{MIF}_{\max}^{A} = 1.232\theta^{1.451}\alpha^{-0.024}\gamma^{0.796}\left[0.149 + f_1\left(\theta,\alpha,\gamma,\tau\right) - f_2\left(\theta,\alpha,\gamma,\beta\right)\right]$$

$$f_1\left(\theta,\alpha,\gamma,\tau\right) = \frac{348\theta + 24\alpha + 26\gamma}{1000}\tau - \frac{8\theta + 110\alpha + 3\gamma}{1000}\tau^2$$

$$f_2\left(\theta,\alpha,\gamma,\beta\right) = \frac{367930}{\left(1526 - 1000\beta - 57\theta - 8\alpha - 3\gamma\right)^2}$$

$$R^2 = 0.95 \tag{5.4}$$

轴力荷载作用下 T2（T3）平面弦杆 MIF 极值残差分布图如图 5.3 所示。

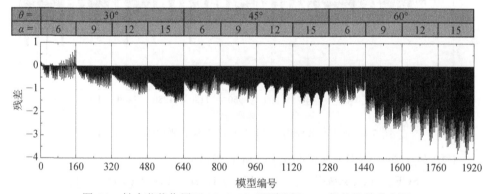

图 5.3 轴力荷载作用下 T2（T3）平面弦杆 MIF 极值残差分布图

（4）轴力荷载作用下 T2（T3）平面撑杆 MIF 极值公式：

$$\mathrm{MIF}_{\max}^{A} = 1.346\theta^{1.753}\alpha^{-0.02}\gamma^{1.056}\left[0.067 + f_1\left(\theta,\alpha,\gamma,\tau\right) - f_2\left(\theta,\alpha,\gamma,\beta\right)\right]$$

$$f_1\left(\theta,\alpha,\gamma,\tau\right) = \frac{197\theta - 16\alpha + 4\gamma}{1000}\tau - \frac{69\theta + 4\alpha + \gamma}{1000}\tau^2$$

$$f_2(\theta,\alpha,\gamma,\beta) = \frac{75499}{\left(1357 - 1000\beta - 92\theta - 4\alpha + 0.3\gamma\right)^2}$$

$$R^2 = 0.95 \tag{5.5}$$

轴力荷载作用下 T2（T3）平面撑杆 MIF 极值残差分布图如图 5.4 所示。

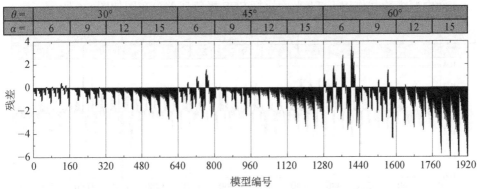

图 5.4　轴力荷载作用下 T2（T3）平面撑杆 MIF 极值残差分布图

2. 面内弯矩荷载公式

（1）面内弯矩荷载作用下 T1 平面弦杆 SCF 极值公式：

$$\text{SCF}_{\max}^{\text{I}} = \theta^{0.62}\alpha^{0.015}\gamma^{0.508}f_1(\beta)f_2(\tau) - 0.7$$

$$f_1(\beta) = 0.612 + 0.365\beta^3 - 0.59\beta^4 - 0.13\beta^5$$

$$f_2(\tau) = 0.121 + 2.085\tau - 0.485\tau^2$$

$$R^2 = 0.99 \tag{5.6}$$

面内弯矩荷载作用下 T1 平面弦杆 SCF 极值残差分布图如图 5.5 所示。

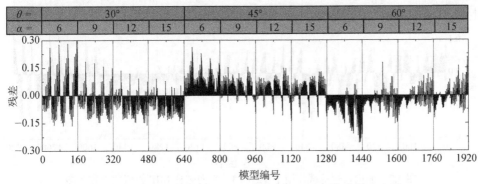

图 5.5　面内弯矩荷载作用下 T1 平面弦杆 SCF 极值残差分布图

（2）面内弯矩荷载作用下 T1 平面撑杆 SCF 极值公式：

$$\mathrm{SCF}_{\max}^{\mathrm{I}} = \theta^{1.446}\alpha^{0.103}\gamma^{1.168}f_1(\beta)f_2(\tau) + 2.03$$

$$f_1(\beta) = 0.043 - 0.427\beta^3 + 1.015\beta^4 - 0.684\beta^5$$

$$f_2(\tau) = 0.174 + 0.317\tau + 0.196\tau^2$$

$$R^2 = 0.98 \tag{5.7}$$

面内弯矩荷载作用下 T1 平面撑杆 SCF 极值残差分布图如图 5.6 所示。

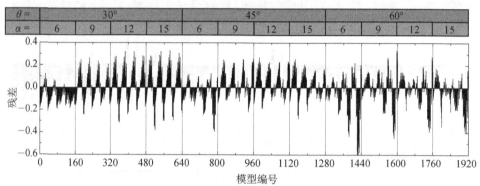

图 5.6　面内弯矩荷载作用下 T1 平面撑杆 SCF 极值残差分布图

（3）面内弯矩荷载作用下 T2（T3）平面弦杆 MIF 极值公式：

$$\mathrm{MIF}_{\max}^{\mathrm{I}} = \theta^{0.936}\alpha^{0.347}\gamma^{0.712}f_1(\beta)f_2(\tau) + 0.4$$

$$f_1(\beta) = 0.007 - 0.679\beta^3 + 1.853\beta^4 - 1.237\beta^5$$

$$f_2(\tau) = 4.537 - 7.946\tau + 11.883\tau^2$$

$$R^2 = 0.97 \tag{5.8}$$

面内弯矩荷载作用下 T2（T3）平面弦杆 MIF 极值残差分布图如图 5.7 所示。

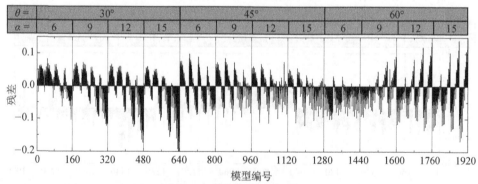

图 5.7　面内弯矩荷载作用下 T2（T3）平面弦杆 MIF 极值残差分布图

（4）面内弯矩荷载作用下 T2（T3）平面撑杆 MIF 极值公式：

$$\text{MIF}^1_{\max} = \theta^{1.57}\alpha^{0.383}\gamma^{0.687} f_1(\beta) f_2(\tau) + 0.15$$
$$f_1(\beta) = 0.007 - 0.657\beta^3 + 1.837\beta^4 - 1.272\beta^5$$
$$f_2(\tau) = 0.805 + 0.827\tau + 2.142\tau^2$$
$$R^2 = 0.96 \tag{5.9}$$

面内弯矩荷载作用下 T2（T3）平面撑杆 MIF 极值残差分布图如图 5.8 所示。

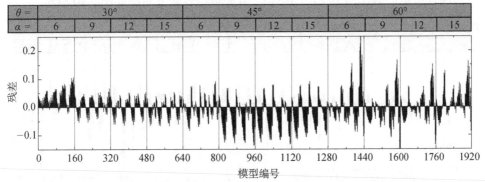

图 5.8　面内弯矩荷载作用下 T2（T3）平面撑杆 MIF 极值残差分布图

3. 面外弯矩荷载公式

（1）面外弯矩荷载作用下 T1 平面弦杆 SCF 极值公式：
$$\text{SCF}^O_{\max} = \theta^{1.434}\alpha^{0.252}\gamma^{0.917} f_1(\beta) f_2(\tau) + 0.185$$
$$f_1(\beta) = 0.222 + 2.331\beta^3 - 3.678\beta^4 + 1.278\beta^5$$
$$f_2(\tau) = -0.012 + 1.337\tau + 0.016\tau^2$$
$$R^2 = 0.99 \tag{5.10}$$

面外弯矩荷载作用下 T1 平面弦杆 SCF 极值残差分布图如图 5.9 所示。

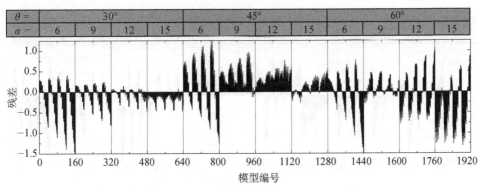

图 5.9　面外弯矩荷载作用下 T1 平面弦杆 SCF 极值残差分布图

（2）面外弯矩荷载作用下 T1 平面撑杆 SCF 极值公式：

$$\mathrm{SCF}_{\max}^{\mathrm{O}} = \theta^{1.341}\alpha^{0.175}\gamma^{0.758}f_1(\beta)f_2(\tau) - 1.39$$

$$f_1(\beta) = 0.13 + 2.079\beta^3 - 4.293\beta^4 + 2.346\beta^5$$

$$f_2(\tau) = 1.338 + 3.022\tau - 1.713\tau^2$$

$$R^2 = 0.99 \hspace{3cm} （5.11）$$

面外弯矩荷载作用下 T1 平面撑杆 SCF 极值残差分布图如图 5.10 所示。

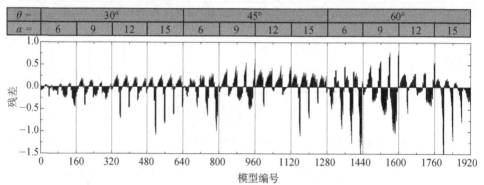

图 5.10　面外弯矩荷载作用下 T1 平面撑杆 SCF 极值残差分布图

（3）面外弯矩荷载作用下 T2（T3）平面弦杆 MIF 极值公式：

$$\mathrm{MIF}_{\max}^{\mathrm{O}} = \theta^{1.536}\alpha^{0.633}\gamma^{0.866}f_1(\beta)f_2(\tau) + 0.34$$

$$f_1(\beta) = 0.01 - 0.621\beta^3 + 2.165\beta^4 - 1.396\beta^5$$

$$f_2(\tau) = -0.29 + 1.687\tau - 0.208\tau^2$$

$$R^2 = 0.99 \hspace{3cm} （5.12）$$

面外弯矩荷载作用下 T2（T3）平面弦杆 MIF 极值残差分布图如图 5.11
所示。

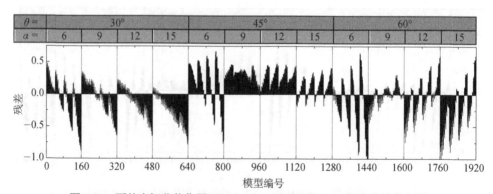

图 5.11　面外弯矩荷载作用下 T2（T3）平面弦杆 MIF 极值残差分布图

（4）面外弯矩荷载作用下 T2（T3）平面撑杆 MIF 极值公式：

$$\text{MIF}_{\max}^{O} = \theta^{1.914} \alpha^{0.586} \gamma^{0.82} f_1(\beta) f_2(\tau) + 0.225$$

$$f_1(\beta) = 0.005 - 0.279\beta^3 + 0.918\beta^4 - 0.537\beta^5$$

$$f_2(\tau) = 0.559 + 2.236\tau - 1.06\tau^2$$

$$R^2 = 0.98 \tag{5.13}$$

面外弯矩荷载作用下 T2（T3）平面撑杆 MIF 极值残差分布图如图 5.12 所示。

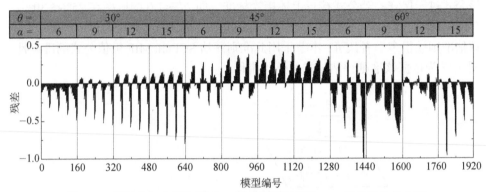

图 5.12　面外弯矩荷载作用下 T2（T3）平面撑杆 MIF 极值残差分布图

5.4　极值公式准确性评估

1. 公式初步评估

由各可决系数 R^2 的大小可知，本章介绍的公式对数据库的拟合效果十分理想，尤其是 SCF 极值的可决系数 R^2 几乎都大于 0.99；MIF 极值的拟合效果不太理想的原因是 MIF 的分布较不规整，且 MIF 绝对值比 SCF 小得多，使得相对误差较大，从数学定义上即可推知可决系数 R^2 会减小，但是 MIF 极值误差绝对值仍然较小。

图 5.1～图 5.12 中残差定义为 $y - \hat{y}$，当残差为正时，意味着预测值低于观测值；反之，当残差为负时，意味着预测值高于观测值。图 5.1～图 5.12 中残差多为负值，即预测值多偏于安全。各残差分布图上部标示各模型的三个几何参数范围，结合 5.1 节中几何参数敏感性分析的结论，可以直观判断出各模型的残差相对值：当 θ、α、γ 均较大时，SCF（MIF）极值较大，此时残差也较大，因此残差相对值是趋于均匀的。

2. UK DoE 评价准则及评估结果

英国能源部（the United Kingdom Department of Energy，简称 UK DoE）针对海洋结构规范中 SCF 参数公式的评估准则如下[181]：对于一个给定的基准数据库，P/R 为公式预测值与数据库中观测值之比，观测值可为试验值或有限元值；若公式低估 SCF 的比例小于 25%（$P/R<1.0$ 的概率小于 25%），并且公式严重低估 SCF 的比例小于 5%（$P/R<0.8$ 的概率小于 5%），则可认为该公式提供的预测值是可接受的；若公式严重高估 SCF 的比例大于 50%（$P/R>1.5$ 的概率大于 50%），则认为该公式过于保守；若公式接近上述接受标准，即 $P/R<1.0$ 的概率在 25%～30%、$P/R<0.8$ 的概率在 5%～7.5%，则认为该公式在使用时需要设计师仔细斟酌。上述评估准则被很多学者认可，本节采用此准则评估 SCF 和 MIF 极值公式的准确性，图 5.13 为依据该准则评估公式的整体流程。

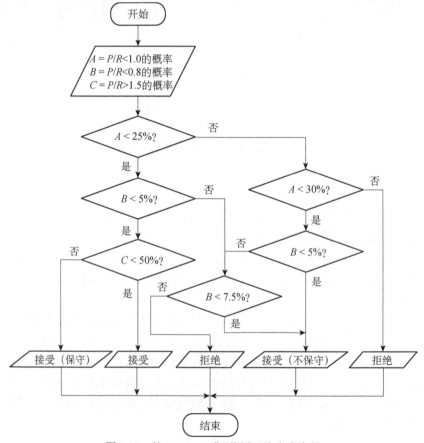

图 5.13　按 UK DoE 准则[181]评估公式流程

依据图 5.13 所示流程，以 4.2 节建立的数值模型库为基准数据库，对式（5.2）~式（5.13）按 UK DoE 准则进行评估，评估结果示于表 5.3 中。

表 5.3　基于 UK DoE 准则的 SCF 和 MIF 极值公式评估结果

荷载	公式	A/%	B/%	C/%	整体评价
轴力	（5.2）	14.45	0	0	接受
	（5.3）	19.48	2.24	14.27	接受
	（5.4）	20.31	0.6	0	接受
	（5.5）	19.11	1.45	10.16	接受
面内弯矩	（5.6）	10.21	0	0	接受
	（5.7）	18.91	1.15	35.36	接受
	（5.8）	22.19	0	0	接受
	（5.9）	20.16	0.63	25.52	接受
面外弯矩	（5.10）	24.58	0	0	接受
	（5.11）	24.48	0	0	接受
	（5.12）	24.22	0	7.86	接受
	（5.13）	24.17	0	9.48	接受

由表 5.3 可以看出：

（1）对于轴力荷载作用下的 SCF 和 MIF 极值公式，$P/R<1.0$ 的概率最大值为 20.31%，小于 UK DoE 准则给出的限值 25%；$P/R<0.8$ 的概率最大值为 2.24%，小于 UK DoE 准则给出的限值 5%；$P/R>1.5$ 的概率最大值为 14.27%，小于 UK DoE 准则给出的限值 50%。

（2）对于面内弯矩荷载作用下的 SCF 和 MIF 极值公式，$P/R<1.0$ 的概率最大值为 22.19%，小于 UK DoE 准则给出的限值 25%；$P/R<0.8$ 的概率最大值为 1.15%，小于 UK DoE 准则给出的限值 5%；$P/R>1.5$ 的概率最大值为 35.36%，小于 UK DoE 准则给出的限值 50%。

（3）对于面外弯矩荷载作用下的 SCF 和 MIF 极值公式，$P/R<1.0$ 的概率最大值为 24.58%，小于 UK DoE 准则给出的限值 25%；$P/R<0.8$ 的概率最大值为 0，小于 UK DoE 准则给出的限值 5%；$P/R>1.5$ 的概率最大值为 9.48%，小于 UK DoE 准则给出的限值 50%。

综上，各种荷载作用下的 SCF 和 MIF 极值计算公式都很好地满足了评估准则的要求，因此有理由认为各公式提供的预测值都具有足够的准确性。

3. 预测值与实测值对比

为了更加全面且直观地分析极值公式的准确性，将各基本荷载作用下 SCF 和

MIF 的公式预测值和有限元计算值绘于图 5.14～图 5.16 中，由图 5.14～图 5.16 可以看出以下规律：

（1）各种基本荷载作用下，SCF 极值公式的预测效果都优于 MIF 极值公式，SCF 极值的大部分数据点分布在 ±10% 误差线以内。

（2）面内弯矩荷载作用下的 SCF 极值预测效果最优，数据点离散性最小；轴力荷载和面外弯矩荷载作用时预测效果相当。

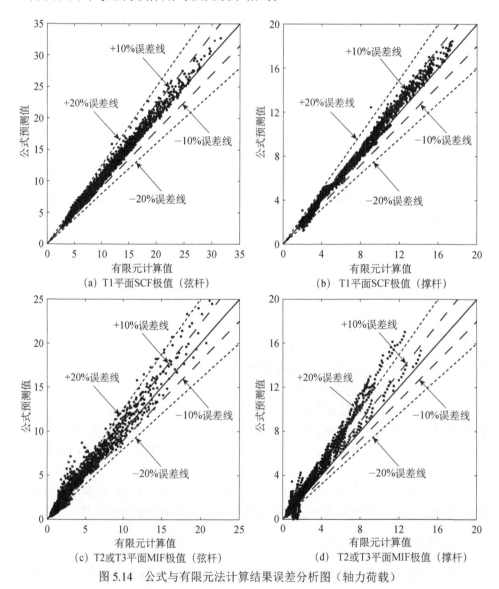

图 5.14　公式与有限元法计算结果误差分析图（轴力荷载）

（3）面外弯矩荷载作用下的 MIF 极值预测效果最优，轴力荷载作用次之，面内弯矩荷载作用最差。这一特征与 5.3 节中各公式的可决系数表现一致，面外弯矩荷载公式的可决系数值最大，轴力荷载次之，面内弯矩荷载最小。

（4）MIF 极值的数据点虽有一部分落在 ±20%误差线以外，但是这部分往往是绝对值较小的数据点，导致即使绝对误差较小，最终计算出的相对误差仍较大。这也解释了面内弯矩预测效果略差的原因，即面内弯矩引起的 SCF 和 MIF 较小。

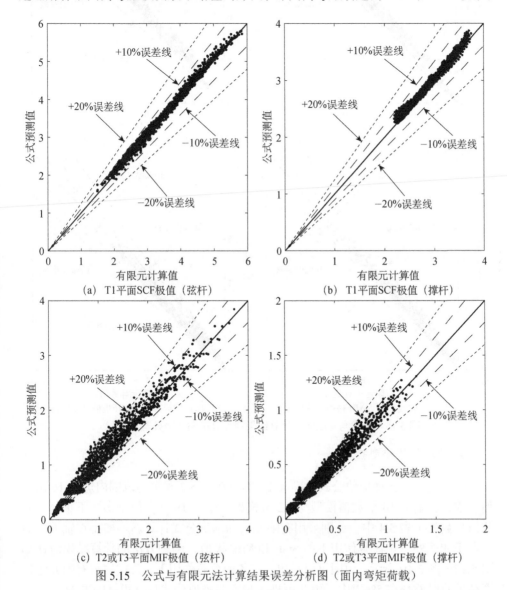

图 5.15　公式与有限元法计算结果误差分析图（面内弯矩荷载）

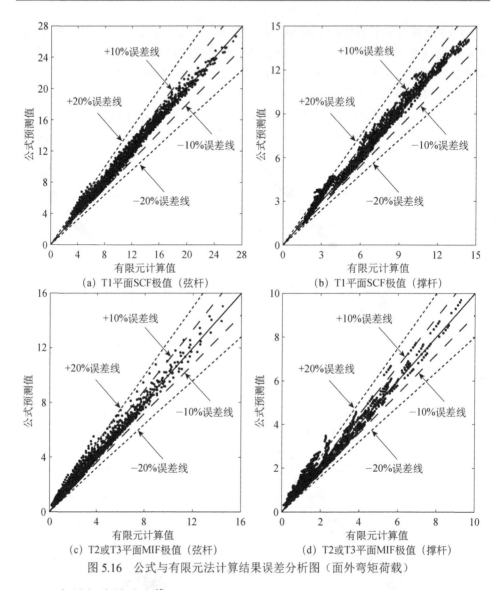

图 5.16　公式与有限元法计算结果误差分析图（面外弯矩荷载）

4. 新增数值模型验算

为了进一步验证极值公式的准确度,本节在表 5.2 规定的范围内选取 16 组几何参数,新增的 16 个数值模型与 4.2 节模型库中的 1920 个模型参数不重复,其几何参数列于表 5.4 中。分别采用有限元法和本章公式计算新增模型在轴力、面内弯矩和面外弯矩荷载作用下的 SCF 和 MIF 极值,两种方法的计算结果对比如图 5.17~图 5.19 所示。由图可以看出,在各种荷载作用下,公式法与有限元法计算结果的误差都在 5% 以内,由此可进一步说明极值公式具有很好的准确性。

表 5.4　新增数值模型几何参数

模型编号	$\theta/(\degree)$	α	γ	β	τ	L/m	D/m	T/mm	d/m	t/mm
ADD1	40	10.5	28.5	0.58	0.72	26.25	5	87.72	2.9	63.16
ADD2	40	10.5	28.5	0.58	0.78	26.25	5	87.72	2.9	68.42
ADD3	40	10.5	28.5	0.68	0.72	26.25	5	87.72	3.4	63.16
ADD4	40	10.5	28.5	0.68	0.78	26.25	5	87.72	3.4	68.42
ADD5	40	10.5	37.5	0.58	0.72	26.25	5	66.67	2.9	48
ADD6	40	10.5	37.5	0.58	0.78	26.25	5	66.67	2.9	52
ADD7	40	10.5	37.5	0.68	0.72	26.25	5	66.67	3.4	48
ADD8	40	10.5	37.5	0.68	0.78	26.25	5	66.67	3.4	52
ADD9	40	13.5	28.5	0.58	0.72	33.75	5	87.72	2.9	63.16
ADD10	40	13.5	28.5	0.58	0.78	33.75	5	87.72	2.9	68.42
ADD11	40	13.5	28.5	0.68	0.72	33.75	5	87.72	3.4	63.16
ADD12	40	13.5	28.5	0.68	0.78	33.75	5	87.72	3.4	68.42
ADD13	40	13.5	37.5	0.58	0.72	33.75	5	66.67	2.9	48
ADD14	40	13.5	37.5	0.58	0.78	33.75	5	66.67	2.9	52
ADD15	40	13.5	37.5	0.68	0.72	33.75	5	66.67	3.4	48
ADD16	40	13.5	37.5	0.68	0.78	33.75	5	66.67	3.4	52

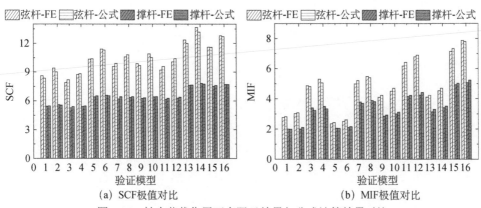

(a) SCF 极值对比　　　　　　　　　(b) MIF 极值对比

图 5.17　轴力荷载作用下有限元结果与公式计算结果对比

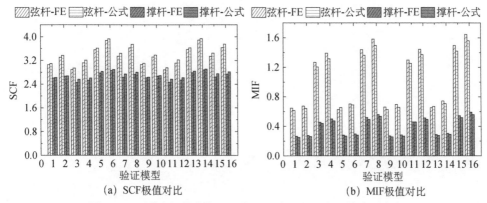

(a) SCF 极值对比　　　　　　　　　(b) MIF 极值对比

图 5.18　面内弯矩荷载作用下有限元结果与公式计算结果对比

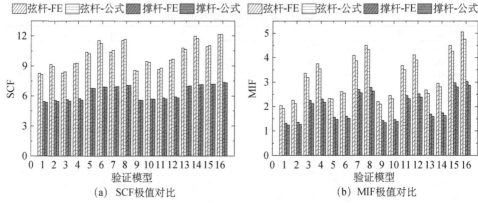

(a) SCF极值对比   (b) MIF极值对比

图 5.19   面外弯矩荷载作用下有限元结果与公式计算结果对比

第6章　SCF和MIF分布计算方法

6.1　分布响应规律概览

表 6.1 归纳了 SCF 和 MIF 分布受几何参数影响概况,以便于对不同荷载类型和不同几何参数进行纵向对比,由表 6.1 可以归纳出以下结论:

(1)从荷载类型角度分析,对于 SCF 分布曲线,在轴力荷载和面外弯矩荷载作用下,各几何参数的作用效果相同;弦杆长细比 α 和撑-弦杆直径比 β 在面外弯矩荷载作用下的效果与其他荷载不同;对于 MIF 分布曲线,各荷载类型的影响趋势相同。

(2)从几何参数角度分析,除了轴力荷载作用下的撑杆,MIF 分布曲线的响应方向一致,都随着各几何参数的增大而增大;SCF 分布曲线的响应规律较为复杂,但是仍可看出 SCF 随着弦杆径厚比 γ 和撑-弦杆夹角 θ 的增大而增大。

(3)对 SCF 的影响随荷载类型变化最明显的参数是撑-弦杆直径比 β,其次为弦杆长细比 α;面内弯矩荷载作用下的 SCF 对弦杆长细比 α 和撑-弦杆直径比 β 的变化不敏感。

表 6.1　SCF 和 MIF 分布曲线与坐标轴所围面积随几何参数变化规律概览

极值	荷载	$\alpha\uparrow$		$\beta\uparrow$		$\gamma\uparrow$		$\tau\uparrow$		$\theta\uparrow$	
		弦杆	撑杆	弦杆	撑杆	弦杆	撑杆	弦杆	撑杆	弦杆	撑杆
SCF	轴力	↑	↑	↓	↓	↑	↑	↑	→	↑	↑
	面内弯矩	→	→	→	→	↑	↑	↑	→	↑	↑
	面外弯矩	↑	↑	↑	↑	↑	↑	↑	→	↑	↑
MIF	轴力	↑	↑	↑	↑	↑	↑	↑	→	↑	↑
	面内弯矩	↑	↑	↑	↑	↑	↑	↑	↑	↑	↑
	面外弯矩	↑	↑	↑	↑	↑	↑	↑	↑	↑	↑

注:"↑"代表增大,"↓"代表减小,"→"代表不变。

6.2　确定分布公式形式

SCF 和 MIF 分布公式与极值公式不同之处为:在拟合极值公式时,每个模型提供一个数据点,即拟合每个极值公式需要拟合的数据点为 1920 个,每个数据点对应 5 个自变量和 1 个因变量,自变量为几何参数 α、β、γ、τ 和 θ,因变量为 SCF

或 MIF 在某荷载作用下弦杆或撑杆的极值；而在拟合分布公式时，每个模型提供 90 个数据点（沿焊缝一周每隔 4°取一点），即每个分布公式需要拟合的数据点为 172800 个，每个数据点对应 6 个自变量和 1 个因变量，自变量为几何参数 α、β、γ、τ、θ 和 ϕ，因变量为在某荷载作用下弦杆或撑杆某一点对应的 SCF 或 MIF。

本节基于 6.1 节的敏感性分析结果，考虑三平面 Y 型管节点在各基本荷载作用下各平面弦杆和撑杆 SCF 和 MIF 分布的规律，确定分布公式的形式为三角函数的组合，如式（6.1）所示：

$$Z(\alpha,\beta,\gamma,\tau,\theta,\phi) = \lambda \times \left[c_0 + \sum (a_i \cos i\phi + b_j \sin j\phi) \right] \tag{6.1}$$

式中，Z 为 SCF 或 MIF；λ 为与荷载和位置相关的调整系数；i=0.5，1，2，3，…；j=0.5，1，2，3，…；正弦项和余弦项的数量由荷载和位置决定；c_0、a_i 和 b_j 为待定系数，可将待求模型几何参数 α、β、γ、τ、θ 代入式（6.2）和式（6.3）计算得到，式（6.2）和式（6.3）中系数 P_1，P_2，…，P_{19} 值示于附录 C 的表 C.1～表 C.12 中，计算时 θ 和 ϕ 须为弧度制。

$$Z_1(\alpha,\beta,\gamma,\tau,\theta) = P_1 + P_2\alpha + P_3\beta + P_4\gamma + P_5\theta + P_6\alpha^2 + P_7\beta^2 + P_8\gamma^2 +$$
$$P_9\theta^2 + \alpha(P_{10}\beta + P_{11}\gamma + P_{12}\tau) + \gamma(P_{13}\beta + P_{14}\tau) +$$
$$\theta(P_{15}\alpha + P_{16}\beta + P_{17}\gamma + P_{18}\tau) + P_{19}\beta\tau \tag{6.2}$$

$$Z_2(\alpha,\beta,\gamma,\tau,\theta) = Z_1^{-1} \tag{6.3}$$

根据式（6.2）和式（6.3），采用 5.2 节介绍的多维非线性拟合方法，拟合出三平面 Y 型管节点在各基本荷载作用下各平面弦杆和撑杆 SCF 和 MIF 分布的回归公式，即式（6.4）～式（6.15）。值得说明的是，不同荷载作用下不同位置的回归公式中待定系数的数量和数值都不尽相同，需要根据所求量具体确定。

综上，某三平面 Y 型管节点 SCF 或 MIF 分布的计算过程如下：

（1）将几何参数 α、β、γ、τ、θ 和附录 C 的表 C.1～表 C.12 中系数代入式（6.2）、式（6.3）计算，依次得到式（6.4）～式（6.15）的各待定系数 c_0、a_i 和 b_j。

（2）根据沿焊缝一周需要取的计算点数，确定 ϕ 的取值，代入式（6.4）～式（6.15）中，求得各基本荷载作用下各平面弦杆和撑杆的 SCF 和 MIF 分布。

6.3　基本荷载作用下分布公式

1. 轴力荷载公式

（1）轴力荷载作用下 T1 平面弦杆 SCF 分布公式：

$$\mathrm{SCF}(\phi) = 0.26 + c_0 + a_1\cos\phi + a_2\cos2\phi + a_3\cos3\phi + a_4\cos4\phi + a_5\cos5\phi +$$
$$a_6\cos6\phi + a_7\cos7\phi \qquad\qquad (6.4)$$
$$R^2 = 0.99$$

轴力荷载作用下 T1 平面弦杆 SCF 分布 R^2 及 SSE 分布图如图 6.1 所示。

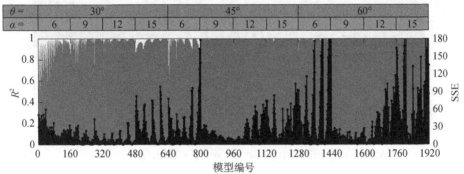

图 6.1　轴力荷载作用下 T1 平面弦杆 SCF 分布 R^2 及 SSE 分布图

（2）轴力荷载作用下 T1 平面撑杆 SCF 分布公式：

$$\mathrm{SCF}(\phi) = 0.1 + c_0 + a_1\cos\phi + a_2\cos2\phi + a_3\cos3\phi + a_4\cos4\phi + a_5\cos5\phi +$$
$$a_6\cos6\phi + a_7\cos7\phi + a_8\cos8\phi + a_9\cos9\phi + a_{10}\cos10\phi \qquad (6.5)$$
$$R^2 = 1.00$$

轴力荷载作用下 T1 平面撑杆 SCF 分布 R^2 及 SSE 分布图如图 6.2 所示。

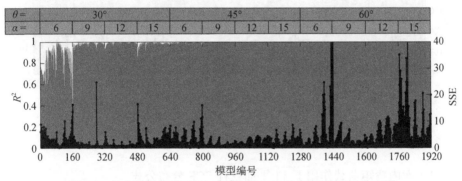

图 6.2　轴力荷载作用下 T1 平面撑杆 SCF 分布 R^2 及 SSE 分布图

（3）轴力荷载作用下 T2（T3）平面弦杆 MIF 分布公式：

$$\mathrm{MIF}(\phi) = 1.15 \times (c_0 + a_0\cos0.5\phi + a_1\cos\phi + a_2\cos2\phi + a_4\cos4\phi + a_5\cos5\phi +$$
$$b_0\sin0.5\phi + b_1\sin\phi + b_2\sin2\phi + b_3\sin3\phi + b_4\sin4\phi + b_5\sin5\phi) \qquad (6.6)$$
$$R^2 = 0.96$$

轴力荷载作用下 T2（T3）平面弦杆 MIF 分布 R^2 及 SSE 分布图如图 6.3 所示。

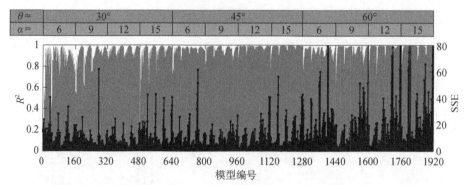

图 6.3　轴力荷载作用下 T2（T3）平面弦杆 MIF 分布 R^2 及 SSE 分布图

（4）轴力荷载作用下 T2（T3）平面撑杆 MIF 分布公式：

$$\mathrm{MIF}(\phi) = 1.15 \times (c_0 + a_1\cos\phi + a_2\cos2\phi + a_3\cos3\phi + a_4\cos4\phi + a_5\cos5\phi +$$
$$b_1\sin\phi + b_2\sin2\phi + b_3\sin3\phi + b_4\sin4\phi + b_5\sin5\phi) \qquad (6.7)$$

$$R^2 = 0.96$$

　　轴力荷载作用下 T2（T3）平面撑杆 MIF 分布 R^2 及 SSE 分布图如图 6.4 所示。

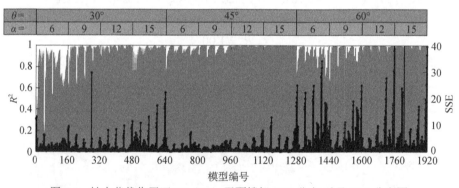

图 6.4　轴力荷载作用下 T2（T3）平面撑杆 MIF 分布 R^2 及 SSE 分布图

2. 面内弯矩荷载公式

（1）面内弯矩荷载作用下 T1 平面弦杆 SCF 分布公式：

$$\mathrm{SCF}(\phi) = 1.025 \times (c_0 + a_0\cos0.5\phi + a_1\cos\phi + a_2\cos2\phi + a_3\cos3\phi +$$
$$a_4\cos4\phi + a_5\cos5\phi) \qquad (6.8)$$

$$R^2 = 1.00$$

　　面内弯矩荷载作用下 T1 平面弦杆 SCF 分布 R^2 及 SSE 分布图如图 6.5 所示。

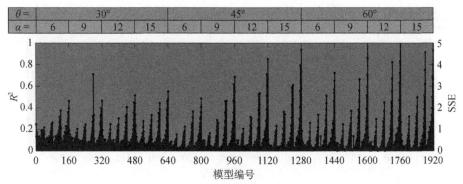

图 6.5　面内弯矩荷载作用下 T1 平面弦杆 SCF 分布 R^2 及 SSE 分布图

（2）面内弯矩荷载作用下 T1 平面撑杆 SCF 分布公式：

$$\text{SCF}(\phi) = 1.065 \times (c_0 + a_0\cos0.5\phi + a_1\cos\phi + a_2\cos2\phi + a_3\cos3\phi + a_4\cos4\phi + a_5\cos5\phi) \tag{6.9}$$

$$R^2 = 0.99$$

面内弯矩荷载作用下 T1 平面撑杆 SCF 分布 R^2 及 SSE 分布图如图 6.6 所示。

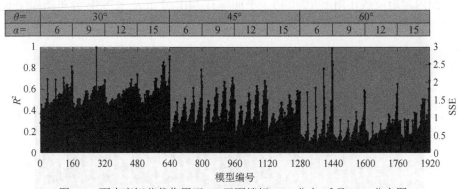

图 6.6　面内弯矩荷载作用下 T1 平面撑杆 SCF 分布 R^2 及 SSE 分布图

（3）面内弯矩荷载作用下 T2（T3）平面弦杆 MIF 分布公式：

$$\text{MIF}(\phi) = 1.15 \times (a_1\cos\phi + a_2\cos2\phi + a_3\cos3\phi + a_4\cos4\phi + a_5\cos5\phi + a_6\cos6\phi + b_1\sin\phi + b_2\sin2\phi + b_3\sin3\phi + b_4\sin4\phi + b_5\sin5\phi + b_6\sin6\phi) \tag{6.10}$$

$$R^2 = 0.94$$

面内弯矩荷载作用下 T2（T3）平面弦杆 MIF 分布 R^2 及 SSE 分布图如图 6.7 所示。

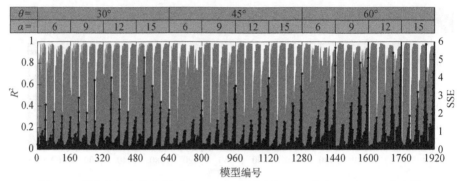

图 6.7　面内弯矩荷载作用下 T2（T3）平面弦杆 MIF 分布 R^2 及 SSE 分布图

（4）面内弯矩荷载作用下 T2（T3）平面撑杆 MIF 分布公式：
$$\mathrm{MIF}(\phi) = 1.15 \times (a_1\cos\phi + a_2\cos2\phi + a_3\cos3\phi + a_4\cos4\phi + a_5\cos5\phi + a_6\cos6\phi +$$
$$b_1\sin\phi + b_2\sin2\phi + b_3\sin3\phi + b_4\sin4\phi + b_5\sin5\phi + b_6\sin6\phi)$$

（6.11）

$$R^2 = 0.92$$

面内弯矩荷载作用下 T2（T3）平面撑杆 MIF 分布 R^2 及 SSE 分布图如图 6.8 所示。

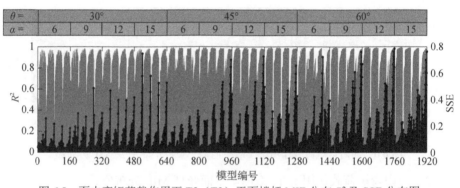

图 6.8　面内弯矩荷载作用下 T2（T3）平面撑杆 MIF 分布 R^2 及 SSE 分布图

3. 面外弯矩荷载公式

（1）面外弯矩荷载作用下 T1 平面弦杆 SCF 分布公式：
$$\mathrm{SCF}(\phi) = 1.045 \times (b_1\sin\phi + b_2\sin2\phi + b_3\sin3\phi + b_4\sin4\phi + b_5\sin5\phi) \quad （6.12）$$
$$R^2 = 1.00$$
面外弯矩荷载作用下 T1 平面弦杆 SCF 分布 R^2 及 SSE 分布图如图 6.9 所示。

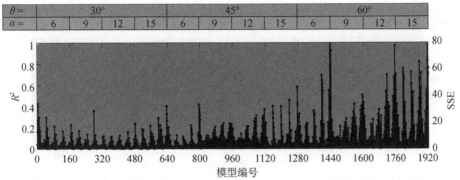

图 6.9 面外弯矩荷载作用下 T1 平面弦杆 SCF 分布 R^2 及 SSE 分布图

（2）面外弯矩荷载作用下 T1 平面撑杆 SCF 分布公式：

$$\mathrm{SCF}(\phi) = 1.045 \times \left(b_1\sin\phi + b_2\sin2\phi + b_3\sin3\phi + b_4\sin4\phi + b_5\sin5\phi \right) \quad (6.13)$$

$$R^2 = 1.00$$

面外弯矩荷载作用下 T1 平面撑杆 SCF 分布 R^2 及 SSE 分布图如图 6.10 所示。

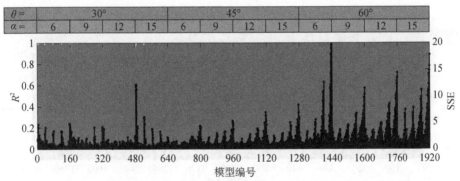

图 6.10 面外弯矩荷载作用下 T1 平面撑杆 SCF 分布 R^2 及 SSE 分布图

（3）面外弯矩荷载作用下 T2（T3）平面弦杆 MIF 分布公式：

$$\mathrm{MIF}(\phi) = 1.15 \times (c_0 + a_1\cos\phi + a_2\cos2\phi + a_3\cos3\phi + a_4\cos4\phi + a_5\cos5\phi +$$
$$b_1\sin\phi + b_2\sin2\phi + b_3\sin3\phi + b_4\sin4\phi + b_5\sin5\phi) \quad (6.14)$$

$$R^2 = 0.95$$

面外弯矩荷载作用下 T2（T3）平面弦杆 MIF 分布 R^2 及 SSE 分布图如图 6.11 所示。

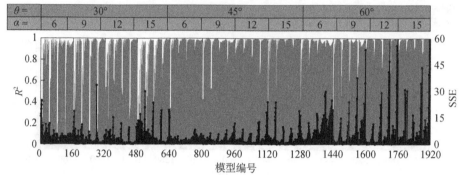

图 6.11　面外弯矩荷载作用下 T2（T3）平面弦杆 MIF 分布 R^2 及 SSE 分布图

（4）面外弯矩荷载作用下 T2（T3）平面撑杆 MIF 分布公式：

$$\text{MIF}(\phi) = 1.15 \times (c_0 + a_1\cos\phi + a_2\cos2\phi + a_3\cos3\phi + a_4\cos4\phi + a_5\cos5\phi +$$
$$b_1\sin\phi + b_2\sin2\phi + b_3\sin3\phi + b_4\sin4\phi + b_5\sin5\phi) \qquad （6.15）$$

$$R^2 = 0.96$$

面外弯矩荷载作用下 T2（T3）平面撑杆 MIF 分布 R^2 及 SSE 分布图如图 6.12 所示。

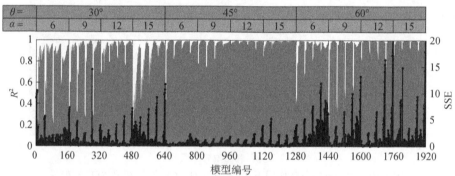

图 6.12　面外弯矩荷载作用下 T2（T3）平面撑杆 MIF 分布 R^2 及 SSE 分布图

6.4　分布公式说明

1. 评价指标说明

根据分布公式与极值公式的不同，对分布公式拟合优度的评价指标有以下几个方面：

（1）式（6.4）～式（6.15）中 R^2 的值为拟合该公式时考虑的 172800 个数据点的总 R^2 值，该值可以从总体上直观评价分布公式的预测效果。

（2）图 6.1～图 6.12 中左侧坐标轴度量的可决系数为每个模型的 R^2 值（图中

灰色柱状标记），根据每个模型提供的沿焊缝分布的 90 个数据点计算得到，该值可以看出在不同 α、β、γ、τ 和 θ 的情况下，分布公式的预测效果。

（3）为了更全面地反映方程的预测效果，与每个模型的 R^2 值相对应，计算出每个模型 90 个数据点的残差平方和，绘制于图 6.1～图 6.12 中，并以右侧坐标轴度量（图中黑色点线标记），该值可以直观地反映各模型预测值与实测值间的绝对误差。

观察可决系数 R^2 值与图 6.1～图 6.12，可以得到以下结论：

（1）式（6.4）～式（6.15）的总 R^2 值均大于 0.92，证明分布公式的拟合效果良好；其中 SCF 分布公式总 R^2 值均大于 0.99，可见 SCF 分布公式的预测表现十分优秀。

（2）MIF 分布公式预测精度较差的原因与 MIF 极值公式类似，一方面是因为 MIF 分布为不对称多峰曲线，增加了拟合维度；另一方面是 MIF 峰值较 SCF 小很多，使相对误差较大。因此，MIF 分布公式预测效果较差，但是实际计算时产生的绝对误差是可接受的。

（3）图 6.1～图 6.12 中灰色柱状标记呈现各模型的 R^2 值，图中白色较多处所对应的几何参数范围内的分布预测效果较差，可以看出绝大多数模型的分布预测效果都很好，并且拟合效果较差的几何参数范围的分布是有规律的。

（4）图 6.1～图 6.12 中黑色点线标记呈现各模型残差平方和，该值越大说明模型的拟合残差越大，可以看出残差平方和的分布也与几何参数取值相关，呈现明显的规律性。另外，对于 R^2 值较小的模型，其残差平方和未必很大，这是因为不同几何参数模型的 SCF 和 MIF 峰值相差可达数倍，直接影响残差绝对值的大小。

分布公式可预测沿焊缝一周任何点处的 SCF 和 MIF，当多平面复杂荷载同时作用时，相较于叠加各荷载作用下的极值，将分布曲线叠加后取极值，预测的热点应力应更加准确。与之相应的代价是较为复杂的计算过程，若要准确无误地由分布公式算得热点应力，则应编制相应计算程序，手工计算工作量大且易出错。

2. 参数范围探究

由图 6.1～图 6.12 可以看出，当 β 和 τ 较小时，分布公式预测结果的可决系数 R^2 较小，残差平方和 SSE 较大。考虑到海上风电场实际工程中三平面 Y 型管节点 β 和 τ 较小的概率很小，本节将参数 β 取值从[0.4, 0.75]缩小至[0.5, 0.75]，相应地，参数 τ 取值从[0.5, 0.9]变更为[0.65, 0.9]，新几何参数取值范围示于表6.2 中。

表6.2 式（6.4）～式（6.15）有效几何参数取值范围

几何参数	α	β	γ	τ	θ
取值范围	[6, 15]	[0.5, 0.75]	[25, 40]	[0.65, 0.9]	[30°, 60°]

为了观察分布公式在新几何参数范围下的预测表现，将式（6.4）～式（6.15）在原参数范围与新参数范围下的总 R^2 值、可决系数 R^2 大于 0.9 的模型数量比例和总残差平方和 SSE 列于表 6.3 中。由表可以看出，分布公式在新参数范围下的 R^2 值有所增长，残差平方和大幅减小，即新参数范围下分布公式的预测表现有显著提高，这也意味着当模型几何参数在表 6.2 中规定的范围内时，分布公式的预测结果准确可靠。

表6.3 式（6.4）～式（6.15）在原参数范围与新参数范围下拟合优度评价指标对比

荷载	公式	总 R^2 值			$R^2 > 0.9$ 的模型比例			SSE		
		原参数范围	新参数范围	变化1	原参数范围/%	新参数范围/%	变化2/%	原参数范围	新参数范围	变化3/%
轴力	(6.4)	0.98	0.99	0.01	96.8	97.3	0.5	2.67×10^6	1.79×10^6	−32.7
	(6.5)	0.95	0.96	0.01	94.8	94.7	−0.1	1.29×10^6	8.10×10^5	−37.2
	(6.6)	0.99	1.00	0.01	89.8	96.3	6.5	5.88×10^5	4.94×10^5	−16.0
	(6.7)	0.96	0.96	0.00	88.1	93.7	5.6	2.62×10^5	2.16×10^5	−17.6
面内弯矩	(6.8)	0.99	1.00	0.01	100.0	100.0	0.0	1.36×10^6	9.15×10^5	−32.8
	(6.9)	0.93	0.94	0.01	100.0	100.0	0.0	6.26×10^5	3.70×10^5	−41.0
	(6.10)	0.99	0.99	0.00	68.5	91.6	23.1	2.53×10^4	2.39×10^4	−5.6
	(6.11)	0.92	0.92	0.00	66.3	89.8	23.5	3.72×10^3	3.37×10^3	−9.5
面外弯矩	(6.12)	1.00	1.00	0.00	100.0	100.0	0.0	5.69×10^6	3.99×10^6	−29.8
	(6.13)	0.94	0.95	0.01	100.0	100.0	0.0	2.61×10^6	1.61×10^6	−38.2
	(6.14)	1.00	1.00	0.00	82.9	97.3	14.4	2.69×10^5	2.30×10^5	−14.3
	(6.15)	0.95	0.96	0.01	82.3	94.5	12.2	1.19×10^5	9.97×10^4	−15.9

注：变化 1=新参数范围下相应值−原参数范围下相应值；
变化 2，变化 3=（新参数范围下相应值−原参数范围下相应值）/原参数范围下相应值×100%。

6.5　分布公式准确性评估

1. 按 UK DoE 准则评估

本节与 5.4 节采用相同方法，按照图 5.13 所示的 UK DoE 准则评估公式流程，从 4.2 节建立的数值模型库中，按表 6.2 所示的参数范围，选出 1152 个模型，每个模型沿焊缝取 90 个数据点，作为基准数据库，对式（6.4）～式（6.15）进行评估，结果如表 6.4 所示。

表6.4　基于UK DoE准则的SCF和MIF分布公式评估结果[161]

荷载	公式	A/%	B/%	C/%	整体评价
轴力	(6.4)	24.47	0.21	0.45	接受
	(6.5)	22.93	0.88	0.60	接受
	(6.6)	26.20	6.51	18.50	接受,但不保守
	(6.7)	24.09	6.26	18.34	接受,但不保守
面内弯矩	(6.8)	23.04	1.55	0.80	接受
	(6.9)	23.70	1.55	0.68	接受
	(6.10)	25.77	6.67	27.24	接受,但不保守
	(6.11)	27.70	7.02	31.01	接受,但不保守
面外弯矩	(6.12)	23.55	2.39	6.50	接受
	(6.13)	24.19	3.34	8.42	接受
	(6.14)	25.72	5.05	14.25	接受,但不保守
	(6.15)	27.62	6.34	12.54	接受,但不保守

由表 6.4 可以看出:

（1）在轴力荷载作用时，SCF 分布公式的各项指标都满足 UK DoE 准则的要求，$P/R<1.0$ 的概率最大值为 24.47%，小于限值 25%；$P/R<0.8$ 的概率最大值为 0.88%，小于限值 5%；$P/R>1.5$ 的概率最大值为 0.60%，小于限值 50%。MIF 分布公式的各项指标部分满足 UK DoE 准则的要求，$P/R<1.0$ 的概率最大值为 26.20%，大于限值 25%，但小于 30%；$P/R<0.8$ 的概率最大值为 6.51%，大于限值 5%，但小于 7.5%；$P/R>1.5$ 的概率最大值为 18.50%，小于限值 50%。

（2）在面内荷载作用时，SCF 分布公式的各项指标都满足 UK DoE 准则的要求，$P/R<1.0$ 的概率最大值为 23.70%，小于限值 25%；$P/R<0.8$ 的概率最大值为 1.55%，小于限值 5%；$P/R>1.5$ 的概率最大值为 0.80%，小于限值 50%。MIF 分布公式的各项指标部分满足 UK DoE 准则的要求，$P/R<1.0$ 的概率最大值为 27.70%，大于限值 25%，但小于 30%；$P/R<0.8$ 的概率最大值为 7.02%，大于限值 5%，但小于 7.5%；$P/R>1.5$ 的概率最大值为 31.01%，小于限值 50%。

（3）在面外弯矩荷载作用时，SCF 分布公式的各项指标都满足 UK DoE 准则的要求，$P/R<1.0$ 的概率最大值为 24.19%，小于限值 25%；$P/R<0.8$ 的概率最大值为 3.34%，小于限值 5%；$P/R>1.5$ 的概率最大值为 8.42%，小于限值 50%。MIF 分布公式的各项指标部分满足 UK DoE 准则的要求，$P/R<1.0$ 的概率最大值为 27.62%，大于限值 25%，但小于 30%；$P/R<0.8$ 的概率最大值为 6.34%，大于限值 5%，但小于 7.5%；$P/R>1.5$ 的概率最大值为 14.25%，小于限值 50%。

综上，各基本荷载作用下 SCF 分布公式都能很好地满足评估准则中的各项要求，即其预测结果可以直接采用；MIF 分布公式对观测值低估的概率略高于规范要求，因此其预测结果需要工程师根据情况判断使用，可配合相关措施以提高安全系数。

2. 沿焊缝平均残差比分析

与极值公式不同，对于每一个观测模型，分布公式预测沿焊缝一周任意点的 SCF 和 MIF，图 6.1～图 6.12 残差平方和反映各模型的残差绝对值，而每个模型的 SCF 和 MIF 峰值差别可高达数倍，为了能更加清楚地研究各模型的残差相对值，本节定义沿焊缝平均残差比 er 如下：

$$er = \frac{1}{N}\sum_{i=1}^{N}\frac{\left|EQ(i)-FE(i)\right|}{FE_{max}}\times 100\% \tag{6.16}$$

式中，N 为观测模型沿焊缝一周观测点数量，在本书建立的有限元模型中为 90，即沿焊缝一周每隔 4°取一个观测点；$EQ(i)$ 为 i 点处公式预测值；$FE(i)$ 为 i 点处有限元计算值；FE_{max} 为该观测模型沿焊缝一周 SCF 或 MIF 峰值。

每一个观测模型均可由式（6.16）计算出该模型的平均残差比，对应表 6.2 规定的参数范围，对于每个分布公式，可以计算出 1152 个 er，将式（6.4）～式（6.15）的平均残差比绘制成概率分布直方图示于图 6.13～图 6.15 中，由图可以看到下述特点：

（1）在相同荷载条件下，SCF 分布公式的平均残差比明显小于 MIF 分布公式，面内弯矩荷载下的平均残差比最小，面外弯矩荷载下的平均残差比次之，轴力荷载下的平均残差比最大。

（2）虽然 MIF 分布公式平均残差比普遍大于 SCF 分布公式，但是绝大多数模型的平均残差比仍然落在 20%以内，即除了部分极端工况，公式的预测效果仍然可靠。

总体而言，在各分布公式的平均残差比概率分布图中，具有较小残差比的模型数量占大多数，可以说明本章介绍的分布公式具有很好的可靠度。

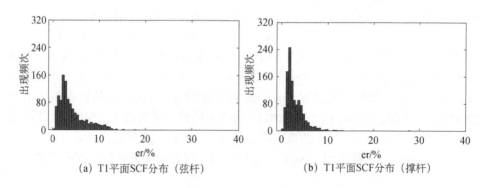

（a）T1平面SCF分布（弦杆）　　　　　（b）T1平面SCF分布（撑杆）

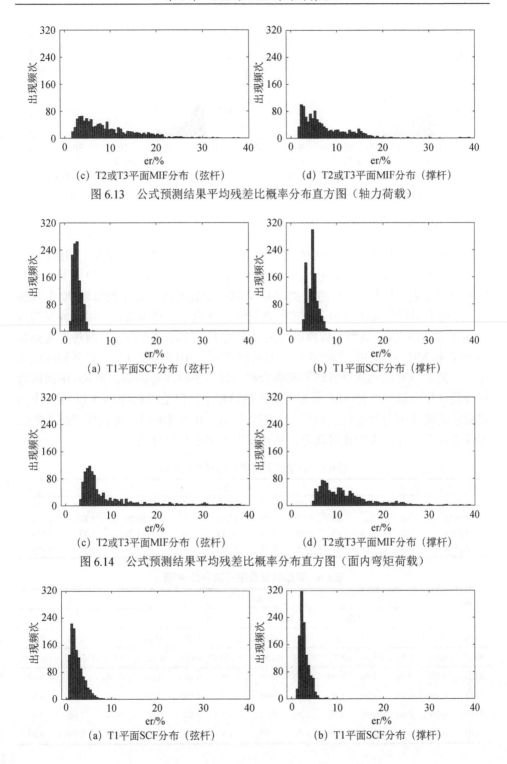

(c) T2或T3平面MIF分布（弦杆）　　　　　(d) T2或T3平面MIF分布（撑杆）

图 6.13　公式预测结果平均残差比概率分布直方图（轴力荷载）

(a) T1平面SCF分布（弦杆）　　　　　(b) T1平面SCF分布（撑杆）

(c) T2或T3平面MIF分布（弦杆）　　　　　(d) T2或T3平面MIF分布（撑杆）

图 6.14　公式预测结果平均残差比概率分布直方图（面内弯矩荷载）

(a) T1平面SCF分布（弦杆）　　　　　(b) T1平面SCF分布（撑杆）

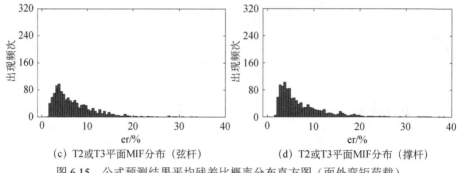

(c) T2或T3平面MIF分布（弦杆）　　　　　　(d) T2或T3平面MIF分布（撑杆）

图 6.15　公式预测结果平均残差比概率分布直方图（面外弯矩荷载）

3. 新增数值模型验证

为了进一步观察分布公式的预测效果，除了本节在推导公式时使用的 1152 个观测模型，还从表 6.2 规定的范围内选取了 4 组几何参数建立数值模型，其几何参数列于表 6.5 中，沿焊缝一周每隔 4°取一个观测点，每个模型取 90 个观测点。分别采用有限元法和本章公式计算新增数值模型在基本荷载作用下各观测点的 SCF 和 MIF 值，新增验证模型的可决系数 R^2 值如表 6.6 所示，两种方法算得的 SCF 和 MIF 分布曲线如图 6.16～图 6.18 所示。由图可以看出，在各种荷载作用下，公式与有限元法计算结果都吻合得很好。值得注意的是，表 6.6 中面内弯矩荷载作用下虽然撑杆 MIF 分布可决系数值略小，但是图 6.17（c）和（d）中与之对应的曲线吻合程度仍然很好，这是因为 MIF 绝对值较小，所以即使很小的绝对误差都会引起较大的相对误差，从而使得可决系数值降低。

表 6.5　新增验证模型几何尺寸及参数

模型编号	$\theta/(°)$	α	γ	β	τ	L/m	D/m	T/mm	d/m	t/mm
ADD1	42	13	27	0.69	0.81	32.50	5	92.59	3.45	75.00
ADD2	48	11	28	0.67	0.79	27.50	5	89.29	3.35	70.54
ADD3	47	10.4	33	0.69	0.76	26.00	5	75.76	3.45	57.58
ADD4	49	10	34	0.68	0.74	25.00	5	73.53	3.40	54.41

表 6.6　新增验证模型可决系数 R^2 值

荷载类型	轴力				面内弯矩				面外弯矩			
	SCF		MIF		SCF		MIF		SCF		MIF	
位置	弦杆	撑杆	弦杆	撑杆	弦杆	撑杆	弦杆	撑杆	弦杆	撑杆	弦杆	撑杆
公式	(6.4)	(6.5)	(6.6)	(6.7)	(6.8)	(6.9)	(6.10)	(6.11)	(6.12)	(6.13)	(6.14)	(6.15)
ADD1	1.00	0.98	0.99	0.98	1.00	0.98	0.99	0.96	1.00	0.98	1.00	0.97
ADD2	0.99	0.99	0.99	0.99	1.00	0.98	1.00	0.95	1.00	0.99	1.00	0.99
ADD3	0.99	0.99	0.99	1.00	1.00	0.97	1.00	0.93	1.00	0.99	1.00	0.99
ADD4	0.99	0.99	0.99	0.99	1.00	0.97	1.00	0.93	1.00	0.98	1.00	0.99

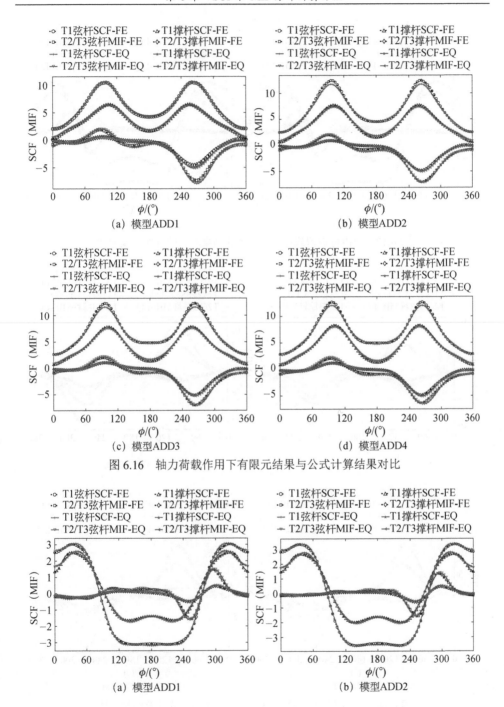

图 6.16 轴力荷载作用下有限元结果与公式计算结果对比

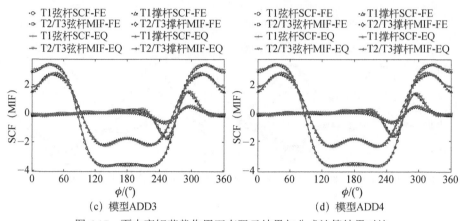

图 6.17　面内弯矩荷载作用下有限元结果与公式计算结果对比

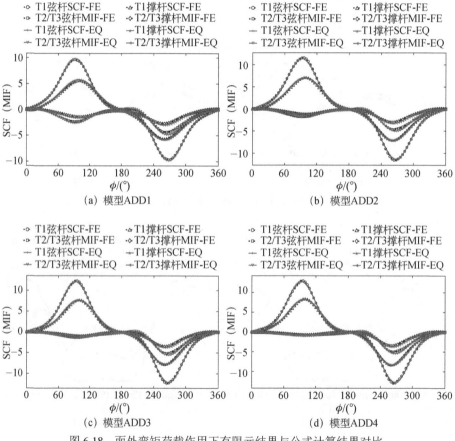

图 6.18　面外弯矩荷载作用下有限元结果与公式计算结果对比

第 7 章　基于人工神经网络的计算方法

由第 6 章中对各基本荷载作用下 SCF 和 MIF 分布公式的拟合优度分析可以发现，在某些工况下分布公式预测值的残差较大，为了减小残差进一步提高预测精度，本章采用人工神经网络方法预测 SCF 和 MIF 分布。

7.1　人工神经网络方法

神经网络是一种模拟人脑的网络，以期能够实现类人工智能的机器学习技术。它是目前最为火热的研究方向——深度学习的基础。人脑中的神经网络是一个非常复杂的组织。成人的大脑中估计有 1000 亿个神经元。神经网络方法源于生物学家对人脑神经元工作原理的研究，其后，随着心理学家、数学家和计算科学家的加入和拓展，神经网络逐渐从一种生物学概念演变为一种以矩阵计算为基础的数学方法，目前已被各行业内的研究者应用于各自领域，所以现今提到神经网络时，大多是指这种数学方法，为了区别于原来的生物学概念，亦以人工神经网络特指该数学方法。神经网络的分类如图 7.1 所示。

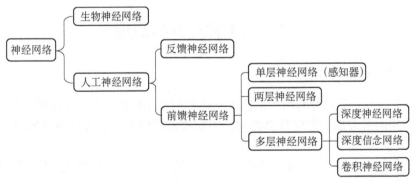

图 7.1　神经网络分类

神经网络的基础是神经元，神经元模型是一个包含输入、输出与计算功能的模型。输入可以类比为生物神经元的树突，输出可以类比为生物神经元的轴突，计算则可以类比为细胞核。神经元可以看成一个计算与存储单元：计算是指神经元对输入进行计算的功能，存储是指神经元暂存的计算结果，并传递到下一层。神经元模型的使用可以理解为：有一个数据，称为样本；样本有四个属性，其中三个属性已知，一个属性未知；神经元通过三个已知属性预测未知属性。神经元模型建立了神经网络大厦的地基，但神经元模型中权重的值都是预先设置的，因此不能学习。1949 年，心理学家 Hebb 提出了 Hebb 学习率，认为人脑神经细胞的突触（也就是连接）上的强度是可以变化的。因此，计算科学家开始考虑用调整权值的方法使机器学习，这为后面的学习算法奠定了基础。

1958 年，计算科学家 Rosenblatt 提出了由两层神经元组成的神经网络，并取名为感知器。感知器是首个可以学习的人工神经网络。在神经元组成网络以后，描述网络中的某个神经元时，更多地用"单元"来指代。同时由于神经网络的表现形式是一个有向图，有时也会用"节点"来表达同样的意思。在感知器中有两层，分别是输入层和输出层。输入层中的"输入单元"只负责传输数据，不做计算。输出层中的"输出单元"则需要对前面一层的输入进行计算。需要计算的层称为计算层，拥有一个计算层的网络称为单层神经网络，依此类推，拥有两个计算层的网络称为两层神经网络。与神经元模型不同，感知器中的权值是通过训练得到的。因此，感知器类似一个逻辑回归模型，可以做线性分类等任务。

在应用人工神经网络进行机器学习时，首先需要准备训练数据，训练神经网络的本质是使得损失函数值最小的数学优化问题；然后需要准备测试数据，使得神经网络的预测值在测试集上的误差尽可能小。提升模型在测试集上预测效果的过程称为泛化，优化和泛化是机器学习的两大核心问题，即机器学习不仅要求神经网络在训练集上求得一个较小的误差，在测试集上的表现也同样重要，因为模型最终需要预测训练数据集之外的场景。

7.2　人工神经网络原理

1. 数学计算原理

图 7.2 为一个典型的两层前馈人工神经网络结构图。本节以此图为例，简述人工神经网络方法的数学计算原理，单层神经网络和多层神经网络原理与此相同。

纵向而言，神经网络最重要的三个元素为节点、权重和激活函数，图 7.2 中的圆圈即为节点，每一个节点代表一个输入、中间或输出的数据；每一条箭头线代表一次计算，箭头线上的数值代表从上一节点加总至下一节点的权重；每一条箭头线计算时采用的函数称为激活函数。

横向而言，每个神经网络都有一个输入层、一个输出层和若干隐含层，具有一个隐含层的神经网络，称为两层神经网络，因为该网络中有两层箭头线（两层计算）；输入层为已知变量，输出层为待求变量，隐含层则为中间变量；通常而言，输入层和输出层都只有一层，且节点数确定，而隐含层的层数和每层的节点数是决定一个神经网络结构的关键。

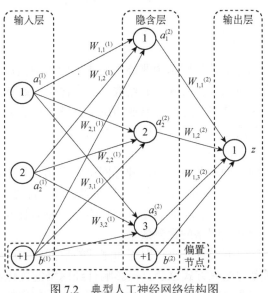

图 7.2　典型人工神经网络结构图

需要说明的是，神经网络还默认存在一种节点，即偏置节点，它在本质上是一个仅具有存储功能的节点，且存储值恒为 1。在神经网络的每个层次中，除了输出层，其他层次都会含有这样一个偏置节点，类似线性回归模型中的常数项。

图 7.2 中，$a_i^{(1)}$ 为已知变量，i 代表输入层节点号，取值为 1、2；$a_j^{(2)}$ 为中间变量，j 代表隐含层节点号，取值为 1、2、3；$W_{j,i}^{(1)}$ 为第一层计算权重值；$b^{(1)}$ 为输入层偏置节点，值为 1。g_1 代表第一层计算使用的激活函数，由输入层计算隐含层数值的公式如下：

$$\begin{cases} a_1^{(2)} = g_1\left(a_1^{(1)} \times W_{1,1}^{(1)} + a_2^{(1)} \times W_{1,2}^{(1)} + b^{(1)}\right) \\ a_2^{(2)} = g_1\left(a_1^{(1)} \times W_{2,1}^{(1)} + a_2^{(1)} \times W_{2,2}^{(1)} + b^{(1)}\right) \\ a_3^{(2)} = g_1\left(a_1^{(1)} \times W_{3,1}^{(1)} + a_2^{(1)} \times W_{3,2}^{(1)} + b^{(1)}\right) \end{cases} \tag{7.1}$$

由隐含层计算输出层数值的公式如下：

$$z = g_2\left(a_1^{(2)} \times W_{1,1}^{(2)} + a_2^{(2)} \times W_{1,2}^{(2)} + a_3^{(2)} \times W_{1,3}^{(2)} + b^{(2)}\right) \tag{7.2}$$

式中，z 为待求变量；$W_{1,j}^{(2)}$ 为第二层计算权重值；$b^{(2)}$ 为隐含层偏置节点，值为 1；g_2 代表第二层计算使用的激活函数。

将式（7.1）和式（7.2）写成矩阵形式为

$$\begin{cases} a^{(2)} = g\left(W^{(1)} \times a^{(1)} + b^{(1)}\right) \\ z = g\left(W^{(2)} \times a^{(2)} + b^{(2)}\right) \end{cases} \tag{7.3}$$

2. 预测能力影响因素

通常而言，影响一个神经网络预测能力的主要因素包括以下几方面：

（1）网络结构，即隐含层层数和节点数量。隐含层层数越多，函数模拟能力越强，但是不确定因素越多，过拟合出现的概率也越大；节点数量越多，对细节的考虑能力越强，但是计算量会大大增加。因此，隐含层层数和节点数量在满足表现能力的前提下不宜过多。

（2）激活函数的类型和参数。单层神经网络多采用符号函数 sgn；两层神经网络多采用双层平滑函数 Sigmoid；对于多层神经网络（深度学习网络），最流行的非线性函数是 ReLU 函数。除了上述函数，还有多种函数可以选用，各函数的斜率、增速也会影响神经网络的预测效果。

（3）训练和测试数据设置。通常训练和测试的数据点数量越多，训练出的网络表现越好。数据点的选取方式也会直接影响神经网络的优化和泛化能力，较为理想的方案是训练和测试的数据点都从已知数据库中均匀取样。

（4）计算软件。用于训练神经网络的商业软件有很多，也可根据式（7.1）～式（7.3）所示原理编程训练。本书介绍的商业软件 1stOpt[179]，可在训练神经网络时采用，该软件的神经网络工具箱具有诸多优点，不仅功能齐全，界面操作易于控制，而且可以同时训练多个文件，训练时还可切换文件以查看网格实时优化和泛化效果。

7.3　人工神经网络设计

关于人工神经网络设计，基本原则为：在设计一个神经网络时，输入层与输出层的节点数往往是固定的，中间层可以自由指定；神经网络结构图中的拓扑与箭头代表预测过程中数据的流向，与训练时的数据流有一定的区别；结构图中的关键不是圆圈（代表"神经元"），而是连接线（代表"神经元"之间的连接）。每个连接线对应一个不同的权重（其值称为权值），这是需要训练得到的。

在训练神经网络时，往往先根据经验确定初始层数和节点数，再经过多次试算，修改隐含层层数、隐含层节点数、激活函数形式与参数和迭代算法，根据网络的收敛速度、误差大小和稳定程度，最终确定一个最满意的网格结构。根据 7.2 节对神经网络预测能力影响因素的分析可知，本章的训练数据库和计算软件已确定，待确定的是神经网络的网格结构和计算参数。

1. 网格结构设计

本节需要确定六个自变量，即六个几何参数 θ、α、γ、β、τ 和 ϕ，确定了这六个几何参数后神经网络的输入层即可确定。输出层为某个节点在某一基本荷载作用下焊缝上某点的 SCF 或 MIF 值。调整输入层与输出层之间的隐含层数量和每个隐含层的节点数，设计出 11 个神经网络模型结构，分别采用相同的计算参数和试算数据开展训练，各神经网络模型的详细信息列于表 7.1 中。

表7.1　试算神经网络模型结构及计算效果

模型编号	隐含层数量	隐含层节点数	收敛情况	计算速度/h	可决系数 R^2
1		15	否	—	—
2	1 层	20	否	—	—
3		25	否	—	—
4		30	否	—	—
5		9	否	—	—
6	2 层	12	是	2.2	0.815
7		15	是	5.8	0.986
8		18	是	12.6	0.962
9		10	否	—	—
10	3 层	12	否	27.5	0.767
11		14	是	—	—

由表 7.1 可以看出，这 11 个模型可以分为三类：两层前馈神经网络、三层前馈神经网络和四层前馈神经网络。两层前馈神经网络仅含 1 个隐含层，试算的节点数从 15 增加至 30，结果仍然无法收敛，由此可知，仅有 1 个隐含层的神经网络模型无法预测 SCF 和 MIF 值。含有 3 个隐含层的四层前馈神经网络的主要问题在于收敛速度太慢，并且预测效果也不理想，增加隐含层节点数量可以提高预测精度，但是这样做会大大增加计算时长，因此不宜采用。

与两层前馈神经网络和四层前馈神经网络相比，含有 2 个隐含层的三层前馈神经网络不仅具有最好的预测效果，并且其计算时长也在可接受的范围内。调整三层前馈神经网络模型隐含层的节点数量，发现当隐含层节点数为 15 时，可决系数 R^2 值最接近 1，因此最终选择 7 号神经网络模型结构，该神经网络模型的结构如图 7.3 所示。

值得说明的是，由于各神经网络的输入变量相同，作者在对神经网络应用之初，亦尝试过训练一次性输出 12 个待求变量的神经网络，但是尝试过的数十种复杂网格结构，无一满足计算精度和收敛速度的要求。相反，当尝试一次输出一个待求变量时，仅需 2 层隐含层及 30 个隐含节点，即可快速得到非常优秀的预测结果；并且这一网格结构可同时适用于 12 个待求变量，这一特性为编程完成神经网络计算提供了极大的便利，其实用性远优于一次性输出 12 个待求变量的神经网络，因为一次性输出 12 个待求变量的神经网络的隐含层众多、节点数巨大，不仅计算速度慢，还会引入不必要的数值误差。

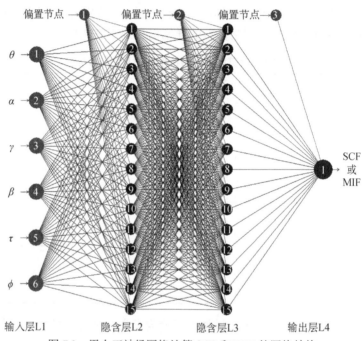

图 7.3　用人工神经网络计算 SCF 和 MIF 的网格结构

产生上述现象的原因在于神经网络方法的本质。一次性输出 12 个待求变量，简单网格结构不足以表达，因此必须增加隐含层数和节点数量。但是隐含层数的增加主要是提高神经网络对非线性特征的表达，节点数量的增多主要是提高神经网络对细节的刻画，存在的问题是同一个神经网络结构中各隐含层和各节点之间都是相互影响的，然而 12 个待求变量之间并无明显影响关系，因此用一个神经网络预测 12 个相互之间较为独立的变量很难取得理想效果。

2. 计算参数选择

图 7.3 仅确定了神经网络的结构，即仅可以确定节点数量和各节点之间是否有联系，完整的神经网络模型还需要确定各节点之间（图中每条线上）的权重值。为了得到预测效果最好的神经网络模型，采用商业软件 1stOpt[179]经过多次试算与调整，最终确定激活函数采用双曲正切函数，如式（7.4）所示，斜率为 1；迭代算法采用增量逆传播（incremental back propagation）算法，学习速率取 0.15，

动量系数取 0.80。

$$f(x) = \frac{e^x - e^{-x}}{e^x + e^{-x}} \tag{7.4}$$

3. SCF 和 MIF 神经网络

由确定的神经网络结构（图 7.3）和计算参数，针对三种基本荷载（轴力、面内弯矩和面外弯矩）作用下四个位置处（T1 平面弦杆、T1 平面撑杆、T2（T3）平面弦杆和 T2（T3）平面撑杆）的 SCF 或 MIF 分布值，分别开展训练，共建立 12 个神经网络模型，与式（6.4）～式（6.15）一一对应。这 12 个神经网络模型的结构、输入层数值和使用的激活函数都相同，只有权重值不同，各神经网络模型的权重值参见附录 D 中表 D.1～表 D.9。

由这 12 个神经网络模型计算 SCF 或 MIF 的过程如下。

（1）已知某节点的几何参数，即为输入层 L1 上 6 个节点的值 $a_i^{(1)}$。

（2）确定待求变量为该节点在某基本荷载作用下某位置处的 SCF 或 MIF，并由待求变量确定使用表 D.1～表 D.9 中的哪一列权重值。

（3）由输入层 L1 上各节点的值和表 D.1～表 D.9 中相应的权重值计算隐含层 L2 上各节点的值，公式如下：

$$a_j^{(2)} = f\left(b^{(1)} + \sum_{i=1}^{6} a_i^{(1)} \times W_{j,i}^{(1)} \right) \tag{7.5}$$

式中，$a_i^{(1)}$ 为输入层 L1 的 6 个自变量，$i=1$，2，$\cdots$，6，依次为 θ、α、γ、β、τ 和 ϕ；$a_j^{(2)}$ 为隐含层 L2 上 15 个节点值，$j=1$，2，$\cdots$，15；$W_{j,i}^{(1)}$ 为输入层 L1 的计算权重值；$b^{(1)}$ 为输入层 L1 的偏置节点，值为 1；f 为激活函数，如式（7.4）所示。

（4）由隐含层 L2 上各节点的值和表 D.1～表 D.9 中相应的权重值计算隐含层 L3 上各节点的值，公式如下：

$$a_k^{(3)} = f\left(b^{(2)} + \sum_{j=1}^{15} a_j^{(2)} \times W_{k,j}^{(2)} \right) \tag{7.6}$$

式中，$a_k^{(3)}$ 为隐含层 L3 上 15 个节点值，$k=1$，2，$\cdots$，15；$W_{k,j}^{(2)}$ 为隐含层 L2 的计算权重值；$b^{(2)}$ 为隐含层 L2 的偏置节点，值为 1。

（5）由隐含层 L3 上各节点的值和表 D.1～表 D.9 中相应的权重值计算输出层 L4 上各节点的值，公式如下：

$$z = f\left(b^{(3)} + \sum_{k=1}^{15} a_k^{(3)} \times W_{1,k}^{(3)} \right) \tag{7.7}$$

式中，$W_{1,k}^{(3)}$ 为隐含层 L3 的计算权重值；$b^{(3)}$ 为隐含层 L3 的偏置节点，值为 1；z 为待求 SCF 或 MIF。

7.4　人工神经网络计算效果评估

本节从拟合优度、平均残差比概率分布和新增模型预测效果三个方面，系统对比神经网络与公式法预测效果。

1. 拟合优度评估

定义神经网络与公式法优度指标差别的计算公式如下：

$$差别 = \frac{神经网络指标 - 公式法指标}{公式法指标} \times 100\% \quad (7.8)$$

表 7.2 对比了神经网络和公式法的各项拟合优度指标。由表可以看出，神经网络对总 R^2 值的提升效果不明显，因为公式法的总 R^2 值已经很高；从可决系数 R^2 值大于 0.9 的数量角度来看，神经网络的预测效果明显更好，除了面内弯矩荷载作用下的 MIF 分布，其他比例都在 99% 以上；神经网络的总残差平方和仅为公式法的 1%～2%，这充分说明神经网络预测结果的准确度优于公式法，加之 6.5 节对公式法准确性的证明，可以合理推知，神经网络的预测结果具有很好的准确性和可靠度。

表 7.2　神经网络与公式法拟合优度指标对比（基于 1152 个数值模型）

荷载	类型	位置	总 R^2 值			$R^2 > 0.9$ 的模型比例			SSE		
			公式法	ANN	差别/%	公式法/%	ANN/%	差别/%	公式法	ANN	差别/%
轴力	SCF	弦杆	0.99	0.99	0.0	97.3	100.0	2.8	1.79×10^6	9.09×10^3	−99.5
		撑杆	0.96	1.00	4.2	94.7	100.0	5.6	8.10×10^5	3.70×10^3	−100.0
	MIF	弦杆	1.00	0.99	−1	96.3	99.5	3.3	4.94×10^5	3.84×10^3	−99.9
		撑杆	0.96	0.99	3.1	93.7	99.9	6.6	2.16×10^5	1.44×10^3	−99.9
面内弯矩	SCF	弦杆	1.00	1.00	0.0	100.0	100.0	0.0	9.15×10^5	1.87×10^3	−100.0
		撑杆	0.94	1.00	6.4	100.0	100.0	0.0	3.70×10^5	1.44×10^3	−100.0
	MIF	弦杆	0.99	0.99	0.0	91.6	91.6	0.0	2.39×10^4	3.06×10^2	−98.9
		撑杆	0.92	0.98	6.5	89.8	90.1	0.3	3.37×10^3	6.61×10^1	−99.8
面外弯矩	SCF	弦杆	1.00	1.00	0.0	100.0	100.0	0.0	3.99×10^6	1.02×10^4	−100.0
		撑杆	0.95	1.00	5.3	100.0	100.0	0.0	1.61×10^6	2.89×10^3	−99.8
	MIF	弦杆	1.00	0.99	−1	97.3	99.9	2.7	2.30×10^5	1.76×10^3	−99.9
		撑杆	0.96	0.99	3.1	94.5	99.9	5.7	9.97×10^4	6.43×10^2	−99.9

2. 平均残差比概率分布

图 7.4～图 7.6 为用 12 个神经网络预测 1152 个三平面 Y 型管节点模型在三种基本荷载作用下四个位置处的 SCF 和 MIF 分布的平均残差比概率分布直方图。与图 6.13～图 6.15 呈现的式（6.4）～式（6.15）的平均残差比概率分布直方图对比可以看出，神经网络计算出的模型平均残差比的众位数更小、直方图形状更集中、最大值更小，这充分说明在现有的模型库提供的数据集上，神经网络算

法的预测误差小于公式法。

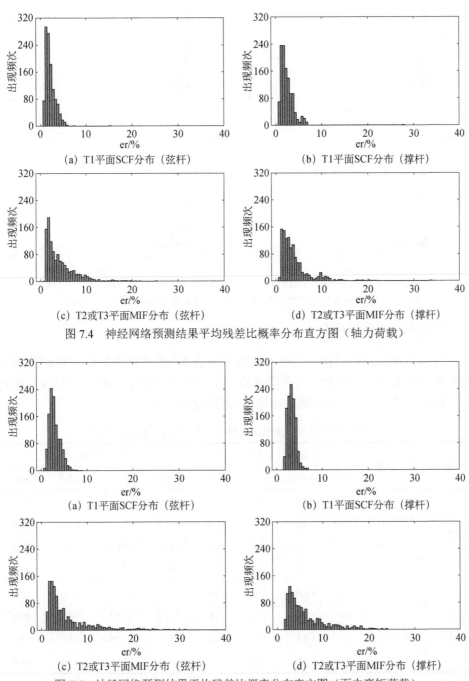

(a) T1平面SCF分布（弦杆）　　　　(b) T1平面SCF分布（撑杆）

(c) T2或T3平面MIF分布（弦杆）　　　(d) T2或T3平面MIF分布（撑杆）

图 7.4　神经网络预测结果平均残差比概率分布直方图（轴力荷载）

(a) T1平面SCF分布（弦杆）　　　　(b) T1平面SCF分布（撑杆）

(c) T2或T3平面MIF分布（弦杆）　　　(d) T2或T3平面MIF分布（撑杆）

图 7.5　神经网络预测结果平均残差比概率分布直方图（面内弯矩荷载）

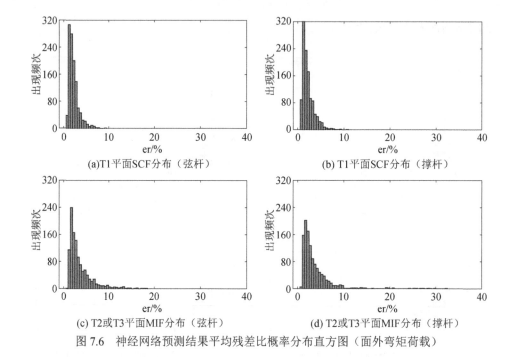

图 7.6　神经网络预测结果平均残差比概率分布直方图（面外弯矩荷载）

3. 新增模型预测效果

　　为与公式法进行对比，用神经网络预测表 6.5 提供的四组新增验证模型的 SCF 和 MIF 分布，沿焊缝一周每隔 4° 取一个数据点，即每个模型共取 90 个数据点，将神经网络与公式法的优度指标差别列于表 7.3 中。

表7.3　神经网络与公式法预测结果对比（基于4个新增验证模型）

荷载	类型	位置	可决系数 R^2 差别				残差平方和 SSE 差别			
			ADD1/%	ADD2/%	ADD3/%	ADD4/%	ADD1/%	ADD2/%	ADD3/%	ADD4/%
轴力	SCF	弦杆	−0.3	0.9	0.9	0.6	−89.0	−74.8	−76.1	−76.7
		撑杆	1.0	0.4	0.6	1.0	−57.9	−45.0	−62.2	−73.8
	MIF	弦杆	0.3	1.0	0.6	0.5	−51.4	−88.2	−78.0	−71.8
		撑杆	2.0	0.4	0.2	0.2	−95.5	−75.3	−48.0	−44.2
面内弯矩	SCF	弦杆	−0.1	0.0	0.0	0.0	−47.3	−54.7	−36.6	−26.0
		撑杆	1.0	1.6	2.4	2.8	−60.2	−92.2	−89.3	−89.4
	MIF	弦杆	0.3	0.1	0.1	0.0	−52.9	−35.5	−27.8	−13.8
		撑杆	2.5	4.0	5.8	6.1	−66.4	−85.8	−84.4	−85.6

续表

荷载	类型	位置	可决系数 R^2 差别				残差平方和 SSE 差别			
			ADD1/%	ADD2/%	ADD3/%	ADD4/%	ADD1/%	ADD2/%	ADD3/%	ADD4/%
面外弯矩	SCF	弦杆	0.0	−0.1	−0.1	−0.1	−99.0	−76.1	−85.4	−27.2
		撑杆	1.8	0.5	0.4	0.7	−73.4	−40.5	−31.2	−45.6
	MIF	弦杆	0.2	0.1	0.1	0.1	−74.3	−35.4	−34.2	−46.6
		撑杆	2.2	0.6	0.6	0.8	−78.1	−47.1	−50.1	−57.8

由表 7.3 可以看出,对于新增的四组模型,神经网络预测结果的可决系数 R^2 值略高于公式法,残差平方和 SSE 明显低于公式法,即神经网络预测效果更优。由此可以推知,神经网络在非训练数据集上的表现也很理想。

第8章 实际工程应用示例

8.1 引　言

本书通过试验和数值方法系统地介绍了三平面 Y 型管节点在多平面复杂荷载组合作用下的热点应力求解问题，并提供了三种实用求解方法。本章以某已建成海上风电场中的一个典型三平面 Y 型管节点为例，说明如何应用本书介绍的方法计算热点应力。三种方法的求解流程如图 8.1 所示。

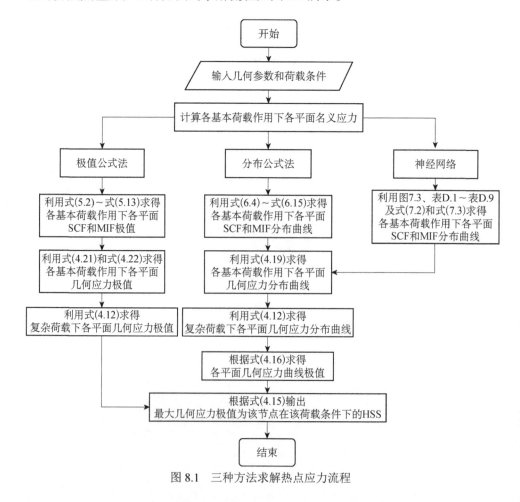

图 8.1　三种方法求解热点应力流程

8.2　工　程　概　况

　　某海上风电场位于某县东部外侧近海海域，离岸距离 48km，风电场区域水深 13～15m，规划海域面积 140km²，规划装机总量 300MW。依据地勘资料，该风电场部分机位地质条件较差，因此采用了水下三桩等多桩基础结构形式以提高地基承载力和基础结构稳定性。长期风浪联合作用下多平面焊接管节点应力集中已成为海上风机多桩基础结构设计的控制因素之一。三桩基础结构疲劳分析的关键管节点是三平面 Y 型管节点，而海上风电技术规范未明确给出该类管节点的 SCF 计算公式。

　　1. 三桩基础几何参数

　　三桩基础结构模型主要由塔筒、主筒体、上斜撑、下斜撑、桩及桩套管等组成，3 根桩呈正三角形均匀布设，桩间距为 23.4m，桩顶标高 −8.0m，桩底标高 −88.5m，基础法兰处标高 9.0m，塔筒顶部标高 87.8m。其天然泥面高程为 −15.0m，在计算时考虑 3.0m 的冲刷深度。钢管桩采用 Q345C 型钢材，导管架采用 Q345D 型钢材。三桩基础结构构件尺寸如表 8.1 所示，风机基础结构立面如图 8.2 所示，其中三平面 Y 型管节点（有限元分析中编号为 3000）的几何尺寸及参数如表 8.2 所示。图 8.3 为三桩基础结构有限元模型及节点编号。

表8.1　三桩基础结构构件尺寸

杆件	分段	直径/mm	厚度/mm
桩	—	2200	22～30
桩套管	—	2400	30
下斜撑	—	1200	25
上斜撑	第一段	2400	32
	第二段	2400～2800	32
	第三段	2800	48
主筒体	第一段	2250	40
	第二段	2250～4320	40
	第三段	4320	70
	第四段	4320～2250	40

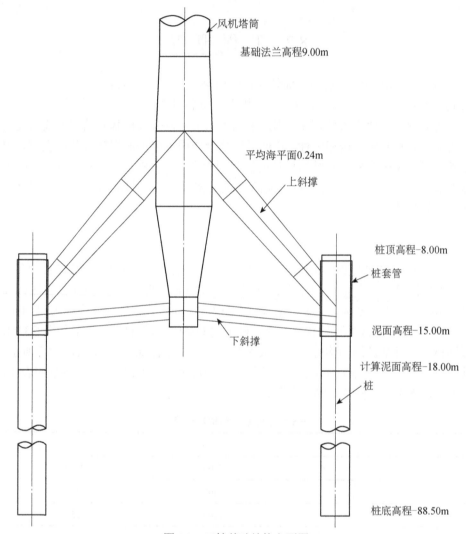

图 8.2　三桩基础结构立面图

表 8.2　编号 3000 节点几何尺寸及参数

参数	L/m	D/m	T/mm	d/m	t/mm	θ/(°)	α	γ	β	τ
数值	23.4	4.32	70	2.8	48	47	10.83	30.86	0.648	0.686

2. 环境条件与风机荷载

1）海况荷载

（1）设计水位。

该海上风机三桩基础结构的设计水位如表 8.3 所示。

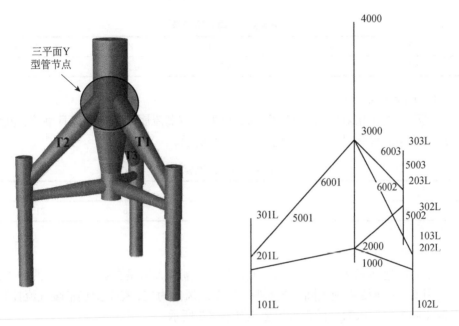

(a) 有限元局部模型　　　　　　　　　(b) 节点编号

图 8.3　三桩基础结构有限元模型及节点编号

表 8.3　设计水位

参数	极端高水位/m	设计高水位/m	设计低水位/m	极端低水位/m	平均海平面水位/m
数值	2.58	1.48	−1.40	−1.60	0.24

（2）设计波浪要素。

该海上风机三桩基础结构所处海上风电场的设计波浪参数如表 8.4 所示，平均波浪参数如表 8.5 所示。

表 8.4　设计波浪参数

水位	重现期/年	1%重现期浪高/m	周期/s	波长/m
极端高水位（2.58m）	50	7.72	8.40	98.84
	5	7.17	7.70	86.33
设计高水位（1.48m）	1	6.93	7.63	84.18
设计低水位（−1.40m）	1	4.86	5.61	45.80
极端低水位（−1.60m）	50	4.72	5.47	43.13
	5	4.38	5.01	37.67

表 8.5　平均波浪参数

参数	水位/m	相应水深/m	平均有效波高/m	平均周期/m
数值	0.24	18.24	0.58	4.0

（3）设计海流要素。

工程区处于相对较为开阔的海域，所处海域潮流属于不规则半日潮流，其设计海流流速沿水深呈非线性变化，如表 8.6 所示。

表 8.6　设计海流要素

层次	表层	0.6H 层	底层	垂向平均
流速/（m/s）	25.8	21.3	11.6	21.7

注：H 为水深。

（4）设计风要素。

该海区地处亚热带和温带的过渡地带，寒潮和大风是影响该海区的两个主要天气因素，冬季受极地大陆气候影响，以东北风向为主，夏季受热带暖气流控制，以偏北风为主。该海区的设计风要素如表 8.7 所示。

表 8.7　设计风要素

重现期	50 年一遇	5 年一遇	1 年一遇	多年平均
风速/（m/s）	29.0	24.4	21.6	3.3

注：风速为海平面 10m 处 10min 平均风速。

海上风速及其方向随空间和时间不断变化。对于较大的海洋结构，在 1h 持续时间量级上，风的统计性质（如风速的平均值和标准偏差）在水平方向上并不发生变化，但在高度方向上发生变化，即存在剖面系数。因此，只有限定风的高程和持续期间，风速值才有意义。通过 API 规范[35]对风速轮廓线和阵风的规定，求得设计风速下塔筒顶部海平面 90m 高程处对应的 10min 平均风速，如表 8.8 所示。

表 8.8　修正后的设计风要素

重现期	50 年一遇	5 年一遇	1 年一遇	多年平均
风速/（m/s）	35.9	29.9	26.2	3.7

注：风速为海平面 90m 处 10min 平均风速。

2）风机荷载

该工程采用的风机为华锐 SL3000 风力发电机组，对应 90m 高程处 10min 平均风速的额定风速为 11.5m/s，切入风速为 3.5m/s，切出风速为 30m/s。采用风机厂家提供的塔顶风机荷载，根据表 8.8 的设计风速选择相应的风机荷载，如表 8.9 所示。

表8.9　塔顶风机荷载

荷载情况	F_x/kN	F_y/kN	F_z/kN	M_x/(kN·m)	M_y/(kN·m)	M_z/(kN·m)
50 年重现期极端风况下风机荷载	293.44	−62.96	−1568.37	1372.55	−7919.63	1817.04
5 年重现期极端风况下风机荷载	212.37	−98.96	−1920.22	−1600.00	8562.96	−774.44
正常使用情况下风机荷载	452.7	−27.0	−1935.1	2808.32	2672.05	688.6

3）其他参数

（1）海生物。

平均海平面以下的构件考虑 10cm 厚的海生物附着。

（2）浪溅区。

浪溅区是平台在潮汐和波浪作用下干湿交替的区间。浪溅区的范围为自设计高潮位以上波高（为 50 年一遇的平均波高）的 2/3 至设计低潮位以下波高的 1/3。通过计算可知，该风机结构浪溅区的范围为−2.587～3.853m。

3. 典型疲劳设计工况

根据 DNV 规范[18]和 API 规范[35]，结合实际海洋水文数据，对应各工况的系数如表 8.10 所示。

表8.10　工况与荷载组合

工况类别	编号	风荷载重现期/年	波浪重现期/年	海流重现期/年	水位重现期/年
极端工况	ULS1	50	5	5	50（极端高水位）
	ULS2	50	5	5	50（极端低水位）
	ULS3	5	50	5	50（极端高水位）
	ULS4	5	50	5	50（极端低水位）
	ULS5	5	5	50	50（极端高水位）
	ULS6	5	5	50	50（极端低水位）
正常使用工况	SLS1	1	1	1	1（设计高水位）
	SLS2	1	1	1	1（设计低水位）

针对表 8.10 中的六组极端工况及两组正常使用工况进行风机基础结构静力计算。模型坐标系如图 8.4 所示，荷载方向用 ψ 表示，考虑到该海上三桩基础结构关于 120°中心对称，相应地响应也存在周期性，因此只需要考虑 120°范围内的荷载方向情况。在−90°～30°荷载方向范围，采用每 5°一级的原则，针对所有极端工况和正常使用工况，分别从 25 个方向施加至风机结构上进行静力分析，得到各工况下各杆件和节点的轴向应力、弯曲应力、剪切应力以及桩基承载力。

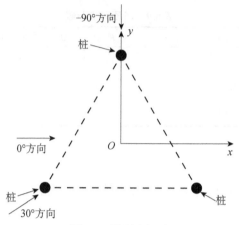

图 8.4　模型坐标系

4. 各工况下三平面 Y 型管节点荷载

疲劳分析一般仅考虑正常使用工况，因此在表 8.10 所示的两组正常使用工况中，各选取 3 个荷载方向，一共 6 组热点应力计算工况。各工况下各撑杆受多种基本荷载同时作用，其加载模式如图 8.5 所示，撑杆端部荷载数值如表 8.11 所示。

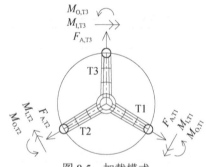

图 8.5　加载模式

表8.11　各工况下编号 3000 节点各撑杆端部荷载

工况编号	T1 撑杆			T2 撑杆			T3 撑杆		
	$F_{A,T1}/$ kN	$M_{I,T1}/$ (kN·m)	$M_{O,T1}/$ (kN·m)	$F_{A,T2}/$ kN	$M_{I,T2}/$ (kN·m)	$M_{O,T2}/$ (kN·m)	$F_{A,T3}/$ kN	$M_{I,T3}/$ (kN·m)	$M_{O,T3}/$ (kN·m)
SLS1000	143	−3418	2245	7451	14462	405	−509	−4764	−1960
SLS1020	−1363	−6679	1852	7246	14048	849	1109	−828	−2063
SLS1040	−2450	−8764	1194	6429	12257	1116	2826	3572	−1670
SLS1060	−2931	−9633	91	5144	9171	1534	4491	7807	−931
SLS1080	−2711	−9284	−1019	3564	5123	2149	5941	11254	−383

续表

工况编号	T1 撑杆			T2 撑杆			T3 撑杆		
	$F_{A,T1}$ / kN	$M_{I,T1}$ / (kN·m)	$M_{O,T1}$ / (kN·m)	$F_{A,T2}$ / kN	$M_{I,T2}$ / (kN·m)	$M_{O,T2}$ / (kN·m)	$F_{A,T3}$ / kN	$M_{I,T3}$ / (kN·m)	$M_{O,T3}$ / (kN·m)
SLS1100	−1851	−7665	−1657	1846	715	2447	6985	13521	−46
SLS2000	434	−2808	1496	7126	13549	405	−216	−4143	−1213
SLS2020	−968	−5666	1592	6945	13197	383	1286	−631	−1417
SLS2040	−2019	−7603	1011	6228	11619	454	2870	3418	−896
SLS2060	−2491	−8445	83	5063	8764	799	4411	7403	−189
SLS2080	−2280	−8124	−849	3608	4965	1382	5741	10619	280
SLS2100	−1455	−6653	−1401	2023	907	1803	6685	12671	417

8.3 热点应力计算

1. 计算名义应力

将表 8.2 提供的几何参数和表 8.11 所列的荷载代入式（1.5）～式（1.7），可计算得到编号 3000 节点各平面对应各荷载分量的名义应力分量，计算结果如表 8.12 所示。

表 8.12 各工况下编号 3000 节点各平面名义应力分量

工况编号	T1 平面			T2 平面			T3 平面		
	$\sigma_{n,A}^{T1}$ / MPa	$\sigma_{n,I}^{T1}$ / MPa	$\sigma_{n,O}^{T1}$ / MPa	$\sigma_{n,A}^{T2}$ / MPa	$\sigma_{n,I}^{T2}$ / MPa	$\sigma_{n,O}^{T2}$ / MPa	$\sigma_{n,A}^{T3}$ / MPa	$\sigma_{n,I}^{T3}$ / MPa	$\sigma_{n,O}^{T3}$ / MPa
SLS1000	0.43	−15.60	10.25	22.29	66.02	1.85	−1.52	−21.75	−8.95
SLS1020	−4.08	−30.49	8.45	21.68	64.13	3.88	3.32	−3.78	−9.42
SLS1040	−7.33	−40.01	5.45	19.23	55.96	5.09	8.45	16.31	−7.63
SLS1060	−8.77	−43.98	0.42	15.39	41.87	7.00	13.44	35.64	−4.25
SLS1080	−8.11	−42.38	−4.65	10.66	23.39	9.81	17.77	51.38	−1.75
SLS1100	−5.54	−35.00	−7.56	5.52	3.27	11.17	20.90	61.73	−0.21
SLS2000	1.30	−12.82	6.83	21.32	61.85	1.85	−0.65	−18.92	−5.54
SLS2020	−2.90	−25.87	7.27	20.78	60.25	1.75	3.85	−2.88	−6.47
SLS2040	−6.04	−34.71	4.62	18.63	53.05	2.07	8.59	15.60	−4.09
SLS2060	−7.45	−38.55	0.38	15.15	40.01	3.65	13.20	33.80	−0.86
SLS2080	−6.82	−37.09	−3.87	10.79	22.67	6.31	17.17	48.48	1.28
SLS2100	−4.35	−30.37	−6.40	6.05	4.14	8.23	20.00	57.85	1.90

2. 有限元结果

用第 3 章介绍的数值仿真方法建立编号 3000 节点的有限元模型，如图 8.6 （a）所示。对数值模型施加表 8.11 所示荷载，取其中一个典型计算结果云图示于图 8.6（b）中。

（a）有限元模型　　　　　　（b）SLS1000工况von Mises应力云图

图 8.6　有限元模型及计算结果

3. 极值公式法

应用极值公式法计算热点应力的求解步骤如下。

（1）根据式（5.2）～式（5.13）和式（4.7），求得各基本荷载作用下编号 3000 节点的各平面 SCF 和 MIF 极值，所用的公式列于表 8.13 中。在各平面弦杆和撑杆的 SCF（MIF）极值中取绝对值的最大值作为该平面的 SCF（MIF）极值。

表 8.13　求解 SCF 和 MIF 极值所用公式

荷载	T1 平面 SCF		T2 平面 MIF1		T3 平面 MIF2	
	弦杆	撑杆	弦杆	撑杆	弦杆	撑杆
轴力	式（5.2）	式（5.3）	式（5.4）	式（5.5）	式（5.4）	式（5.5）
面内弯矩	式（5.6）	式（5.7）	式（5.8）	式（5.9）	式（5.8）	式（5.9）
面外弯矩	式（5.10）	式（5.11）	式（5.12）	式（5.13）	−式（5.12）	−式（5.13）

注：公式前的负号"−"表示应用该公式求解之后，对结果取负。

（2）将求得的 SCF 和 MIF 极值和表 8.12 中各荷载作用下名义应力分量代入式（4.21）和式（4.22），计算各基本荷载作用下各平面结构应力极值。

（3）将各基本荷载作用下各平面结构应力极值代入式（4.12），应用叠加方法计算各平面结构应力极值。

（4）将各平面结构应力极值代入式（4.15），求得各工况下编号 3000 节点的热点应力。

4. 分布公式法

应用分布公式法计算热点应力的求解过程如下。

（1）根据式（6.4）～式（6.15）和式（4.7），求得编号 3000 节点在各基本荷载作用下各平面沿焊缝一周 SCF 和 MIF 曲线表达式，求解时所用的公式列于表 8.14 中。

表 8.14　求解沿焊缝一周 SCF 和 MIF 所用公式

荷载	T1 平面 SCF		T2 平面 MIF1		T3 平面 MIF2	
	弦杆	撑杆	弦杆	撑杆	弦杆	撑杆
轴力	式（6.4）	式（6.5）	式（6.6）	式（6.7）	式（6.6）	式（6.7）
面内弯矩	式（6.8）	式（6.9）	式（6.10）	式（6.11）	式（6.10）	式（6.11）
面外弯矩	式（6.12）	式（6.13）	式（6.14）	式（6.15）	-式（6.14）	-式（6.15）

注：公式前的负号"-"表示应用该公式求解之后，对结果取负。

（2）将求得的各曲线表达式和表 8.12 中各荷载作用下名义应力分量代入式（4.19）计算各基本荷载作用下各平面结构应力沿焊缝一周的值。

（3）将各基本荷载作用下各平面结构应力沿焊缝一周的值代入式（4.12），得到各平面结构应力沿焊缝分布曲线。

（4）根据式（4.16），由代数求导法求得各曲线峰值，进而得到各平面热点应力。

（5）将各平面热点应力代入式（4.15），求得各工况下的热点应力。

5. 神经网络

神经网络与分布公式法唯一的区别为求得 SCF 和 MIF 沿焊缝一周分布值不同，分布公式法可以给出分布曲线公式 SCF(ϕ) 和 MIF(ϕ)，而神经网络直接给出 SCF 和 MIF 沿焊缝一周若干点的数值，点的密度可以自定义。因此，应用神经网络计算热点应力的思路是：首先确定沿焊缝一周采样点个数，计算出各基本荷载作用下编号 3000 节点各平面在各采样点处的 SCF 和 MIF；然后将 SCF 和 MIF 与名义应力相乘，得到各平面在各基本荷载作用下沿焊缝一周的几何应力，叠加各基本荷载作用下的几何应力，得到各平面的几何应力分布值；最后取各平面几何应力绝对值的最大值作为编号 3000 节点在该工况下的热点应力。根据上述思路，利用神经网络求解热点应力的过程如下。

（1）沿焊缝一周取 90 个数据点，每隔 4°取一点，根据图 7.3、式（7.2）、式（7.3）和附录 D 的表 D.1～表 D.9，求得各基本荷载作用下各平面沿焊缝一周 SCF 和 MIF，求解时所用的权重值列于表 8.15 中。

表8.15　用神经网络求解SCF和MIF时所用表D.1～表D.9中的数据

荷载	T1 平面 SCF		T2 平面 MIF1		T3 平面 MIF1	
	弦杆	撑杆	弦杆	撑杆	弦杆	撑杆
轴力	第1列	第2列	第3列	第4列	第3列	第4列
面内弯矩	第5列	第6列	第7列	第8列	第7列	第8列
面外弯矩	第9列	第10列	第11列	第12列	-第11列	-第12列

注：负号"-"表示应用该数据求解之后，对结果取负。

（2）将求得的各采样点值和表8.12中各荷载作用下名义应力分量代入式（4.19），计算各基本荷载作用下各平面几何应力沿焊缝一周采样点的值。

（3）将各基本荷载作用下各平面几何应力沿焊缝一周采样点的值代入式（4.12），应用叠加方法计算各平面几何应力极值。

（4）根据式（4.16），得到各平面热点应力。

（5）将各平面热点应力代入式（4.15），求得各工况下热点应力。

8.4　计算方法评价

表8.16列出了四种方法的热点应力计算结果，并以有限元法的结果为基准，计算了极值公式法、分布公式法和神经网络法结果与有限元法结果的误差。

表8.16　三种方法计算的热点应力与有限元结果对比

工况编号	有限元法/MPa	极值公式法		分布公式法		神经网络法	
		结果/MPa	误差 e_1/%	结果/MPa	误差 e_2/%	结果/MPa	误差 e_3/%
SLS1000	989.5	1217.1	23	1019.2	3	1009.3	2
SLS1020	899.3	1205.0	34	908.3	1	890.3	-1
SLS1040	-855.7	-1044.0	22	-898.5	5	-838.6	-2
SLS1060	-1321.4	-1228.9	-7	-1413.9	7	-1361.0	3
SLS1080	-1069.8	-1273.1	19	-1080.5	1	-1091.2	2
SLS1100	-1343.7	-1142.1	-15	-1464.6	9	-1397.4	4
SLS2000	858.9	1116.5	30	884.6	3	850.3	-1
SLS2020	839.9	1075.0	28	907.0	8	881.9	5
SLS2040	-1141.9	-959.2	-16	-1267.5	11	-1107.6	-3
SLS2060	-1527.3	-1130.2	-26	-1588.4	4	-1512.0	-1
SLS2080	-962.4	-1164.5	21	-1020.2	6	-981.6	2
SLS2100	-794.0	-1040.1	31	-825.7	4	-817.8	3

注：e_1=（极值公式法结果−有限元法结果）/有限元法结果×100%；
　　e_2=（分布公式法结果−有限元法结果）/有限元法结果×100%；
　　e_3=（神经网络法结果−有限元法结果）/有限元法结果×100%。

通过对比表 8.16 中的数据可以发现：

（1）极值公式法的误差较大，且误差分布不稳定，有正有负。这再一次验证了前文中的论述和推断，即计算空间管节点受多平面复杂荷载同时作用时，即使单一荷载作用下的 SCF 计算准确，叠加后得到的热点应力也仍然存在较大误差，这也说明了目前流行的计算方法中存在不足（规范中给的大多是管节点 SCF 极值公式）。

（2）分布公式法和神经网络都可求出沿焊缝一周的 SCF 和 MIF，因此不仅 SCF 和 MIF 的准确度高，应用叠加方法求得的多平面受复杂荷载作用时的热点应力也与有限元结果吻合得很好，并且预测总是保守的。与分布公式法相比，神经网络计算结果误差更小，且分布更为稳定。

综合上述对比与分析，可以得出下述结论：

（1）极值公式法计算过程简单，在管节点受单一基本荷载作用时的预测效果较好；但是当空间管节点受复杂荷载组合作用时，其误差有可能较大，需要工程师判断使用，或者仅将极值公式法结果作为设计参考。

（2）分布公式法的计算过程较极值公式法复杂得多，但是在计算复杂荷载组合作用下的空间管节点热点应力时，其准确度较好，误差往往能控制在 10% 以内。由于计算过程复杂，为避免出错，建议按照本书提供的公式和系数编程计算。

（3）从效果角度来看，神经网络的计算结果最优，即使预测结果偏于不保守，其误差也多在 5% 以内。从计算过程来看，神经网络法最复杂，对数学和编程能力有所要求，建议根据本书介绍的网络结构和权重值表格，选择合适的商业软件开展计算。

参 考 文 献

[1] Smil V. Energy in World History[M]. Boulder：Westview Press，1994.

[2] 黄晓勇. 世界能源发展报告（2019）[M]. 北京：社会科学文献出版社，2019.

[3] 孙芊，吉祥鑫，王忠强，等. 新一轮能源革命下智慧电网发展理论及关键技术体系研究
[J]. 工业控制计算机，2019，32（12）：91-92.

[4] Spencer D. BP statistical review of world energy statistical review of world[J]. BP Statistical
Review of World Energy，2019，68：1-69.

[5] 穆荣平. 新技术革命正重构全球竞争发展格局[N]. 经济参考报，2019-07-02（1）.

[6] Stehly T J，Beiter P C. 2018 cost of wind energy review[R]. Golden：National Renewable
Energy Laboratory，2020.

[7] Shoaib M，Siddiqui I，Rehman S，et al. Assessment of wind energy potential using wind energy
conversion system[J]. Journal of Cleaner Production，2019，216：346-360.

[8] 缪庆庆，周建全，周翔宇，等. 利用储热装置实现可再生风光能源消纳与建筑能源消耗的
优化组合[J]. 墙材革新与建筑节能，2019，（5）：52-55.

[9] Burton T，Jenkins N，Sharpe D，et al. Wind Energy Handbook[M]. Hoboken：John Wiley
& Sons，2011.

[10] Mahmood S，Dalsgaard S J. Maintenance optimization and inspection planning of wind energy
assets：Models，methods and strategies[J]. Reliability Engineering & System Safety，2019，
192：105993.

[11] 陈法波. 海上风机结构动力反应分析[D]. 大连：大连理工大学，2010.

[12] 王文华. 地震作用下固定式海上风机耦合反应分析及振动控制研究[D]. 大连：大连理
工大学，2018.

[13] Manwell J F，McGowan J G，Rogers A L. Wind Energy Explained：Theory，Design and
Application[M]. Hoboken：John Wiley & Sons，2010.

[14] 黄维平，李兵兵. 海上风电场基础结构设计综述[J]. 海洋工程，2012，30（2）：150-156.

[15] 周绪红，王宇航，邓然. 海上风电机组浮式基础结构综述[J]. 中国电力，2020，（7）：
100-105，112.

[16] DNV. Support structures for wind turbines[S]. Oslo：Det Norske Veritas，2016.

[17] 刘永健，姜磊，王康宁. 焊接管节点疲劳研究综述[J]. 建筑科学与工程学报，2017，34
（5）：1-20.

[18] DNV. Fatigue design of offshore steel structures[S]. Oslo: Det Norske Veritas, 2016.

[19] Zhang J, Jiang J, Shen W, et al. A novel framework for deriving the unified SCF in multi-planar overlapped tubular joints[J]. Marine Structures, 2018, 60: 72-86.

[20] Zhao X L, Herion S, Packer J A, et al. Design Guide for Circular and Rectangular Hollow Section Welded Joints Under Fatigue Loading[M]. Berlin: CIDECT, 2001.

[21] 付艳霞. KK 型管节点应力集中系数研究[D]. 天津: 天津大学, 2007.

[22] Chiew S, Soh C, Wu N. Experimental and numerical SCF studies of multiplanar tubular XX-joint[J]. Journal of Structural Engineering, 2000, 126 (11): 1331.

[23] Ahmadi H, Lotfollahi-Yaghin M A. A probability distribution model for stress concentration factors in multi-planar tubular DKT-joints of steel offshore structures[J]. Applied Ocean Research, 2012, 34: 21-32.

[24] Ahmadi H, Lotfollahi-Yaghin M A, Aminfar M H. The development of fatigue design formulas for the outer brace SCFs in offshore three-planar tubular KT-joints[J]. Thin-Walled Structures, 2012, 58: 67-78.

[25] DoE. Investigation into the differences between the measured hot-spot stress when derived by either linear or non-linear extrapolation techniques[S]. Prepared by Lloyd's Register for the Den ed. Doe, 1988.

[26] Chian C Y, Zhao Y Q, Lin T Y, et al. Comparative study of time-domain fatigue assessments for an offshore wind turbine jacket substructure by using conventional grid-based and Monte Carlo sampling methods[J]. Energies, 2018, 11: 1-17.

[27] Maheswaran J. Fatigue life estimation of tubular joints in offshore jacket according to the SCFs in DNV-RP-C203 with comparison of the SCFs in ABAQUS/CAE[D]. Stavanger: University of Stavanger, 2014.

[28] 李娜. 海上风机基础结构管节点应力集中系数研究[D]. 大连: 大连理工大学, 2014.

[29] 朱笑然. 海上风机基础结构五平面 Y 型管节点应力集中因子研究[D]. 大连: 大连理工大学, 2018.

[30] Gurney J. Fatigue of Welded Structures[M]. Cambridge: Cambridge University Press, 1979.

[31] Wardenier J. Hollow Section Joints[M]. Delft: Delft University Press, 1982.

[32] Hobbacher A F. Recommendations for Fatigue Design of Welded Joints and Components[M]. Heidelberg: Springer International Publishing, 2016.

[33] Ahmadi H, Lotfollahi-Yaghin M A, Shao Y B, et al. Parametric study and formulation of outer-brace geometric stress concentration factors in internally ring-stiffened tubular KT-joints of offshore structures[J]. Applied Ocean Research, 2012, 38: 74-91.

[34] 邵永波, Tjhen L S. K 节点应力集中系数的试验和数值研究方法[J]. 工程力学, 2006, (S1): 79-85.

[35]　API. Planning, designing, and constructing fixed offshore platforms-working stress design[S]. Washington D C: American Petroleum Institute, 2014.

[36]　AWS. Structural welding code-steel[S]. Miami: American Welding Society, 2010.

[37]　Radaj D. Review of fatigue strength assessment of nonwelded and welded structures based on local parameters[J]. International Journal of Fatigue, 1996, 18（3）: 153-170.

[38]　Radaj D, Sonsino C M, Fricke W. Recent developments in local concepts of fatigue assessment of welded joints[J]. International Journal of Fatigue, 2009, 31（1）: 2-11.

[39]　Dong P. A structural stress definition and numerical implementation for fatigue analysis of welded joints[J]. International Journal of Fatigue, 2001, 23（10）: 865-876.

[40]　Fricke W. Fatigue analysis of welded joints: state of development[J]. Marine Structures, 2003, 16: 185-200.

[41]　Xiao Z G, Yamada K. A method of determining geometric stress for fatigue strength evaluation of steel welded joints[J]. International Journal of Fatigue, 2004, 26（12）: 1277-1293.

[42]　Kyuba H, Dong P S. Equilibrium-equivalent structural stress approach to fatigue analysis of a rectangular hollow section joint[J]. International Journal of Fatigue, 2005, 27（1）: 85-94.

[43]　Pilkey W D, Pilkey D F. Peterson's Stress Concentration Factors[M]. Hoboken: John Wiley & Sons, 2007.

[44]　Welding Institute, Gurney T R, Maddox S J. A Re-analysis of Fatigue Data for Welded Joints in Steel[M]. Sydney: Welding Institute, 1972.

[45]　ECCS. Eurocode 3: Design of steel structures. Fatigue[S]. EN. 1993-1-9: 2005. European Commission, 2005.

[46]　中华人民共和国交通运输部. 公路钢结构桥梁设计规范[S]. JTG: D64-2015. 北京: 人民交通出版社, 2015.

[47]　Shipping L R O. Stress concentration factors for tubular complex joints[R]. London: Health and Safety Executive, 1992.

[48]　Shipping L R O. Stress concentration factors for simple tubular joints[R]. London: Health and Safety Executive, 1997.

[49]　中国船级社. 海洋工程结构物疲劳强度评估技术指南[S]. 2022.

[50]　Dowling N E. Mechanical Behavior of Materials[M]. New York: Pearson Education International, 2007.

[51]　van Wingerde A M, Packer J A, Wardenier J. Criteria for the fatigue assessment of hollow structural section connections[J]. Journal of Constructional Steel Research, 1994, 35（1）: 71-115.

[52]　Gulati K C, Wang W J, Kan D K Y. An analytical study of stress concentration effects in

multibrace joints under combined loading[C]. Offshore Technology Conference，Houston，1982.

[53]　陈铁云. 离岸工程结构力学的若干问题[J]. 力学进展，1984，（1）：11-22.

[54]　陈铁云. 近海钻井平台管状接头应力分析的进展[J]. 力学进展，1985，（4）：425-433.

[55]　陈伯真. 我国海洋平台管节点应力分析的进展与评述[J]. 中国海洋平台，1989，（1）：37-40.

[56]　陈铁云. 管状接头应力分析在我国的进展[J]. 力学进展，1993，（2）：181-194.

[57]　Zhao X，Tong L. New development in steel tubular joints[J]. Advances in Structural Engineering，2011，14（4）：699-716.

[58]　Wei X，Wen Z，Xiao L，et al. Review of fatigue assessment approaches for tubular joints in CFST trusses[J]. International Journal of Fatigue，2018，113：43-53.

[59]　姜磊，刘永健，王康宁. 焊接管节点结构形式发展及疲劳性能对比[J]. 建筑结构学报，2019，40（3）：180-191.

[60]　Dehghani A，Aslani F. Fatigue performance and design of concrete-filled steel tubular joints：A critical review[J]. Journal of Constructional Steel Research，2019，162：1-17.

[61]　Tian Z，Liu Y，Jiang L，et al. A review on application of composite truss bridges composed of hollow structural section members[J]. Journal of Traffic and Transportation Engineering，2019，6（1）：94-108.

[62]　Cao J，Bell A J. Elastic analysis of a circular flange joint subjected to axial force[J]. International Journal of Pressure Vessels and Piping，1993，55（3）：435-449.

[63]　Beale L A，Toprac A A. Analysis of in-plane TY and K welded tubular connections[J]. Welding Research Council Bulletin，1967，（125）：1-7.

[64]　陈铁云，陈伯真，王友棋. 海洋工程结构中 T、Y、K 型管状接头的解析解法[J]. 海洋工程，1983，（1）：26-37.

[65]　陈铁云，吴水云，朱农时. 海洋钻井平台 T 型接头的应力分析[J]. 中国造船，1982，（4）：23-31.

[66]　陈铁云，顾宏鑫. 海洋钻井平台具有加强段的 T 型管状接头的应力分析[J]. 上海交通大学学报，1982，（2）：1-15.

[67]　陈铁云，王友棋. 近海平台管状接头的半解析变分解法[J]. 上海交通大学学报，1985，（5）：1-11.

[68]　陈铁云，陈巍旻. 近海平台 K 型搭接管状接头的应力分析与实验研究[J]. 上海交通大学学报，1987，（1）：1-11.

[69]　陈铁云，张惠元. 近海平台空间多支管接头的应力集中[J]. 上海交通大学学报，1994，（5）：1-8.

[70]　Chen T，Zhang H. Stress analysis of spatial frames with consideration of local flexibility of

multiplanar tubular joint[J]. Engineering Structures, 1996, 18（6）: 465-471.

[71]　陈铁云, 陈伯真, 王友棋. T 型管状接头的参数应力研究及可靠性分析[J]. 海洋工程, 1985,（2）: 1-15.

[72]　Chen T, Chen B, Wang Y. The parametrical stress analysis of tubular T joints[J]. Journal of Energy Resources Technology, 1985, 107（4）: 473-478.

[73]　Kuang J, Potvin A B, Leick R D. Stress concentration in tubular joints[J]. Society of Petroleum Engineers Journal, 1977, 17（4）: 287-299.

[74]　胡毓仁, 陈伯真. 海洋结构管节点疲劳失效的模糊定义及可靠性分析[J]. 上海交通大学学报, 1995,（2）: 20-25.

[75]　Fessler H, Little W J G. Elastic stresses due to axial loading of a two-brace tubular K joint with and without overlap[J]. Journal of Strain Analysis for Engineering Design, 1981, 16（1）: 67-77.

[76]　Shinners C D, Abel A. The fatigue behavior of large-scale as-welded and stress-relieved tubular T-joints[J]. Journal of Energy Resources Technology—Transactions of the American Society of Mechanical Engineers, 1983, 105（2）: 170-176.

[77]　Dutta D, Mang F. Fatigue tests and design of offshore tubular joints[J]. Journal of Energy Resources Technology—Transactions of the American Society of Mechanical Engineers, 1983, 105（2）: 189-194.

[78]　Fessler H, Edwards C D. Comparison of stress distributions in a simple cast tubular joint using 3-D finite element, photoelastic and strain-gauge techniques[J]. Journal of Energy Resources Technology—Transactions of the American Society of Mechanical Engineers, 1984, 106（4）: 480-488.

[79]　Mashiri F R, Zhao X, Grundy P. Stress concentration factors and fatigue failure of welded T-connections in circular hollow sections under in-plane bending[J]. International Journal of Structural Stability and Dynamics, 2004, 4（3）: 403-422.

[80]　Smedley P, Fisher P. Stress concentration factors for simple tubular joints[J]. Journal of Petroleum Technology, 1991, 4: 475-483.

[81]　吴清可. 海洋平台管节点试验综述[J]. 机械强度, 1983,（1）: 60-65.

[82]　郭琪. 铸钢节点环形对接焊缝的疲劳性能试验研究及数值分析[D]. 天津: 天津大学, 2016.

[83]　Kolios A, Wang L, Mehmanparast A, et al. Determination of stress concentration factors in offshore wind welded structures through a hybrid experimental and numerical approach[J]. Ocean Engineering, 2019, 178: 38-47.

[84]　Potvin A B, Kuang J G, Leick R D, et al. Stress concentration in tubular joints[J]. Society of Petroteum Engineers Journal, 1977, 17（4）: 287-299.

[85] Efthymiou M. Development of SCF formulae and generalized influence functions for use in fatigue analysis[C]. OTJ Conference, Surrey, 1988.

[86] van Wingerde A M. The fatigue behaviour of T-and X-joints made of square hollow sections[D]. Delft: Delft University of Technology, 1992.

[87] Karamanos S A, Romeijn A, Wardenier J. Stress concentrations in tubular gap K-joints: Mechanics and fatigue design[J]. Engineering Structures, 2000, 22（1）: 4-14.

[88] Wordsworth A C, Smedley G P. Stress concentrations at unstiffened tubular joints[J]. European Offshore Steels Research Seminar, 1980, 1X-31X.

[89] Shiyekar M R, Kalani M, Belkune R M. Stresses in stiffened tubular T-joint of an offshore structure[J]. Journal of Energy Resources Technology—Transactions of the American Society of Mechanical Engineers, 1983, 105（2）: 177-183.

[90] Hoon K H, Wong L K, Soh A K. Experimental investigation of a doubler-plate reinforced tubular T-joint subjected to combined loadings[J]. Journal of Constructional Steel Research, 2001, 57（9）: 1015-1039.

[91] Chen J, Chen J, Jin W. Experiment investigation of stress concentration factor of concrete-filled tubular T joints[J]. Journal of Constructional Steel Research, 2010, 66（12）: 1510-1515.

[92] Feng R, Young B. Behaviour of concrete-filled stainless steel tubular X-joints subjected to compression[J]. Thin-Walled Structures, 2009, 47（4）: 365-374.

[93] 徐菲. 薄壁圆钢管混凝土构件与节点力学性能研究[D]. 杭州: 浙江大学, 2016.

[94] Sakai Y, Hosaka T, Isoe A, et al. Experiments on concrete filled and reinforced tubular K-joints of truss girder[J]. Journal of Constructional Steel Research, 2004, 60（3-5）: 683-699.

[95] Lesani M, Bahaari M R, Shokrieh M M. Experimental investigation of FRP-strengthened tubular T-joints under axial compressive loads[J]. Construction and Building Materials, 2014, 53: 243-252.

[96] Karamanos S A, Romeijn A, Wardenier J. Stress concentrations in tubular DT-joints for fatigue design[J]. Journal of Structural Engineering, 2000, 126（11）: 1320-1330.

[97] Chiew S P, Soh C K. Strain concentrations at intersection regions of a multiplanar tubular DX-joint[J]. Journal of Constructional Steel Research, 2000, 53（2）: 225-244.

[98] Chiew S P, Soh C K, Wu N W. General SCF design equations for steel multiplanar tubular XX-joints[J]. International Journal of Fatigue, 2000, 22（4）: 283-293.

[99] Sundaravadivelu R, Nandakumar C G, Srivastava S K, et al. Experimental studies to determine strain concentration factors for space tubular joints[J]. Journal of Strain Analysis for Engineering Design, 1987, 22（4）: 237-245.

[100]　Ahmadi H，Lotfollahi-Yaghin M A. Geometrically parametric study of central brace SCFs in offshore three-planar tubular KT-joints[J]. Journal of Constructional Steel Research，2012，71：149-161.

[101]　Ahmadi H，Zavvar E. The effect of multi-planarity on the SCFs in offshore tubular KT-joints subjected to in-plane and out-of-plane bending loads[J]. Thin-Walled Structures，2016，106：148-165.

[102]　Pang N L，Zhao X L，Mashiri F R，et al. Full-size testing to determine stress concentration factors of dragline tubular joints[J]. Engineering Structures，2009，31（1）：43-56.

[103]　Chiew S，Zhang J，Shao Y，et al. Experimental and numerical analysis of complex welded tubular DKYY-joints[J]. Advances in Structural Engineering，2012，15（9）：1573-1582.

[104]　Shi B Q，Liang J，Xiao Z Z，et al. Deformation measurement method for spatial complex tubular joints based on photogrammetry[J]. Optical Engineering，2010，49（12）：1-13.

[105]　Deng H，Li F，Cai Q，et al. Experimental and numerical analysis on the slope change joint of a quartet-steel-tube-column transmission tower[J]. Thin-Walled Structures，2017，119：572-585.

[106]　丁玉坤，武振宇，张华山，等. K 型、KK 型搭接方管节点的试验研究[J]. 土木工程学报，2005，（4）：25-31.

[107]　程斌，钱沁. 方型鸟嘴式 T 形方管节点的应力集中特性研究[J]. 土木工程学报，2015，（5）：1-10.

[108]　Soh A K，Soh C K. Stress concentrations in DT/X square-to-square and square-to-round tubular joints[J]. Journal of Offshore Mechanics and Arctic Engineering，1994，116（2）：49-55.

[109]　詹洪勇. 不锈钢平面相贯混合管节点应力集中性能研究 [D]. 合肥：合肥工业大学，2017.

[110]　Soh A K，Soh C K. Stress concentrations of K tubular joints subjected to basic and combined loadings[J]. Proceedings of The Institution of Civil Engineers-Structures and Buildings，1996，116（1）：19-28.

[111]　Morgan M R，Lee M M K. Prediction of stress concentrations and degrees of bending in axially loaded tubular K-joints[J]. Journal of Constructional Steel Research，1998，45（1）：67-97.

[112]　Morgan M R，Lee M M K. Stress concentration factors in tubular K-joints under in-plane moment loading[J]. Journal of Structural Engineering，1998，124（4）：382-390.

[113]　Morgan M R，Lee M M K. Parametric equations for distributions of stress concentration factors in tubular K-joints under out-of-plane moment loading[J]. International Journal of Fatigue，1998，20（6）：449-461.

[114] Lee M M K. Estimation of stress concentrations in single-sided welds in offshore tubular joints[J]. International Journal of Fatigue, 1999, 21（9）: 895-908.

[115] Gho W M, Fung T C, Soh C K. Stress and strain concentration factors of completely overlapped tubular K（N）joints[J]. Journal of Structural Engineering, 2003.

[116] Gho W M, Gao F, Yang Y. Load combination effects on stress and strain concentration of completely overlapped tubular K（N）-joints[J]. Thin-Walled Structures, 2005, 43（8）: 1243-1263.

[117] Lotfollahi-Yaghin M A, Ahmadi H. Effect of geometrical parameters on SCF distribution along the weld toe of tubular KT-joints under balanced axial loads[J]. International Journal of Fatigue, 2010, 32（4）: 703-719.

[118] Murthy D, Rao A, Gandhi P, et al. Structural efficiency of internally ring-stiffened steel tubular joints[J]. Journal of Structural Engineering, 1992, 118（11）: 3016-3035.

[119] Ahmadi H, Lotfollahi-Yaghin M A, Shao Y B. Chord-side SCF distribution of central brace in internally ring-stiffened tubular KT-joints: A geometrically parametric study[J]. Thin-Walled Structures, 2013, 70: 93-105.

[120] Zheng J, Nakamura S, Ge Y J, et al. Formulation of stress concentration factors for concrete-filled steel tubular（CFST）T-joints under axial force in the brace[J]. Engineering Structures, 2018, 170: 103-117.

[121] Zheng J, Nakamura S, Ge Y J, et al. Extended formulation of stress concentration factors for CFST T-joints[J]. Journal of Bridge Engineering, 2020, 25（1）: 1-5.

[122] Karamanos S A, Romeijn A, Wardenier J. SCF equations in multi-planar welded tubular DT-joints including bending effects[J]. Marine Structures, 2002, 15（2）: 157-173.

[123] Jiang Y Y, Yuan K L, Cui H Y. Prediction of stress concentration factor distribution for multi-planar tubular DT-joints under axial loads[J]. Marine Structures, 2018, 61: 434-451.

[124] Ahmadi H, Lotfollahi-Yaghin M A, Aminfar M H. Distribution of weld toe stress concentration factors on the central brace in two-planar CHS DKT-connections of steel offshore structures[J]. Thin-Walled Structures, 2011, 49（10）: 1225-1236.

[125] Hellier A K, Connolly M P, Dover W D. Stress concentration factors for tubular Y- and T-joints[J]. International Journal of Fatigue, 1990, 12（1）: 13-23.

[126] 张国栋. 海洋平台 T 型管节点应力分布研究[D]. 烟台: 烟台大学, 2008.

[127] Morgan M R, Lee M M K. New parametric equations for stress concentration factors in tubular K-joints under balanced axial loading[J]. International Journal of Fatigue, 1997, 19（4）: 309-317.

[128] Shao Y. Proposed equations of stress concentration factor（SCF）for gap tubular K-joints subjected to bending load[J]. International Journal of Space Structures, 2004, 19（3）: 137-

147.

[129]　Chang E, Dover W D. Stress concentration factor parametric equations for tubular X and DT joints[J]. International Journal of Fatigue, 1996, 18（6）: 363-387.

[130]　张宝峰, 曲淑英, 邵永波, 等. 轴向载荷下 X 型管节点应力集中系数研究[J]. 工程力学, 2007, （7）: 161-166.

[131]　张秀峰. 几种简单管节点应力集中系数研究[D]. 天津: 天津大学, 2007.

[132]　Gho W M, Gao F. Parametric equations for stress concentration factors in completely overlapped tubular K（N）-joints[J]. Journal of Constructional Steel Research, 2004, 60（12）: 1761-1782.

[133]　Gao F. Stress and strain concentrations of completely overlapped tubular joints under lap brace OPB load[J]. Thin-Walled Structures, 2006, 44（8）: 861-871.

[134]　Gao F, Shao Y B, Gho W M. Stress and strain concentration factors of completely overlapped tubular joints under lap brace IPB load[J]. Journal of Constructional Steel Research, 2007, 63（3）: 305-316.

[135]　Gao F, Gho W M. Parametric equations to predict SCF of axially loaded completely overlapped tubular circular hollow section joints[J]. Journal of Structural Engineering, 2008, 134（3）: 412-420.

[136]　章小蓉. 完全叠接管节点应力集中因子的数值分析[D]. 武汉: 华中科技大学, 2008.

[137]　Yang J, Chen Y, Hu K. Stress concentration factors of negative large eccentricity tubular N-joints under axial compressive loading in vertical brace[J]. Thin-Walled Structures, 2015, 96: 359-371.

[138]　杨简. 垂直支管轴压的大偏心 N 型圆钢管节点应力集中系数研究[D]. 荆州: 长江大学, 2016.

[139]　Smedley S, Fischer P J. Stress concentration factors for ring-stiffened tubular joints[C]. First International Offshore and Polar Engineering Conference, Edinburgh, 1991: 11-16.

[140]　Ahmadi H, Lotfollahi-Yaghin M A. Stress concentration due to in-plane bending（IPB）loads in ring-stiffened tubular KT-joints of offshore structures: Parametric study and design formulation[J]. Applied Ocean Research, 2015, 51: 54-66.

[141]　Ahmadi H, Zavvar E. Stress concentration factors induced by out-of-plane bending loads in ring-stiffened tubular KT-joints of jacket structures[J]. Thin-Walled Structures, 2015, 91: 82-95.

[142]　Fung T C, Soh C K, Chan T K. Stress concentration factors of doubler plate reinforced tubular T joints[J]. Journal of Structural Engineering, 2002, 128（10/12）: 1399-1412.

[143]　Nazari A, Guan Z, Daniel W J T, et al. Parametric study of hot spot stresses around tubular joints with doubler plates[J]. Practice Periodical on Structural Design and Construction,

2007，12（1）：38-47.

[144] Nie F，Zhang Q，Qin X，et al. Stress concentration factors（SCFs）of bulge formed K-joints under balanced axial loads[J]. Applied Ocean Research，2017，69：53-64.

[145] Woghiren C，Brennan F. Weld toe stress concentrations in multi-planar stiffened tubular KK joints[J]. International Journal of Fatigue，2009，31（1）：164-172.

[146] 刁砚. 钢管混凝土桥管节点疲劳性能试验研究[D]. 成都：西南交通大学，2012.

[147] Musa I A，Mashiri F R，Zhu X. Parametric study and equation of the maximum SCF for concrete filled steel tubular T-joints under axial tension[J]. Thin-Walled Structures，2018，129：145-156.

[148] Musa I A，Mashiri F R. Parametric study and equations of the maximum SCF for concrete filled steel tubular T-joints under in-plane and out-of-plane bending[J]. Thin-Walled Structures，2019，135：245-268.

[149] Tong L W，Chen K P，Xu G W，et al. Formulae for hot-spot stress concentration factors of concrete-filled CHS T-joints based on experiments and FE analysis[J]. Thin-Walled Structures，2019，136：113-128.

[150] Jiang L，Liu Y，Liu J，et al. Experimental and numerical analysis of the stress concentration factor for concrete-filled square hollow section Y-joints[J]. Advances in Structural Engineering，2020，23（5）：869-883.

[151] Musa I A，Mashiri F R. Stress concentration factor in concrete-filled steel tubular K-joints under balanced axial load[J]. Thin-Walled Structures，2019，139：186-195.

[152] Zheng J，Nakamura S，Okumatsu T，et al. Formulation of stress concentration factors for concrete-filled steel tubular（CFST）K-joints under three loading conditions without shear forces[J]. Engineering Structures，2019，190：90-100.

[153] Jiang L，Liu Y，Fam A，et al. Stress concentration factor parametric formulae for concrete-filled rectangular hollow section K-joints with perfobond ribs[J]. Journal of Constructional Steel Research，2019，160：579-597.

[154] Jiang L，Liu Y，Fam A. Stress concentration factors in concrete-filled square hollow section joints with perfobond ribs[J]. Engineering Structures，2019，181：165-180.

[155] Hosseini A S，Bahaari M R，Lesani M. Experimental and parametric studies of SCFs in FRP strengthened tubular T-joints under axially loaded brace[J]. Engineering Structures，2020，213（15）：1-22.

[156] Karamanos S A，Romeijn A，Wardenier J. Stress concentrations in multi-planar welded CHS XX-connections[J]. Journal of Constructional Steel Research，1999，50（3）：259-282.

[157] 张华芬. 海洋平台管节点应力集中问题的研究[D]. 青岛：中国石油大学，2011.

[158] Ahmadi H，Kouhi A. Stress concentration factors of multi-planar tubular XT-joints subjected

to out-of-plane bending moments[J]. Applied Ocean Research，2020，96（1）：102058.

[159]　Puthli R S，Wardenier J，De Koning C H M，et al. Numerical and experimental determination of strain（stress）concentration factors of welded joints between square hollow sections[J]. HERON，1988，33（2）.

[160]　Feng R，Young B. Stress concentration factors of cold-formed stainless steel tubular X-joints[J]. Journal of Constructional Steel Research，2013，91：26-41.

[161]　Cheng B，Li C，Lou Y，et al. SCF of bird-beak SHS X-joints under asymmetrical brace axial forces[J]. Thin-Walled Structures，2018，123：57-69.

[162]　Cheng B，Huang F，Li C，et al. Hot spot stress and fatigue behavior of bird-beak SHS X-joints subjected to brace in-plane bending[J]. Thin-Walled Structures，2020，150（3）：106701.

[163]　Soh A K，Soh C K. Stress concentration factors of DK square-to-square tubular joints[J]. Journal of Offshore Mechanics and Arctic Engineering，1995，117（4）：265-275.

[164]　胡康，杨简，雷鸣，等. 平面内弯矩作用下主圆支方 K 型节点的应力集中系数研究[J]. 广西大学学报（自然科学版），2016，41（3）：626-634.

[165]　Chen Y，Wan J，Hu K，et al. Stress concentration factors of circular chord and square braces K-joints under axial loading[J]. Thin-Walled Structures，2017，113：287-298.

[166]　胡康. 主圆管方支管 K 型管节点应力集中系数研究[D]. 荆州：长江大学，2017.

[167]　Yin Y，Liu X，Lei P，et al. Stress concentration factor for tubular CHS-to-RHS Y-joints under axial loads[J]. Journal of Constructional Steel Research，2018，148：768-778.

[168]　刘晓帆，尹越，胡川，等. 平面外弯矩下 Y 型主方支圆钢管节点热点应力集中系数研究[J]. 钢结构，2018，33（11）：32-37.

[169]　尹越，郑力，韩庆华，等. 平面内弯矩下 Y 型主方支圆钢管节点热点应力集中系数[J]. 土木工程学报，2018，51（7）：1-10.

[170]　Chang E，Dover W D. Prediction of stress distributions along the intersection of tubular Y and T-joints[J]. International Journal of Fatigue，1999，21（4）：361-381.

[171]　Shao Y，Du Z，Lie S. Prediction of hot spot stress distribution for tubular K-joints under basic loadings[J]. Journal of Constructional Steel Research，2009，65（10-11）：2011-2026.

[172]　Chang E. Parametric equations to predict stress distributions along the intersection of tubular X and DT-joints[J]. International Journal of Fatigue，1999，21（6）：619-635.

[173]　Ahmadi H，Lotfollahi-Yaghin M A，Aminfar M H. Geometrical effect on SCF distribution in uni-planar tubular DKT-joints under axial loads[J]. Journal of Constructional Steel Research，2011，67（8）：1282-1291.

[174]　国家能源局. 承压设备无损检测 第 7 部分：目视检测[S]. NB/T 47013.7—2012（JB/T 4730.7）. 北京：中国标准出版社，2012.

［175］　国家市场监督管理总局. 重型机械通用技术条件　第 3 部分：焊接件［S］. GB/T 37400.3—2019. 北京：中国标准出版社，2019.

［176］　Cao J J，Yang G J，Packer J A. FE mesh generation for circular tubular joints with or without cracks［C］. The Seventh International Offshore and Polar Engineering Conference，Honolulu，1997.

［177］　Lie S T，Lee C K，Wong S M. Modelling and mesh generation of weld profile in tubular Y-joint［J］. Journal of Constructional Steel Research，2001，57（5）：547-567.

［178］　Swanson Analysis Systems Inc. ANSYS release 16.0 user's manual［DB/CD］. https://www.prnewswire.com/news-releases/ansys-unveils-release-160-300025873.html.2019-10-20.

［179］　北京七维高科科技有限公司. 1stOpt 8.0［DB/CD］. http://www.7d-soft.com. 2018-3-20.

［180］　Mathworks. MATLAB R2018b［DB/CD］. https://www.mathworks.com/mat/abcentral/answers/593449-r2018b-matlab-9-5. 2018-3-20.

［181］　DoE. Offshore installations：Guidance on design and construction［S］. London：Department of Energy，1984.

附录A AWS规范中焊接坡口图

管节点连接的具体部位使用的接头细节由局部二面角 ψ 决定,二面角沿撑杆圆周连续变化。细节 A、B、C 和 D 所列的角度和尺寸范围包括最大允许公差。

表A.1 T、Y和K型管节点完全熔透焊缝细节

细节	局部二面角 ψ 范围/(°)
A	180~135
B	150~50
C	75~30
D	40~15

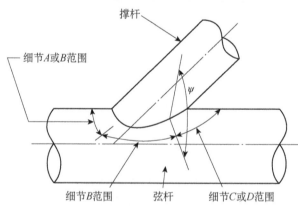

图 A.1 焊缝细节位置和局部二面角定义

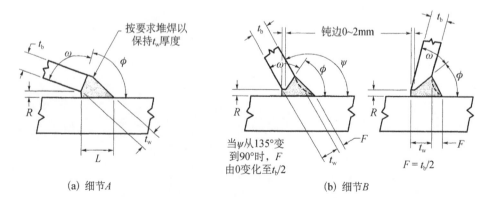

(a) 细节A (b) 细节B

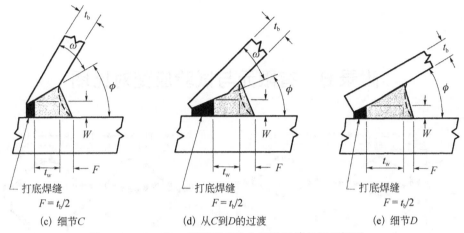

(c) 细节 C

$F = t_b/2$

(d) 从 C 到 D 的过渡

$F = t_b/2$

(e) 细节 D

$F = t_b/2$

图 A.2　T、Y 和 K 型管节点完全熔透焊缝各细节剖面

附录 B 有限元与试验应变对比图

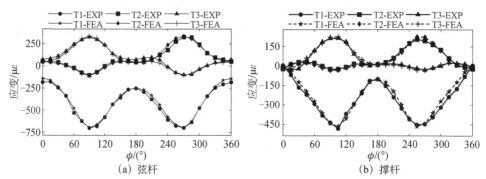

图 B.1 LA01 工况有限元法与试验得到的应变对比验证

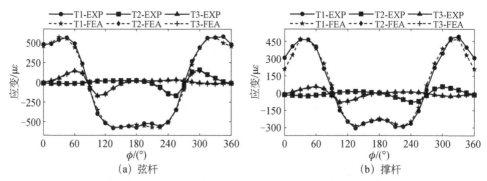

图 B.2 LA02 工况有限元法与试验得到的应变对比验证

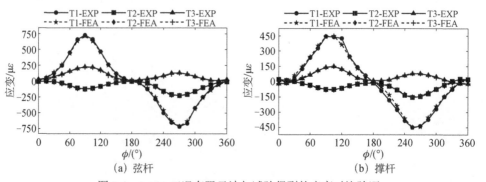

图 B.3 LA03 工况有限元法与试验得到的应变对比验证

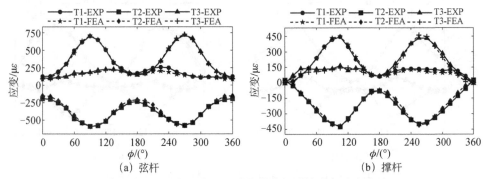

图 B.4　LB01 工况有限元法与试验得到的应变对比验证

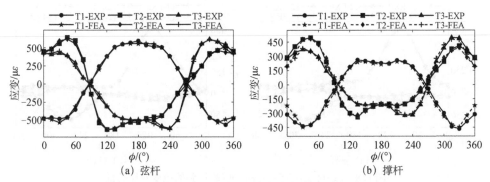

图 B.5　LB02 工况有限元法与试验得到的应变对比验证

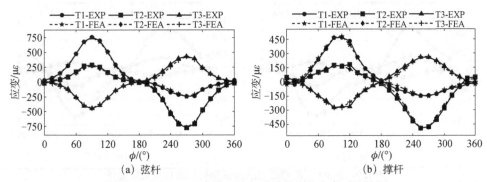

图 B.6　LB03 工况有限元法与试验得到的应变对比验证

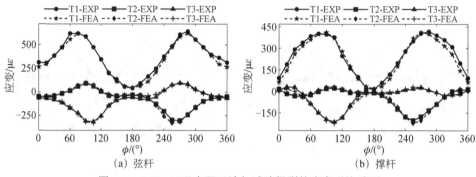

图 B.7　LC01 工况有限元法与试验得到的应变对比验证

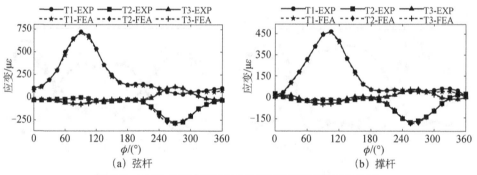

图 B.8　LC02 工况有限元法与试验得到的应变对比验证

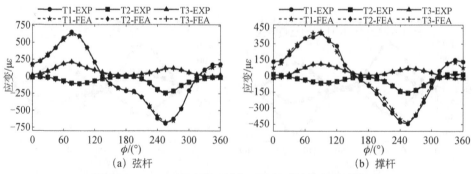

图 B.9　LC03 工况有限元法与试验得到的应变对比验证

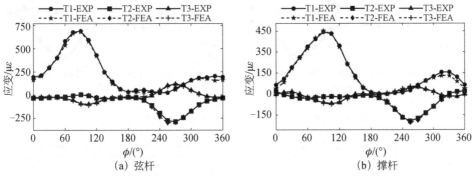

图 B.10　LC04 工况有限元法与试验得到的应变对比验证

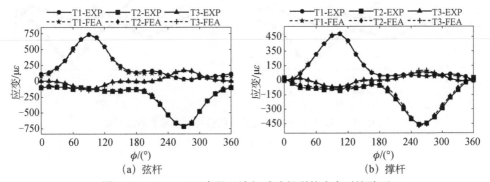

图 B.11　LD01 工况有限元法与试验得到的应变对比验证

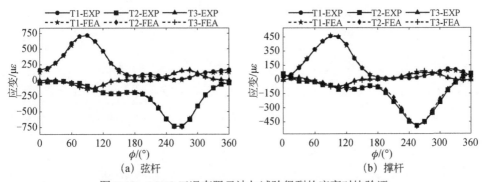

图 B.12　LD02 工况有限元法与试验得到的应变对比验证

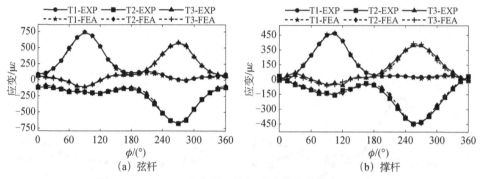

(a) 弦杆　　　　　　　　　　　　　　(b) 撑杆

图 B.13　LD03 工况有限元法与试验得到的应变对比验证

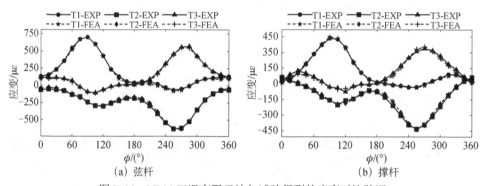

(a) 弦杆　　　　　　　　　　　　　　(b) 撑杆

图 B.14　LD04 工况有限元法与试验得到的应变对比验证

附录 C SCF 和 MIF 分布公式系数

表 C.1　轴力荷载作用下 T1 平面 SCF 分布公式系数（弦杆）

系数	P_1	P_2	P_3	P_4	P_5	P_6	P_7	P_8	P_9	P_{10}
c_0 (Z_1)	-4.057×10^0	2.957×10^{-1}	1.568×10^{-1}	-4.049×10^0	1.227×10^1	5.866×10^{-3}	4.374×10^{-2}	3.247×10^{-1}	-6.481×10^{-2}	9.146×10^{-2}
a_1 (Z_1)	-1.360×10^0	1.894×10^{-2}	6.173×10^{-4}	-7.112×10^{-1}	5.198×10^{-1}	3.957×10^{-4}	-6.347×10^{-3}	-3.923×10^{-2}	1.977×10^{-2}	-3.508×10^{-2}
a_2 (Z_1)	-3.495×10^0	-6.500×10^{-1}	-1.696×10^{-1}	2.625×10^0	-1.099×10^1	-1.459×10^{-2}	-3.692×10^{-1}	-4.502×10^{-1}	3.766×10^{-1}	1.496×10^{-2}
a_3 (Z_1)	-3.524×10^{-1}	2.135×10^{-2}	-3.669×10^{-3}	1.167×10^0	4.387×10^{-1}	-1.040×10^{-4}	6.092×10^{-2}	-7.662×10^{-3}	-2.485×10^{-2}	5.187×10^{-3}
a_4 (Z_1)	1.096×10^1	1.962×10^{-1}	1.183×10^{-1}	8.354×10^0	1.877×10^0	5.182×10^{-3}	2.036×10^{-1}	7.888×10^{-2}	1.582×10^{-1}	-2.966×10^{-2}
a_5 (Z_1)	-1.075×10^0	-3.805×10^{-2}	-1.471×10^{-2}	-1.805×10^0	-4.216×10^{-2}	-7.571×10^{-4}	-6.067×10^{-4}	2.700×10^{-3}	-9.388×10^{-3}	-1.024×10^{-2}
a_6 (Z_1)	-3.601×10^0	-4.647×10^{-2}	-2.628×10^{-2}	-2.861×10^0	-1.217×10^{-1}	-6.785×10^{-4}	-1.653×10^{-2}	8.773×10^{-3}	-6.301×10^{-2}	7.942×10^{-3}
a_7 (Z_1)	1.024×10^0	-2.158×10^{-4}	6.653×10^{-3}	9.996×10^{-1}	9.297×10^{-2}	3.983×10^{-4}	5.395×10^{-2}	7.528×10^{-3}	5.386×10^{-3}	-4.919×10^{-4}

系数	P_{11}	P_{12}	P_{13}	P_{14}	P_{15}	P_{16}	P_{17}	P_{18}	P_{19}	—
c_0 (Z_1)	-1.106×10^1	-8.654×10^{-1}	-1.769×10^{-1}	-2.287×10^{-2}	1.302×10^1	-3.094×10^0	-1.342×10^{-2}	-1.176×10^{-3}	-4.302×10^0	—
a_1 (Z_1)	-3.538×10^{-1}	-9.372×10^{-2}	1.605×10^{-2}	1.240×10^{-2}	6.762×10^{-1}	4.281×10^{-1}	-2.031×10^{-4}	-3.441×10^{-5}	-4.457×10^{-1}	—
a_2 (Z_1)	1.122×10^1	9.627×10^0	8.242×10^{-1}	5.521×10^{-2}	-4.103×10^0	3.046×10^{-1}	1.648×10^{-2}	1.612×10^{-3}	-1.254×10^{-2}	—
a_3 (Z_1)	-6.313×10^{-1}	4.682×10^{-1}	-1.952×10^{-2}	2.343×10^{-2}	-1.132×10^0	-5.069×10^{-1}	-2.189×10^{-4}	-1.293×10^{-4}	8.857×10^{-1}	—
a_4 (Z_1)	2.481×10^{-2}	-1.314×10^1	-3.000×10^{-1}	-1.812×10^{-1}	-1.274×10^1	2.275×10^0	-5.501×10^{-3}	3.520×10^{-5}	4.993×10^{-1}	—
a_5 (Z_1)	3.069×10^{-1}	1.643×10^0	7.920×10^{-2}	1.695×10^{-1}	8.125×10^{-1}	-1.602×10^{-1}	-7.450×10^{-5}	6.907×10^{-5}	4.942×10^{-1}	—
a_6 (Z_1)	-9.536×10^{-1}	3.685×10^0	5.621×10^{-2}	5.485×10^{-2}	5.262×10^0	-6.761×10^{-1}	2.020×10^{-4}	-8.531×10^{-5}	-6.699×10^{-1}	—
a_7 (Z_1)	-2.136×10^{-1}	-1.086×10^0	-2.862×10^{-2}	-9.055×10^{-3}	-1.653×10^0	2.514×10^{-1}	-5.333×10^{-4}	-2.326×10^{-5}	4.258×10^{-1}	—

表C.2　轴力荷载作用下T1平面SCF分布公式系数（撑杆）

系数	P_1	P_2	P_3	P_4	P_5	P_6	P_7	P_8	P_9	P_{10}
c_0 (Z_1)	-4.079×10^{-1}	1.746×10^{-1}	1.212×10^{-1}	-6.883×10^{-1}	-9.006×10^{-2}	3.880×10^{-3}	7.048×10^{-2}	9.111×10^{-2}	-6.786×10^{-2}	4.820×10^{-2}
a_1 (Z_1)	1.039×10^{0}	4.602×10^{-2}	6.957×10^{-3}	6.257×10^{-1}	-3.027×10^{-1}	-6.750×10^{-4}	-1.950×10^{-2}	-1.735×10^{-2}	3.341×10^{-2}	-3.040×10^{-3}
a_2 (Z_1)	-1.101×10^{0}	-5.015×10^{-1}	-1.971×10^{-1}	1.559×10^{0}	-3.211×10^{0}	-8.984×10^{-3}	-2.208×10^{-1}	-1.767×10^{-1}	4.877×10^{-2}	-5.451×10^{-3}
a_3 (Z_1)	-2.894×10^{0}	8.513×10^{-2}	2.641×10^{-2}	-1.055×10^{0}	-7.011×10^{-1}	1.845×10^{-3}	1.101×10^{-1}	-3.121×10^{-2}	-2.100×10^{-2}	1.430×10^{-2}
a_4 (Z_1)	7.461×10^{0}	1.568×10^{-1}	6.458×10^{-2}	4.409×10^{0}	1.295×10^{0}	2.088×10^{-3}	1.167×10^{-1}	2.333×10^{-2}	6.050×10^{-2}	-2.492×10^{-2}
a_5 (Z_1)	-2.049×10^{0}	-2.076×10^{-2}	-2.809×10^{-2}	-2.672×10^{0}	5.910×10^{-1}	-4.634×10^{-4}	-4.515×10^{-2}	-7.517×10^{-3}	-2.243×10^{-2}	-1.260×10^{-2}
a_6 (Z_1)	-1.899×10^{0}	-2.077×10^{-3}	-7.945×10^{-3}	-1.824×10^{0}	1.562×10^{-1}	1.877×10^{-5}	-6.006×10^{-4}	2.279×10^{-4}	-1.589×10^{-2}	-1.771×10^{-4}
a_7 (Z_1)	7.295×10^{-1}	1.867×10^{-2}	7.948×10^{-3}	6.532×10^{-1}	1.616×10^{-1}	3.095×10^{-4}	2.480×10^{-2}	1.811×10^{-2}	7.459×10^{-3}	-1.757×10^{-3}
a_8 (Z_1)	3.320×10^{-1}	5.958×10^{-3}	2.199×10^{-3}	2.583×10^{-1}	1.229×10^{-1}	1.525×10^{-2}	1.070×10^{-2}	-6.077×10^{-6}	4.620×10^{-3}	-2.193×10^{-3}
a_9 (Z_1)	-2.739×10^{-1}	-1.557×10^{-3}	-7.181×10^{-3}	-1.918×10^{-1}	3.365×10^{-2}	4.780×10^{-5}	1.724×10^{-3}	4.507×10^{-4}	6.029×10^{-4}	-6.792×10^{-4}
a_{10} (Z_1)	-3.069×10^{-2}	3.080×10^{-4}	1.413×10^{-3}	7.866×10^{-2}	-1.009×10^{-2}	8.494×10^{-5}	1.641×10^{-3}	1.202×10^{-3}	2.192×10^{-3}	3.356×10^{-4}

系数	P_{11}	P_{12}	P_{13}	P_{14}	P_{15}	P_{16}	P_{17}	P_{18}	P_{19}	—
c_0 (Z_1)	-2.254×10^{0}	3.736×10^{0}	7.834×10^{-3}	-4.848×10^{-2}	1.032×10^{0}	-2.295×10^{0}	-1.049×10^{-2}	-4.530×10^{-4}	-1.081×10^{-1}	—
a_1 (Z_1)	1.730×10^{0}	-3.320×10^{0}	-1.265×10^{-1}	-4.019×10^{-2}	1.592×10^{0}	1.777×10^{0}	3.537×10^{-3}	3.657×10^{-4}	-2.708×10^{0}	—
a_2 (Z_1)	6.150×10^{0}	5.161×10^{0}	4.500×10^{-1}	1.505×10^{-1}	-7.905×10^{0}	1.267×10^{0}	1.201×10^{-2}	4.891×10^{-4}	3.497×10^{0}	—
a_3 (Z_1)	-6.137×10^{-1}	4.667×10^{0}	-1.212×10^{-1}	2.008×10^{-3}	4.530×10^{-1}	-2.742×10^{0}	-9.738×10^{-4}	-3.077×10^{-4}	-2.121×10^{-1}	—
a_4 (Z_1)	-9.257×10^{-2}	-1.158×10^{1}	-2.278×10^{-1}	-7.445×10^{-2}	-6.607×10^{0}	3.718×10^{0}	-1.106×10^{-3}	-7.278×10^{-5}	9.538×10^{-1}	—
a_5 (Z_1)	-9.694×10^{-2}	6.774×10^{-1}	3.998×10^{-2}	4.828×10^{-1}	3.609×10^{0}	7.124×10^{-1}	5.692×10^{-4}	-7.889×10^{-5}	-5.812×10^{-1}	—
a_6 (Z_1)	-4.315×10^{-1}	2.280×10^{0}	-1.445×10^{-3}	1.792×10^{0}	2.665×10^{0}	-6.738×10^{-1}	1.082×10^{-4}	-6.454×10^{-5}	-4.353×10^{-1}	—
a_7 (Z_1)	-1.707×10^{-1}	-5.010×10^{-1}	-3.262×10^{-2}	-1.036×10^{0}	-1.422×10^{0}	-1.038×10^{0}	-1.890×10^{-4}	-6.538×10^{-6}	5.752×10^{-1}	—
a_8 (Z_1)	-2.126×10^{-2}	-3.754×10^{-1}	-1.230×10^{-2}	-5.315×10^{-1}	-5.194×10^{-1}	9.484×10^{-1}	-8.969×10^{-5}	2.282×10^{-5}	8.495×10^{-2}	—
a_9 (Z_1)	-1.404×10^{-2}	4.454×10^{-1}	-1.177×10^{-3}	-1.109×10^{-3}	3.268×10^{-1}	-1.628×10^{-1}	-1.281×10^{-5}	1.881×10^{-5}	-2.095×10^{-1}	—
a_{10} (Z_1)	-2.136×10^{-2}	3.498×10^{-1}	-4.393×10^{-3}	-4.943×10^{-3}	-7.837×10^{-2}	-2.402×10^{-1}	-4.460×10^{-6}	2.147×10^{-5}	-7.972×10^{-2}	—

表 C.3　轴力荷载作用下 T2（T3）平面 MIF 分布公式系数（弦杆）

系数	P_1	P_2	P_3	P_4	P_5	P_6	P_7	P_8	P_9	P_{10}
$c_0\,(Z_1)$	-5.186×10^0	-2.426×10^{-1}	5.061×10^{-2}	-3.889×10^0	1.334×10^0	1.265×10^{-3}	-6.852×10^{-1}	-1.353×10^{-2}	-3.768×10^{-2}	1.258×10^{-1}
$a_0\,(Z_1)$	-2.578×10^0	-2.326×10^{-2}	-4.111×10^{-3}	-1.539×10^0	1.801×10^{-1}	-5.411×10^{-4}	-2.972×10^{-2}	-1.229×10^{-2}	-2.682×10^{-2}	5.945×10^{-4}
$a_1\,(Z_1)$	7.966×10^{-1}	5.638×10^{-2}	-2.394×10^{-2}	-2.246×10^0	-8.676×10^{-1}	-2.632×10^{-3}	4.310×10^{-1}	-8.416×10^{-2}	-7.302×10^{-2}	-2.725×10^{-2}
$a_2\,(Z_1)$	1.287×10^1	3.213×10^{-1}	-4.176×10^{-2}	9.791×10^0	-1.069×10^0	4.827×10^{-3}	3.666×10^{-1}	1.751×10^{-1}	1.789×10^{-1}	-1.252×10^{-1}
$a_4\,(Z_1)$	-6.506×10^0	-8.847×10^{-2}	-7.507×10^{-3}	-3.447×10^0	3.071×10^{-1}	-2.697×10^{-3}	-8.472×10^{-2}	-6.750×10^{-2}	-5.741×10^{-2}	2.164×10^{-2}
$a_6\,(Z_1)$	2.057×10^0	2.371×10^{-2}	3.840×10^{-4}	5.228×10^{-1}	-1.195×10^{-1}	3.194×10^{-4}	1.386×10^{-2}	4.370×10^{-3}	1.873×10^{-3}	-1.193×10^{-3}
$b_0\,(Z_1)$	1.758×10^0	1.549×10^{-1}	-5.982×10^{-3}	-5.240×10^{-1}	-1.819×10^0	-6.024×10^{-1}	9.777×10^{-1}	-2.024×10^{-1}	-1.742×10^{-1}	-5.701×10^{-2}
$b_1\,(Z_1)$	7.629×10^0	1.891×10^{-1}	5.282×10^{-3}	1.182×10^1	4.914×10^{-1}	5.596×10^{-1}	2.237×10^{-1}	1.838×10^0	2.384×10^0	-1.185×10^{-1}
$b_2\,(Z_1)$	1.924×10^0	4.313×10^{-3}	5.286×10^{-3}	7.989×10^{-1}	-6.742×10^{-2}	-4.010×10^{-4}	1.276×10^{-1}	5.102×10^{-2}	-4.321×10^{-3}	-1.694×10^{-2}
$b_3\,(Z_1)$	-1.083×10^1	-2.559×10^{-1}	-7.877×10^{-3}	-8.639×10^0	-4.650×10^{-1}	-4.254×10^{-3}	-4.398×10^{-1}	-1.691×10^{-1}	-1.179×10^{-1}	7.069×10^{-2}
$b_4\,(Z_1)$	5.927×10^{-1}	5.138×10^{-3}	-1.237×10^{-3}	7.541×10^{-1}	-1.863×10^{-1}	3.382×10^{-4}	-8.854×10^{-3}	-1.669×10^{-2}	2.794×10^{-2}	2.645×10^{-3}
$b_5\,(Z_1)$	6.249×10^0	7.484×10^{-2}	1.029×10^{-2}	3.107×10^0	-7.934×10^{-2}	1.641×10^{-3}	1.961×10^{-1}	3.145×10^{-2}	3.458×10^{-2}	-1.420×10^{-2}

系数	P_{11}	P_{12}	P_{13}	P_{14}	P_{15}	P_{16}	P_{17}	P_{18}	P_{19}	—
$c_0\,(Z_1)$	-1.224×10^1	4.552×10^{-1}	3.442×10^{-1}	-8.587×10^{-2}	2.720×10^1	8.566×10^{-1}	8.367×10^{-4}	-8.861×10^{-5}	-1.499×10^1	—
$a_0\,(Z_1)$	-1.981×10^{-1}	1.350×10^0	5.160×10^{-2}	1.772×10^{-2}	6.307×10^0	-2.275×10^{-1}	1.375×10^{-4}	4.892×10^{-5}	-3.760×10^0	—
$a_1\,(Z_1)$	5.351×10^0	2.435×10^0	-1.601×10^{-1}	7.795×10^{-2}	-1.157×10^1	-4.308×10^{-1}	3.172×10^{-3}	2.321×10^{-4}	1.045×10^1	—
$a_2\,(Z_1)$	5.848×10^0	-6.277×10^0	-5.417×10^{-1}	-1.120×10^{-2}	-3.444×10^1	-1.105×10^0	-1.960×10^{-3}	-5.792×10^{-4}	1.611×10^1	—
$a_4\,(Z_1)$	-5.104×10^{-1}	3.270×10^0	1.456×10^{-1}	3.870×10^{-2}	1.581×10^1	-3.762×10^{-1}	3.290×10^{-3}	1.725×10^{-4}	-9.500×10^0	—
$a_6\,(Z_1)$	1.855×10^{-1}	-7.669×10^{-1}	-3.561×10^{-2}	-4.241×10^{-3}	-5.866×10^0	1.876×10^{-1}	-1.143×10^{-4}	-2.809×10^{-6}	4.777×10^0	—
$b_0\,(Z_1)$	1.171×10^1	5.093×10^0	-3.823×10^{-1}	1.808×10^{-1}	-2.546×10^1	-8.043×10^{-1}	8.036×10^{-3}	5.051×10^{-4}	2.355×10^1	—
$b_1\,(Z_1)$	7.013×10^0	-6.799×10^0	-1.243×10^{-1}	-7.714×10^{-2}	-2.007×10^1	-3.460×10^{-1}	-1.398×10^{-2}	-5.357×10^{-4}	1.609×10^0	—
$b_2\,(Z_1)$	1.966×10^{-1}	-5.074×10^{-1}	-1.251×10^{-1}	2.952×10^{-3}	-4.973×10^0	2.821×10^{-1}	2.805×10^{-3}	9.457×10^{-4}	2.760×10^0	—
$b_3\,(Z_1)$	-1.847×10^0	6.319×10^0	5.053×10^{-1}	3.321×10^{-1}	2.587×10^1	2.649×10^0	2.837×10^{-3}	4.571×10^{-4}	-1.104×10^1	—
$b_4\,(Z_1)$	4.868×10^{-1}	3.044×10^0	2.972×10^{-1}	-1.316×10^{-1}	-2.646×10^{-1}	-1.606×10^0	-1.182×10^{-2}	-7.652×10^{-5}	1.556×10^0	—
$b_5\,(Z_1)$	7.589×10^{-1}	-2.916×10^0	-1.803×10^0	-2.712×10^{-1}	-1.591×10^1	2.880×10^1	-1.496×10^{-3}	-7.305×10^{-5}	9.683×10^0	—

表C.4 轴力荷载作用下T2（T3）平面MIF分布公式系数（撑杆）

系数	P_1	P_2	P_3	P_4	P_5	P_6	P_7	P_8	P_9	P_{10}
c_0 (Z_1)	-2.95×10^0	-8.14×10^{-2}	9.41×10^{-3}	-5.43×10^0	7.43×10^{-1}	-1.74×10^{-3}	-6.48×10^{-2}	-3.09×10^{-2}	-5.45×10^{-2}	1.62×10^{-2}
a_1 (Z_1)	5.08×10^{-1}	-1.85×10^{-2}	3.25×10^{-3}	-1.61×10^{-2}	-1.57×10^{-1}	2.11×10^{-5}	2.51×10^{-2}	1.01×10^{-2}	-2.72×10^{-4}	-2.37×10^{-3}
a_2 (Z_1)	7.54×10^0	2.37×10^{-1}	-1.67×10^{-2}	9.43×10^0	-9.18×10^{-1}	3.48×10^{-3}	1.59×10^{-1}	6.94×10^{-2}	1.04×10^{-1}	-2.32×10^{-2}
a_3 (Z_1)	-1.86×10^0	-4.19×10^{-2}	8.09×10^{-3}	-1.57×10^0	-7.53×10^{-2}	-7.73×10^{-4}	-6.90×10^{-2}	2.05×10^{-2}	-1.54×10^{-2}	-7.83×10^{-3}
a_4 (Z_1)	-3.87×10^0	-7.58×10^{-2}	-4.61×10^{-3}	-2.85×10^0	1.30×10^{-1}	-1.08×10^{-3}	-5.35×10^{-2}	-2.54×10^{-2}	-2.21×10^{-2}	8.32×10^{-3}
a_5 (Z_1)	4.33×10^0	1.58×10^{-1}	-2.28×10^{-3}	9.81×10^0	-9.92×10^{-1}	4.02×10^{-3}	1.39×10^{-1}	2.85×10^{-2}	1.03×10^{-1}	-7.49×10^{-3}
b_1 (Z_1)	-2.00×10^{-1}	-1.50×10^{-1}	7.96×10^{-3}	-4.77×10^{-1}	-9.80×10^{-1}	-1.03×10^{-3}	-7.14×10^{-1}	2.37×10^{-3}	-3.05×10^{-2}	-1.03×10^{-2}
b_2 (Z_1)	-5.34×10^0	-1.61×10^{-1}	-1.65×10^{-1}	-6.69×10^0	2.12×10^{-1}	-2.54×10^{-2}	-1.45×10^{-1}	-6.13×10^{-2}	-5.53×10^0	1.29×10^{-1}
b_3 (Z_1)	1.16×10^0	2.83×10^{-2}	5.20×10^{-3}	1.54×10^0	-1.71×10^{-1}	4.68×10^{-4}	2.59×10^{-2}	-1.26×10^{-2}	1.80×10^{-2}	7.74×10^{-3}
b_4 (Z_1)	3.22×10^0	3.90×10^{-2}	8.69×10^{-3}	2.11×10^0	-1.49×10^{-1}	5.74×10^{-4}	7.28×10^{-2}	4.30×10^{-3}	1.33×10^{-2}	-3.85×10^{-3}
b_5 (Z_2)	3.76×10^2	1.07×10^0	1.20×10^0	-2.93×10^2	3.52×10^0	9.59×10^{-7}	1.07×10^1	-5.58×10^{-3}	-4.55×10^0	-2.37×10^{-1}

系数	P_{11}	P_{12}	P_{13}	P_{14}	P_{15}	P_{16}	P_{17}	P_{18}	P_{19}	—
c_0 (Z_1)	-1.65×10^0	2.10×10^0	1.20×10^{-3}	3.01×10^{-2}	8.72×10^0	5.06×10^{-1}	4.82×10^{-3}	9.05×10^{-5}	-3.17×10^0	—
a_1 (Z_1)	3.65×10^{-1}	2.12×10^{-1}	3.48×10^{-2}	-1.13×10^{-2}	-3.09×10^0	-7.87×10^{-3}	-7.58×10^{-4}	5.87×10^{-5}	2.81×10^0	—
a_2 (Z_1)	1.36×10^0	-4.76×10^0	-2.64×10^{-1}	-4.23×10^{-2}	-1.71×10^1	-8.19×10^{-1}	-3.24×10^{-3}	-4.10×10^{-4}	5.67×10^0	—
a_3 (Z_1)	2.94×10^{-1}	1.96×10^{-1}	7.08×10^{-2}	7.77×10^{-3}	5.33×10^0	5.08×10^{-1}	4.96×10^{-5}	1.35×10^{-4}	-3.22×10^0	—
a_4 (Z_1)	-3.41×10^{-1}	2.39×10^0	1.13×10^{-1}	1.53×10^{-2}	8.85×10^0	-1.61×10^0	8.16×10^{-4}	8.44×10^{-5}	-4.97×10^0	—
a_5 (Z_1)	1.47×10^0	-3.21×10^0	-3.62×10^{-2}	-4.95×10^{-2}	-1.17×10^1	-1.29×10^0	-1.07×10^{-2}	-5.53×10^{-4}	2.23×10^0	—
b_1 (Z_1)	3.97×10^{-1}	-1.17×10^0	-7.76×10^{-3}	1.10×10^{-3}	2.90×10^0	8.52×10^{-1}	2.67×10^{-3}	1.96×10^{-4}	-2.51×10^0	—
b_2 (Z_1)	-5.14×10^{-1}	4.37×10^0	1.84×10^{-1}	4.36×10^{-2}	1.08×10^1	2.14×10^{-1}	3.96×10^{-3}	1.88×10^{-4}	-3.13×10^0	—
b_3 (Z_1)	-2.29×10^{-1}	-3.01×10^{-1}	-3.25×10^{-2}	-1.90×10^{-2}	-2.61×10^0	-4.49×10^{-1}	-3.97×10^{-4}	-4.57×10^{-5}	1.09×10^0	—
b_4 (Z_1)	2.96×10^{-1}	-2.37×10^0	-7.96×10^{-2}	-1.50×10^{-2}	-7.09×10^0	4.81×10^{-1}	-2.76×10^{-4}	-2.17×10^{-5}	4.05×10^0	—
b_5 (Z_2)	1.31×10^1	-1.95×10^2	-1.35×10^1	6.10×10^{-1}	-4.74×10^2	1.87×10^2	1.59×10^{-1}	2.13×10^{-2}	4.78×10^2	—

表 C.5　面内弯矩荷载作用下 T1 平面 SCF 分布公式系数（弦杆）

系数	P_1	P_2	P_3	P_4	P_5	P_6	P_7	P_8	P_9	P_{10}
c_0 (Z_1)	4.434×10^{-1}	-9.273×10^{-3}	3.362×10^{-3}	-1.069×10^{-1}	-2.881×10^{-1}	2.566×10^{-5}	9.300×10^{-3}	5.218×10^{-3}	3.645×10^{-3}	-3.185×10^{-3}
a_0 (Z_1)	-3.896×10^{-2}	-3.829×10^{-4}	-2.938×10^{-4}	-1.428×10^{-2}	9.201×10^{-3}	-2.194×10^{-6}	3.074×10^{-4}	1.231×10^{-6}	-4.499×10^{-4}	-1.528×10^{-4}
a_1 (Z_1)	-4.581×10^{0}	-6.485×10^{-3}	6.293×10^{-2}	-1.133×10^{0}	4.910×10^{0}	2.204×10^{-4}	2.747×10^{-2}	3.696×10^{-3}	-3.740×10^{-2}	9.395×10^{-2}
a_2 (Z_1)	1.427×10^{0}	-1.700×10^{-3}	1.086×10^{-2}	9.405×10^{-1}	-6.505×10^{-1}	1.167×10^{-5}	4.639×10^{-3}	2.078×10^{-2}	1.517×10^{-3}	8.368×10^{-3}
a_3 (Z_1)	8.132×10^{-2}	-8.861×10^{-3}	-3.875×10^{-2}	-1.601×10^{0}	-1.337×10^{0}	-9.045×10^{-4}	-1.072×10^{-1}	-1.250×10^{-2}	-5.095×10^{-5}	-1.610×10^{-2}
a_4 (Z_1)	3.459×10^{-1}	2.647×10^{-3}	2.840×10^{-3}	7.131×10^{-1}	3.486×10^{-2}	-1.483×10^{-5}	-1.719×10^{-2}	7.992×10^{-4}	-2.568×10^{-3}	7.268×10^{-3}
a_5 (Z_1)	1.766×10^{0}	3.164×10^{-3}	1.342×10^{-2}	1.222×10^{0}	1.405×10^{-2}	2.210×10^{-4}	4.063×10^{-2}	-3.341×10^{-3}	3.917×10^{-2}	-6.551×10^{-3}

系数	P_{11}	P_{12}	P_{13}	P_{14}	P_{15}	P_{16}	P_{17}	P_{18}	P_{19}	—
c_0 (Z_1)	4.684×10^{-1}	-3.278×10^{-1}	1.201×10^{-2}	-9.797×10^{-3}	-1.457×10^{0}	3.403×10^{-1}	-5.255×10^{-4}	6.589×10^{-5}	7.693×10^{-1}	—
a_0 (Z_1)	-1.003×10^{-2}	4.354×10^{-2}	4.163×10^{-4}	7.011×10^{-4}	2.778×10^{-2}	-1.497×10^{-2}	-8.064×10^{-6}	-1.913×10^{-6}	-2.427×10^{-3}	—
a_1 (Z_1)	-3.319×10^{0}	3.319×10^{0}	2.055×10^{-2}	1.952×10^{-2}	9.433×10^{0}	-2.778×10^{0}	-1.405×10^{-3}	-6.962×10^{-4}	-5.784×10^{0}	—
a_2 (Z_1)	8.102×10^{-1}	-2.183×10^{0}	-8.554×10^{-3}	-2.104×10^{-2}	-5.118×10^{-1}	9.402×10^{-1}	-2.264×10^{-4}	5.200×10^{-5}	-6.838×10^{-1}	—
a_3 (Z_1)	2.556×10^{-1}	6.531×10^{-1}	3.067×10^{-2}	9.751×10^{-3}	-9.009×10^{-3}	7.278×10^{-1}	2.497×10^{-3}	2.815×10^{-4}	2.155×10^{0}	—
a_4 (Z_1)	-9.425×10^{-1}	-7.801×10^{-1}	5.181×10^{-3}	-4.171×10^{-3}	-7.266×10^{-3}	2.712×10^{-1}	4.348×10^{-5}	-1.255×10^{-5}	9.456×10^{-2}	—
a_5 (Z_1)	7.740×10^{-1}	-1.066×10^{0}	-1.575×10^{-2}	-2.600×10^{-2}	-4.306×10^{0}	1.081×10^{-1}	-4.499×10^{-4}	-2.612×10^{-6}	1.425×10^{0}	—

表 C.6　面内弯矩荷载作用下 T1 平面 SCF 分布公式系数（撑杆）

系数	P_1	P_2	P_3	P_4	P_5	P_6	P_7	P_8	P_9	P_{10}
c_0 (Z_1)	9.108×10^{-1}	-4.070×10^{-3}	-5.821×10^{-4}	1.624×10^{-1}	8.921×10^{-2}	-2.658×10^{-5}	1.085×10^{-3}	-2.504×10^{-3}	-7.864×10^{-3}	4.256×10^{-3}
a_0 (Z_1)	-1.118×10^{-3}	1.800×10^{-5}	1.919×10^{-4}	9.381×10^{-4}	2.387×10^{-3}	-1.596×10^{-7}	-4.349×10^{-5}	9.197×10^{-5}	-2.653×10^{-5}	-1.438×10^{-4}
a_1 (Z_1)	-1.352×10^{0}	-4.683×10^{-3}	5.007×10^{-2}	-8.815×10^{-1}	-3.203×10^{-1}	1.547×10^{-4}	1.256×10^{-2}	4.076×10^{-3}	-2.205×10^{-2}	1.639×10^{-2}
a_2 (Z_1)	1.175×10^{0}	8.788×10^{-3}	7.752×10^{-3}	1.975×10^{-2}	-4.841×10^{-1}	-1.082×10^{-4}	-1.870×10^{-2}	5.616×10^{-3}	2.124×10^{-3}	1.787×10^{-3}
a_3 (Z_1)	3.736×10^{-1}	-1.981×10^{-3}	-4.118×10^{-2}	-1.611×10^{0}	-3.579×10^{-1}	-5.176×10^{-4}	-5.974×10^{-2}	-1.392×10^{-2}	-1.129×10^{-2}	-2.524×10^{-2}
a_4 (Z_1)	-3.965×10^{-1}	6.850×10^{-3}	5.598×10^{-3}	-1.899×10^{-1}	-4.576×10^{-2}	4.282×10^{-5}	-1.061×10^{-2}	-8.761×10^{-4}	1.566×10^{-4}	-3.234×10^{-3}
a_5 (Z_1)	9.340×10^{-1}	8.460×10^{-3}	1.006×10^{-2}	5.090×10^{-1}	3.094×10^{-1}	7.002×10^{-5}	1.345×10^{-2}	-6.999×10^{-3}	1.717×10^{-2}	-1.057×10^{-2}

系数	P_{11}	P_{12}	P_{13}	P_{14}	P_{15}	P_{16}	P_{17}	P_{18}	P_{19}	—
c_0 (Z_1)	2.838×10^{-1}	-8.905×10^{-1}	1.061×10^{-2}	-1.914×10^{-3}	-5.190×10^{-1}	3.306×10^{-1}	-2.101×10^{-4}	2.085×10^{-6}	2.538×10^{-2}	—
a_0 (Z_1)	1.527×10^{-3}	1.708×10^{-2}	-1.066×10^{-4}	-2.751×10^{-4}	-2.000×10^{-2}	-9.424×10^{-3}	1.979×10^{-6}	1.815×10^{-6}	1.032×10^{-2}	—
a_1 (Z_1)	-7.615×10^{-1}	3.746×10^{0}	8.472×10^{-3}	1.460×10^{-2}	3.127×10^{0}	-1.403×10^{0}	-6.851×10^{-4}	-2.917×10^{-4}	-1.690×10^{0}	—
a_2 (Z_1)	5.178×10^{-1}	-1.926×10^{0}	-1.609×10^{-2}	-2.376×10^{-2}	7.263×10^{-1}	8.512×10^{-1}	6.861×10^{-4}	1.523×10^{-4}	-6.269×10^{-1}	—
a_3 (Z_1)	3.646×10^{-1}	7.116×10^{-1}	5.732×10^{-3}	3.287×10^{-2}	-2.008×10^{0}	2.714×10^{-1}	1.924×10^{-3}	6.465×10^{-5}	3.046×10^{0}	—
a_4 (Z_1)	-4.346×10^{-1}	-4.401×10^{-1}	-6.304×10^{-3}	3.244×10^{-2}	1.690×10^{0}	2.922×10^{-1}	2.117×10^{-4}	-3.229×10^{-5}	-8.393×10^{-1}	—
a_5 (Z_1)	2.006×10^{-1}	-1.373×10^{0}	-1.205×10^{-1}	-8.795×10^{-3}	-1.650×10^{0}	4.540×10^{-1}	4.543×10^{-5}	-2.584×10^{-5}	6.207×10^{-1}	—

表C.7　面内弯矩荷载作用下T2（T3）平面MIF分布公式系数（弦杆）

系数	P_1	P_2	P_3	P_4	P_5	P_6	P_7	P_8	P_9	P_{10}
a_1 (Z_1)	-5.166×10^{-1}	3.582×10^{-3}	-2.082×10^{-3}	9.092×10^{-1}	5.096×10^{-2}	1.683×10^{-4}	-1.537×10^{-2}	-2.735×10^{-3}	2.075×10^{-2}	1.925×10^{-3}
a_2 (Z_1)	3.327×10^{-2}	-3.906×10^{-3}	-2.261×10^{-3}	3.892×10^{-1}	-8.574×10^{-2}	2.084×10^{-4}	2.858×10^{-3}	2.296×10^{-3}	1.011×10^{-3}	-2.255×10^{-3}
a_3 (Z_1)	-7.290×10^{-3}	7.014×10^{-4}	3.132×10^{-3}	-2.000×10^{0}	2.890×10^{-1}	-6.773×10^{-4}	2.737×10^{-3}	3.387×10^{-3}	-4.741×10^{-3}	1.625×10^{-2}
a_4 (Z_1)	-1.299×10^{-1}	2.051×10^{-4}	6.761×10^{-3}	4.653×10^{-2}	1.178×10^{-1}	-9.398×10^{-5}	-8.838×10^{-4}	1.945×10^{-3}	-8.978×10^{-3}	3.719×10^{-3}
a_5 (Z_1)	8.646×10^{-2}	-1.750×10^{-3}	-6.009×10^{-4}	4.575×10^{-1}	-3.389×10^{-2}	8.201×10^{-5}	8.984×10^{-3}	1.921×10^{-3}	5.768×10^{-3}	1.144×10^{-4}
a_6 (Z_1)	-1.962×10^{0}	-1.427×10^{-2}	1.063×10^{-2}	-2.004×10^{0}	5.227×10^{-1}	-2.987×10^{-4}	-1.027×10^{-1}	-3.177×10^{-2}	-2.907×10^{-2}	3.061×10^{-2}
b_1 (Z_1)	-7.677×10^{-2}	7.684×10^{-3}	-1.606×10^{-2}	6.582×10^{-1}	1.910×10^{-1}	-9.248×10^{-3}	-1.918×10^{-1}	-4.855×10^{-2}	-7.717×10^{-2}	5.609×10^{-3}
b_2 (Z_1)	1.771×10^{0}	6.360×10^{-3}	-4.054×10^{-3}	1.870×10^{0}	-3.284×10^{-1}	3.031×10^{-3}	3.936×10^{-1}	-1.002×10^{-1}	3.863×10^{-1}	-1.851×10^{-1}
b_3 (Z_2)	1.458×10^{2}	-1.302×10^{-1}	2.715×10^{-1}	-3.334×10^{1}	6.513×10^{0}	-3.852×10^{-3}	-1.837×10^{-1}	-1.010×10^{-1}	-1.023×10^{0}	8.005×10^{-2}
b_4 (Z_1)	3.231×10^{-1}	-1.812×10^{-3}	9.131×10^{-6}	-2.592×10^{-1}	-1.017×10^{-1}	3.851×10^{-5}	1.097×10^{-2}	-1.795×10^{-1}	5.693×10^{-3}	-4.261×10^{-3}
b_5 (Z_1)	2.091×10^{-1}	1.668×10^{-3}	-5.635×10^{-4}	-9.497×10^{-2}	-5.281×10^{-2}	-7.520×10^{-6}	-3.899×10^{-3}	-2.679×10^{-3}	6.478×10^{-3}	-2.039×10^{-3}
b_6 (Z_1)	-1.131×10^{0}	-2.657×10^{-3}	5.241×10^{-4}	-1.119×10^{0}	1.326×10^{-1}	-6.046×10^{-5}	-1.329×10^{-2}	3.499×10^{-3}	-2.696×10^{-2}	6.339×10^{-3}

系数	P_{11}	P_{12}	P_{13}	P_{14}	P_{15}	P_{16}	P_{17}	P_{18}	P_{19}	—
a_1 (Z_1)	5.281×10^{-3}	-3.177×10^{-1}	5.858×10^{-3}	-7.601×10^{-3}	2.873×10^{0}	-9.576×10^{-2}	-2.592×10^{-4}	-6.905×10^{-5}	-3.673×10^{0}	—
a_2 (Z_1)	2.813×10^{-1}	3.827×10^{-1}	1.160×10^{-1}	-4.877×10^{-3}	-2.849×10^{0}	-8.562×10^{-2}	-7.400×10^{-4}	-1.996×10^{-5}	-3.377×10^{-1}	—
a_3 (Z_1)	-2.012×10^{0}	3.801×10^{-1}	-3.801×10^{-2}	1.130×10^{-2}	3.275×10^{0}	2.014×10^{-1}	2.406×10^{-4}	1.194×10^{-4}	8.048×10^{-3}	—
a_4 (Z_1)	-5.459×10^{-1}	-2.106×10^{-1}	-4.601×10^{-3}	1.077×10^{-3}	1.037×10^{0}	6.092×10^{-2}	2.925×10^{-4}	2.235×10^{-5}	-5.748×10^{-1}	—

续表

系数	P_{11}	P_{12}	P_{13}	P_{14}	P_{15}	P_{16}	P_{17}	P_{18}	P_{19}	—
a_5（Z_1）	2.878×10^{-2}	-1.093×10^{-1}	2.977×10^{-3}	-3.155×10^{-3}	-1.310×10^{-1}	-4.444×10^{-2}	-3.586×10^{-4}	-1.013×10^{-5}	-3.688×10^{-1}	—
a_6（Z_1）	-2.394×10^{0}	3.583×10^{-1}	6.284×10^{-2}	-8.172×10^{-3}	7.211×10^{0}	1.295×10^{-1}	6.739×10^{-4}	5.258×10^{-5}	-2.880×10^{0}	—
b_1（Z_1）	-6.621×10^{-1}	-2.594×10^{-1}	-1.503×10^{-3}	4.389×10^{-4}	9.073×10^{-1}	3.439×10^{-2}	4.260×10^{-4}	2.043×10^{-5}	-3.233×10^{-1}	—
b_2（Z_1）	2.061×10^{0}	-3.466×10^{-1}	-1.759×10^{-2}	-1.339×10^{-3}	-6.819×10^{0}	-1.942×10^{-1}	-5.961×10^{-4}	-1.087×10^{-4}	3.040×10^{0}	—
b_3（Z_2）	-1.709×10^{1}	-1.774×10^{1}	4.259×10^{1}	2.444×10^{1}	-3.583×10^{1}	1.398×10^{1}	4.087×10^{1}	5.392×10^{1}	2.979×10^{2}	—
b_4（Z_1）	5.554×10^{-1}	2.824×10^{-1}	-4.305×10^{-4}	-8.651×10^{-4}	-1.835×10^{-1}	-4.631×10^{-2}	-1.665×10^{-4}	-6.533×10^{-6}	1.434×10^{0}	—
b_5（Z_1）	3.079×10^{-1}	1.199×10^{-1}	4.083×10^{-4}	-7.029×10^{-4}	-1.035×10^{0}	-3.002×10^{-2}	8.992×10^{-5}	-1.225×10^{-5}	7.796×10^{-1}	—
b_6（Z_1）	-8.134×10^{-1}	3.268×10^{-1}	7.146×10^{-3}	5.979×10^{-4}	3.808×10^{0}	9.250×10^{-2}	3.718×10^{-5}	5.429×10^{-5}	-1.657×10^{0}	—

表 C.8　面内弯矩荷载作用下 T2（T3）平面 MIF 分布公式系数（撑杆）

系数	P_1	P_2	P_3	P_4	P_5	P_6	P_7	P_8	P_9	P_{10}
a_1（Z_1）	-3.190×10^{-1}	1.276×10^{-3}	-4.937×10^{-4}	5.215×10^{-1}	-2.859×10^{-2}	2.720×10^{-5}	-9.414×10^{-3}	-1.436×10^{-2}	1.123×10^{-2}	-1.808×10^{-3}
a_2（Z_1）	4.222×10^{-2}	-1.708×10^{-4}	6.815×10^{-4}	4.814×10^{-1}	-9.974×10^{-2}	1.337×10^{-5}	2.402×10^{-3}	5.535×10^{-4}	3.160×10^{-3}	-2.940×10^{-3}
a_3（Z_1）	-7.940×10^{-2}	-1.128×10^{-3}	7.888×10^{-5}	-1.054×10^{0}	1.700×10^{-2}	-3.093×10^{-4}	9.668×10^{-3}	2.369×10^{-3}	-1.797×10^{-2}	5.114×10^{-3}
a_4（Z_1）	-8.028×10^{-2}	-1.165×10^{-3}	1.398×10^{-4}	-1.353×10^{-1}	3.131×10^{-2}	-4.090×10^{-5}	7.111×10^{-3}	1.938×10^{-3}	-1.697×10^{-3}	1.567×10^{-4}
a_5（Z_1）	-3.127×10^{-2}	3.843×10^{-3}	-6.836×10^{-4}	6.395×10^{-2}	-4.615×10^{-2}	7.522×10^{-5}	-1.199×10^{-2}	-9.903×10^{-4}	1.108×10^{-2}	-5.773×10^{-4}
a_6（Z_1）	-6.951×10^{-1}	-6.266×10^{-3}	4.664×10^{-3}	-1.180×10^{0}	1.797×10^{-1}	-1.527×10^{-4}	-5.147×10^{-2}	-8.346×10^{-3}	-1.004×10^{-2}	1.162×10^{-2}
b_1（Z_1）	-1.599×10^{-2}	4.835×10^{-3}	-2.211×10^{-3}	-9.358×10^{-2}	1.115×10^{-1}	3.264×10^{-5}	-8.945×10^{-3}	-1.807×10^{-2}	2.304×10^{-3}	4.450×10^{-3}
b_2（Z_2）	3.015×10^{2}	-1.044×10^{-1}	6.821×10^{-1}	-4.737×10^{1}	1.763×10^{1}	-8.289×10^{-3}	1.681×10^{0}	4.495×10^{0}	-2.813×10^{0}	1.382×10^{-1}
b_3（Z_2）	5.690×10^{2}	-5.129×10^{-1}	1.723×10^{0}	8.217×10^{0}	1.807×10^{1}	-1.843×10^{-2}	-5.966×10^{-1}	-2.230×10^{-1}	-4.141×10^{0}	3.155×10^{-1}
b_4（Z_1）	5.284×10^{-2}	9.018×10^{-4}	-6.685×10^{-4}	6.011×10^{-2}	-1.199×10^{-2}	3.588×10^{-6}	-4.632×10^{-4}	-8.286×10^{-4}	2.661×10^{-4}	-1.458×10^{-3}
b_5（Z_1）	5.482×10^{-2}	-3.925×10^{-4}	-3.605×10^{-4}	-4.363×10^{-2}	2.110×10^{-3}	-1.206×10^{-5}	-1.540×10^{-4}	-9.355×10^{-4}	1.715×10^{-3}	-4.745×10^{-4}
b_6（Z_1）	-3.016×10^{-1}	2.067×10^{-4}	-1.306×10^{-3}	-3.067×10^{-1}	6.433×10^{-3}	-2.131×10^{-6}	-2.705×10^{-3}	9.571×10^{-4}	-8.781×10^{-3}	1.242×10^{-3}

系数	P_{11}	P_{12}	P_{13}	P_{14}	P_{15}	P_{16}	P_{17}	P_{18}	P_{19}	—
a_1（Z_1）	2.255×10^{-1}	-1.364×10^{-1}	3.537×10^{-3}	-2.722×10^{-3}	1.568×10^{0}	-6.438×10^{-2}	-1.942×10^{-5}	-2.725×10^{-5}	-2.163×10^{0}	—
a_2（Z_1）	3.688×10^{-1}	1.296×10^{-2}	2.178×10^{-3}	-1.138×10^{-3}	-2.727×10^{-1}	-1.238×10^{-1}	-1.372×10^{-4}	1.260×10^{-5}	-4.126×10^{-1}	—

续表

系数	P_{11}	P_{12}	P_{13}	P_{14}	P_{15}	P_{16}	P_{17}	P_{18}	P_{19}	—
a_3 (Z_1)	-5.118 $\times10^{-1}$	3.016 $\times10^{-1}$	-1.593 $\times10^{-2}$	6.231 $\times10^{-3}$	1.056 $\times10^{-1}$	1.158 $\times10^{-1}$	9.248 $\times10^{-4}$	4.353 $\times10^{-5}$	1.058 $\times10^{0}$	—
a_4 (Z_1)	-2.463 $\times10^{-1}$	4.936 $\times10^{-2}$	-7.775 $\times10^{-4}$	-6.407 $\times10^{-7}$	2.790 $\times10^{-1}$	8.597 $\times10^{-3}$	6.699 $\times10^{-5}$	-4.493 $\times10^{-6}$	-4.486 $\times10^{-2}$	—
a_5 (Z_1)	1.165 $\times10^{-1}$	-5.644 $\times10^{-2}$	2.113 $\times10^{-3}$	-2.660 $\times10^{-3}$	3.371 $\times10^{-1}$	-1.642 $\times10^{-1}$	-8.470 $\times10^{-5}$	-3.410 $\times10^{-5}$	-1.014 $\times10^{0}$	—
a_6 (Z_1)	-9.063 $\times10^{-1}$	2.372 $\times10^{-1}$	1.906 $\times10^{-2}$	-1.794 $\times10^{-3}$	2.513 $\times10^{0}$	1.142 $\times10^{-1}$	5.662 $\times10^{-4}$	8.069 $\times10^{-6}$	-6.480 $\times10^{-1}$	—
b_1 (Z_1)	-4.899 $\times10^{-1}$	-5.861 $\times10^{-1}$	-4.287 $\times10^{-3}$	-1.696 $\times10^{-2}$	3.528 $\times10^{-1}$	3.220 $\times10^{-1}$	1.931 $\times10^{-2}$	-3.523 $\times10^{-3}$	-1.791 $\times10^{-3}$	—
b_2 (Z_2)	-4.123 $\times10^{1}$	-1.671 $\times10^{2}$	-1.384 $\times10^{0}$	6.943 $\times10^{-1}$	-5.727 $\times10^{2}$	8.424 $\times10^{1}$	1.527 $\times10^{-2}$	8.477 $\times10^{-3}$	4.899 $\times10^{2}$	—
b_3 (Z_2)	-5.114 $\times10^{1}$	-2.401 $\times10^{2}$	1.575 $\times10^{0}$	-1.209 $\times10^{0}$	-1.132 $\times10^{3}$	7.714 $\times10^{1}$	1.675 $\times10^{-2}$	2.885 $\times10^{-2}$	9.025 $\times10^{2}$	—
b_4 (Z_1)	1.667 $\times10^{-1}$	7.059 $\times10^{-3}$	-4.095 $\times10^{-4}$	1.493 $\times10^{-3}$	-3.435 $\times10^{-1}$	-9.814 $\times10^{-3}$	4.798 $\times10^{-6}$	-3.898 $\times10^{-6}$	2.024 $\times10^{-1}$	—
b_5 (Z_1)	5.638 $\times10^{-2}$	5.596 $\times10^{-3}$	2.987 $\times10^{-4}$	3.507 $\times10^{-4}$	-2.879 $\times10^{-1}$	1.955 $\times10^{-2}$	4.726 $\times10^{-5}$	-7.895 $\times10^{-6}$	2.453 $\times10^{-1}$	—
b_6 (Z_1)	-1.207 $\times10^{-1}$	2.245 $\times10^{-1}$	2.879 $\times10^{-4}$	3.699 $\times10^{-3}$	7.105 $\times10^{-1}$	-2.768 $\times10^{-2}$	9.221 $\times10^{-6}$	1.354 $\times10^{-5}$	-1.664 $\times10^{-1}$	—

表C.9　面外弯矩荷载作用下T1平面SCF分布公式系数（弦杆）

系数	P_1	P_2	P_3	P_4	P_5	P_6	P_7	P_8	P_9	P_{10}
b_1 (Z_1)	-5.277 $\times10^{0}$	1.140 $\times10^{-1}$	2.397 $\times10^{-1}$	1.181 $\times10^{0}$	1.325 $\times10^{1}$	4.237 $\times10^{-3}$	3.759 $\times10^{-1}$	2.297 $\times10^{-2}$	-3.096 $\times10^{-2}$	1.137 $\times10^{-1}$
b_2 (Z_1)	1.274 $\times10^{0}$	3.388 $\times10^{-3}$	8.740 $\times10^{-3}$	-3.334 $\times10^{-1}$	-2.204 $\times10^{-1}$	5.288 $\times10^{-4}$	7.436 $\times10^{-2}$	5.009 $\times10^{-2}$	-2.474 $\times10^{-2}$	2.510 $\times10^{-3}$
b_3 (Z_1)	-5.981 $\times10^{0}$	-1.706 $\times10^{-1}$	-2.018 $\times10^{-1}$	-8.782 $\times10^{0}$	-4.795 $\times10^{0}$	-4.895 $\times10^{-3}$	-4.404 $\times10^{-1}$	-2.190 $\times10^{-2}$	-1.113 $\times10^{-1}$	-5.157 $\times10^{-3}$
b_4 (Z_1)	-1.046 $\times10^{-1}$	-5.448 $\times10^{-4}$	4.744 $\times10^{-3}$	1.773 $\times10^{0}$	-1.785 $\times10^{0}$	1.997 $\times10^{-4}$	1.378 $\times10^{-2}$	-6.103 $\times10^{-3}$	-5.060 $\times10^{-3}$	1.599 $\times10^{-2}$
b_5 (Z_1)	6.330 $\times10^{0}$	4.751 $\times10^{-2}$	5.832 $\times10^{-2}$	5.805 $\times10^{0}$	4.690 $\times10^{0}$	1.276 $\times10^{-3}$	1.440 $\times10^{-1}$	-1.551 $\times10^{-2}$	1.073 $\times10^{-1}$	-1.107 $\times10^{-2}$

系数	P_{11}	P_{12}	P_{13}	P_{14}	P_{15}	P_{16}	P_{17}	P_{18}	P_{19}	—
b_1 (Z_1)	-7.085 $\times10^{0}$	-4.177 $\times10^{0}$	-1.026 $\times10^{-1}$	-5.463 $\times10^{-2}$	1.854 $\times10^{1}$	-2.818 $\times10^{0}$	-1.144 $\times10^{-2}$	-1.235 $\times10^{-3}$	-1.639 $\times10^{1}$	—
b_2 (Z_1)	-4.853 $\times10^{-1}$	-1.021 $\times10^{0}$	-6.701 $\times10^{-2}$	-1.312 $\times10^{-2}$	6.368 $\times10^{-2}$	3.747 $\times10^{-1}$	-4.817 $\times10^{-4}$	9.107 $\times10^{-5}$	-4.460 $\times10^{-1}$	—
b_3 (Z_1)	1.054 $\times10^{0}$	1.174 $\times10^{1}$	2.927 $\times10^{-1}$	1.705 $\times10^{-1}$	3.168 $\times10^{0}$	-4.167 $\times10^{-1}$	7.868 $\times10^{-3}$	2.327 $\times10^{-4}$	7.396 $\times10^{0}$	—
b_4 (Z_1)	-4.956 $\times10^{-1}$	-5.370 $\times10^{-1}$	1.416 $\times10^{-2}$	7.028 $\times10^{-3}$	-1.386 $\times10^{0}$	-5.571 $\times10^{-2}$	-9.674 $\times10^{-4}$	-1.912 $\times10^{-4}$	-2.532 $\times10^{-1}$	—
b_5 (Z_1)	1.420 $\times10^{0}$	-6.400 $\times10^{0}$	-9.796 $\times10^{-2}$	-9.980 $\times10^{-2}$	-1.041 $\times10^{1}$	9.460 $\times10^{-1}$	-1.508 $\times10^{-3}$	1.298 $\times10^{-4}$	1.375 $\times10^{0}$	—

表 C.10　面外弯矩荷载作用下 T1 平面 SCF 分布公式系数（撑杆）

系数	P_1	P_2	P_3	P_4	P_5	P_6	P_7	P_8	P_9	P_{10}
b_1 (Z_1)	-8.923×10^{0}	9.393×10^{-2}	2.112×10^{-1}	-1.409×10^{0}	-2.986×10^{-1}	3.004×10^{-3}	2.312×10^{-1}	2.660×10^{-2}	-1.675×10^{-1}	6.740×10^{-2}
b_2 (Z_1)	5.825×10^{0}	-5.070×10^{-3}	7.379×10^{-3}	2.485×10^{0}	-4.623×10^{-2}	-4.872×10^{-4}	-5.412×10^{-2}	1.969×10^{-2}	2.458×10^{-2}	-6.009×10^{-4}
b_3 (Z_1)	-4.498×10^{0}	-1.121×10^{-1}	-1.518×10^{-1}	-6.047×10^{0}	-1.687×10^{0}	-2.540×10^{-3}	-1.861×10^{-1}	-2.329×10^{-2}	-5.356×10^{-2}	-2.650×10^{-2}
b_4 (Z_1)	1.273×10^{0}	1.709×10^{-2}	4.586×10^{-2}	2.423×10^{0}	-9.172×10^{-1}	3.624×10^{-4}	1.844×10^{-2}	2.359×10^{-3}	3.604×10^{-2}	7.714×10^{-3}
b_5 (Z_1)	4.840×10^{0}	2.869×10^{-2}	3.387×10^{-2}	3.748×10^{0}	2.480×10^{-1}	4.132×10^{-4}	5.569×10^{-2}	-1.118×10^{-2}	4.838×10^{-2}	-1.217×10^{-2}

系数	P_{11}	P_{12}	P_{13}	P_{14}	P_{15}	P_{16}	P_{17}	P_{18}	P_{19}	—
b_1 (Z_1)	-2.452×10^{0}	7.030×10^{0}	-8.814×10^{-2}	2.679×10^{-2}	2.092×10^{1}	-3.645×10^{0}	-7.798×10^{-3}	-9.658×10^{-4}	-1.368×10^{1}	—
b_2 (Z_1)	1.239×10^{0}	-7.871×10^{0}	-5.394×10^{-3}	-7.103×10^{-2}	-6.059×10^{0}	3.588×10^{0}	1.506×10^{-3}	5.270×10^{4}	1.630×10^{0}	—
b_3 (Z_1)	1.582×10^{0}	9.224×10^{0}	1.354×10^{-1}	1.560×10^{-1}	7.658×10^{-1}	-1.764×10^{0}	5.012×10^{-3}	-1.054×10^{-4}	4.295×10^{0}	—
b_4 (Z_1)	-1.111×10^{-1}	-2.126×10^{-2}	-2.662×10^{-2}	-5.910×10^{-2}	-1.951×10^{0}	-1.070×10^{0}	-3.982×10^{-4}	9.451×10^{-5}	-3.639×10^{-2}	—
b_5 (Z_1)	6.619×10^{-1}	-6.414×10^{0}	-4.985×10^{-2}	-4.900×10^{-2}	-6.472×10^{0}	2.009×10^{0}	-2.428×10^{-4}	7.767×10^{-5}	1.478×10^{0}	—

表 C.11　面外弯矩荷载作用下 T2（T3）平面 MIF 分布公式系数（弦杆）

系数	P_1	P_2	P_3	P_4	P_5	P_6	P_7	P_8	P_9	P_{10}
c_0 (Z_1)	-4.11×10^{0}	-1.05×10^{-1}	-5.68×10^{-4}	-6.03×10^{0}	-1.12×10^{-1}	-2.57×10^{-3}	-1.34×10^{-1}	-8.33×10^{-2}	-1.11×10^{-1}	5.81×10^{-2}
a_1 (Z_1)	1.09×10^{-1}	-5.80×10^{-3}	3.57×10^{-4}	-2.27×10^{-2}	-1.40×10^{-1}	-1.06×10^{-4}	-9.86×10^{-3}	4.63×10^{-4}	2.69×10^{-3}	-9.63×10^{-4}
a_2 (Z_1)	1.27×10^{1}	2.77×10^{-1}	-8.90×10^{-3}	1.02×10^{1}	1.35×10^{-1}	5.74×10^{-3}	4.89×10^{-1}	1.78×10^{-1}	1.64×10^{-1}	-9.67×10^{-2}
a_3 (Z_1)	-3.13×10^{-1}	-8.49×10^{-3}	2.02×10^{-3}	-1.39×10^{-1}	6.12×10^{-2}	1.01×10^{-4}	-4.26×10^{-2}	3.06×10^{-3}	8.20×10^{-3}	1.18×10^{-3}
a_4 (Z_1)	-7.01×10^{0}	-9.02×10^{-2}	-1.85×10^{-2}	-4.45×10^{0}	9.15×10^{-2}	-2.39×10^{-3}	-1.64×10^{-1}	-4.30×10^{-2}	-7.12×10^{-2}	2.18×10^{-2}
a_5 (Z_1)	1.93×10^{-1}	-4.68×10^{-2}	1.86×10^{-2}	4.53×10^{0}	5.06×10^{-1}	-4.19×10^{-4}	-1.42×10^{-1}	-8.90×10^{-2}	1.31×10^{-1}	-1.08×10^{-2}
b_1 (Z_1)	-1.44×10^{-1}	-5.14×10^{-3}	9.02×10^{-4}	2.65×10^{-1}	2.06×10^{-2}	7.24×10^{-2}	-1.81×10^{-2}	-4.05×10^{-2}	1.26×10^{-2}	3.82×10^{-4}
b_2 (Z_1)	-2.05×10^{0}	5.53×10^{-2}	-3.43×10^{-2}	-3.58×10^{0}	-4.02×10^{-1}	-5.82×10^{-1}	1.24×10^{-1}	3.73×10^{-2}	-9.61×10^{-2}	1.84×10^{-3}
b_3 (Z_1)	1.37×10^{-1}	-3.81×10^{-3}	-2.26×10^{-3}	1.76×10^{-1}	-1.32×10^{-1}	-1.06×10^{-5}	6.11×10^{-3}	4.65×10^{-3}	9.10×10^{-3}	-2.43×10^{-3}
b_4 (Z_1)	1.04×10^{0}	1.60×10^{-2}	-4.59×10^{-4}	9.08×10^{-1}	-8.78×10^{-2}	3.35×10^{-4}	4.14×10^{-2}	1.74×10^{-3}	1.34×10^{-2}	-1.38×10^{-4}
b_5 (Z_1)	1.52×10^{0}	-1.58×10^{-2}	1.26×10^{-2}	8.83×10^{-1}	-4.09×10^{-6}	-1.85×10^{-4}	-5.20×10^{-2}	-8.95×10^{-3}	2.50×10^{-2}	6.60×10^{-5}

续表

系数	P_{11}	P_{12}	P_{13}	P_{14}	P_{15}	P_{16}	P_{17}	P_{18}	P_{19}	—
c_0 (Z_1)	-3.56×10^{0}	3.35×10^{0}	1.08×10^{-1}	2.91×10^{-2}	1.05×10^{1}	2.57×10^{-1}	5.71×10^{-3}	2.83×10^{-4}	-9.11×10^{-1}	—
a_1 (Z_1)	3.19×10^{-1}	-6.11×10^{-2}	9.51×10^{-3}	1.60×10^{-7}	-4.32×10^{-1}	1.12×10^{0}	-1.14×10^{-4}	7.40×10^{-6}	2.67×10^{-1}	—
a_2 (Z_1)	3.99×10^{0}	-6.73×10^{0}	-5.27×10^{-1}	-3.48×10^{-2}	-3.21×10^{1}	-3.00×10^{0}	-5.91×10^{-3}	-6.62×10^{-4}	1.33×10^{1}	—
a_3 (Z_1)	-2.11×10^{-1}	1.37×10^{-1}	2.16×10^{-2}	-5.55×10^{-3}	1.10×10^{0}	-4.71×10^{-1}	-1.63×10^{-4}	-3.85×10^{-6}	-8.88×10^{-1}	—
a_4 (Z_1)	-1.22×10^{0}	4.08×10^{0}	1.77×10^{-1}	4.88×10^{-2}	1.63×10^{1}	-3.80×10^{-1}	2.77×10^{-3}	1.41×10^{-4}	-8.16×10^{0}	—
a_5 (Z_1)	3.21×10^{0}	-1.86×10^{0}	1.31×10^{-1}	-4.60×10^{-2}	-3.15×10^{-1}	-2.59×10^{-1}	1.13×10^{-3}	-2.08×10^{-4}	-5.21×10^{0}	—
b_1 (Z_1)	8.96×10^{-2}	3.19×10^{-1}	4.97×10^{-2}	-1.13×10^{-2}	-3.48×10^{-1}	-2.60×10^{-1}	-2.69×10^{-3}	-4.06×10^{-5}	-2.33×10^{-2}	—
b_2 (Z_1)	-1.05×10^{0}	1.95×10^{0}	-1.99×10^{-1}	6.67×10^{-2}	6.99×10^{0}	1.00×10^{-1}	4.49×10^{-3}	3.49×10^{-5}	-2.73×10^{0}	—
b_3 (Z_1)	2.75×10^{-1}	2.05×10^{-1}	-3.86×10^{-3}	1.96×10^{-3}	-1.05×10^{0}	-7.25×10^{-2}	4.19×10^{-5}	-5.08×10^{-5}	6.82×10^{-1}	—
b_4 (Z_1)	1.20×10^{-1}	-4.50×10^{-1}	-4.39×10^{-2}	-5.80×10^{-3}	-2.47×10^{0}	-4.75×10^{-2}	8.11×10^{-5}	-5.94×10^{-5}	1.03×10^{0}	—
b_5 (Z_1)	3.23×10^{-1}	-8.79×10^{-1}	4.98×10^{-2}	-2.36×10^{-2}	-4.56×10^{0}	1.73×10^{-1}	-1.10×10^{-4}	8.53×10^{-5}	3.35×10^{0}	—

表C.12　面外弯矩荷载作用下T2（T3）平面MIF分布公式系数（撑杆）

系数	P_1	P_2	P_3	P_4	P_5	P_6	P_7	P_8	P_9	P_{10}
c_0 (Z_1)	-3.271×10^{0}	-7.566×10^{-2}	-9.566×10^{-4}	-4.621×10^{0}	4.584×10^{-1}	-1.644×10^{-3}	-1.176×10^{-1}	-1.745×10^{-2}	-3.804×10^{-2}	9.019×10^{-3}
a_1 (Z_1)	5.321×10^{-1}	-1.615×10^{-2}	1.570×10^{-3}	-6.352×10^{-2}	-1.092×10^{-1}	2.931×10^{-4}	7.778×10^{-2}	-1.663×10^{-4}	-5.997×10^{-3}	9.955×10^{-4}
a_2 (Z_1)	7.750×10^{0}	2.034×10^{-1}	4.477×10^{-3}	8.543×10^{0}	-3.956×10^{-1}	3.512×10^{-3}	2.601×10^{-1}	5.317×10^{-2}	8.563×10^{-2}	-1.470×10^{-2}
a_3 (Z_1)	-1.618×10^{0}	-3.563×10^{-2}	2.973×10^{-3}	-1.507×10^{0}	6.609×10^{-3}	-7.544×10^{-4}	-8.019×10^{-2}	1.324×10^{-2}	-1.472×10^{-2}	-7.347×10^{-3}
a_4 (Z_1)	-4.047×10^{0}	-6.250×10^{-2}	-1.156×10^{-2}	-3.139×10^{0}	6.630×10^{-2}	-9.811×10^{-4}	-7.283×10^{-2}	-1.716×10^{-2}	-2.904×10^{-2}	7.129×10^{-3}
a_5 (Z_1)	9.158×10^{-1}	-3.394×10^{-2}	1.417×10^{-2}	4.606×10^{0}	-2.813×10^{-1}	-6.613×10^{-4}	-1.202×10^{-1}	-2.906×10^{-3}	7.729×10^{-2}	-2.120×10^{-3}
b_1 (Z_1)	-1.474×10^{-2}	1.444×10^{-3}	2.002×10^{-3}	-2.041×10^{-1}	-2.391×10^{-1}	2.016×10^{-4}	2.197×10^{-2}	-4.185×10^{-2}	-1.053×10^{-2}	9.260×10^{-4}
b_2 (Z_1)	-1.195×10^{0}	3.695×10^{-2}	-2.539×10^{-2}	-2.826×10^{0}	2.702×10^{-2}	-7.889×10^{-5}	6.553×10^{-2}	7.712×10^{-3}	-3.826×10^{-2}	-2.976×10^{-3}
b_3 (Z_1)	3.926×10^{-1}	-6.119×10^{-2}	4.816×10^{-3}	8.852×10^{-1}	-1.259×10^{-1}	-9.343×10^{-4}	-9.075×10^{-2}	9.081×10^{-3}	1.207×10^{-2}	-3.919×10^{-2}
b_4 (Z_1)	8.695×10^{-1}	1.246×10^{-2}	3.702×10^{-2}	1.017×10^{0}	-1.755×10^{-1}	2.096×10^{-4}	2.584×10^{-2}	1.290×10^{-2}	9.020×10^{-3}	1.961×10^{-2}
b_5 (Z_1)	1.029×10^{0}	-9.448×10^{-3}	7.632×10^{-3}	7.598×10^{-1}	-1.674×10^{-2}	-1.105×10^{-4}	-2.030×10^{-2}	-1.555×10^{-3}	1.144×10^{-2}	-4.650×10^{-4}

续表

系数	P_{11}	P_{12}	P_{13}	P_{14}	P_{15}	P_{16}	P_{17}	P_{18}	P_{19}	—
c_0 (Z_1)	-1.128×10^0	2.227×10^0	4.569×10^{-2}	2.590×10^{-2}	8.628×10^0	2.768×10^{-1}	4.482×10^{-3}	1.281×10^{-4}	-3.479×10^0	—
a_1 (Z_1)	2.102×10^{-1}	5.033×10^{-1}	1.321×10^{-2}	-4.543×10^{-3}	-3.167×10^0	-2.092×10^{-1}	-1.338×10^{-3}	-2.546×10^{-5}	2.764×10^0	—
a_2 (Z_1)	7.647×10^{-1}	-5.001×10^0	-2.755×10^{-1}	-5.039×10^{-2}	-1.716×10^1	-4.626×10^{-1}	-4.529×10^{-3}	-3.593×10^{-4}	6.177×10^0	—
a_3 (Z_1)	3.570×10^{-1}	-8.346×10^{-2}	6.816×10^{-2}	9.416×10^{-3}	4.890×10^0	6.485×10^{-1}	3.847×10^{-4}	1.295×10^{-4}	-2.928×10^0	—
a_4 (Z_1)	-4.612×10^{-1}	3.004×10^0	1.078×10^{-1}	2.314×10^{-2}	8.595×10^0	-4.134×10^{-1}	6.728×10^{-4}	7.047×10^{-5}	-4.211×10^0	—
a_5 (Z_1)	6.244×10^{-1}	-9.919×10^{-1}	5.585×10^{-2}	-2.195×10^{-2}	-3.290×10^0	-5.530×10^{-1}	1.704×10^{-2}	-1.846×10^{-2}	-1.719×10^0	—
b_1 (Z_1)	1.484×10^{-1}	-5.969×10^{-1}	3.230×10^{-3}	-3.668×10^{-3}	1.222×10^0	3.924×10^{-1}	-7.066×10^{-4}	5.927×10^{-5}	-1.361×10^0	—
b_2 (Z_1)	-2.471×10^{-1}	1.487×10^0	-8.466×10^{-2}	3.730×10^{-2}	2.903×10^0	-7.493×10^{-3}	$1\,270 \times 10^{-3}$	-2.506×10^{-5}	-5.972×10^{-1}	—
b_3 (Z_1)	-7.056×10^{-2}	-2.581×10^{-2}	5.947×10^{-3}	-8.838×10^{-3}	-1.244×10^0	-2.395×10^{-1}	1.173×10^{-5}	1.112×10^{-5}	5.065×10^{-1}	—
b_4 (Z_1)	6.464×10^{-2}	-4.434×10^{-1}	-2.294×10^{-2}	-1.062×10^{-2}	-1.748×10^0	-1.183×10^{-1}	-2.291×10^{-4}	-5.554×10^{-6}	5.202×10^{-1}	—
b_5 (Z_1)	1.366×10^{-1}	-8.510×10^{-1}	2.044×10^{-2}	-1.248×10^{-2}	-2.625×10^0	2.390×10^{-1}	4.625×10^{-5}	4.470×10^{-5}	1.780×10^0	—

附录 D 神经网络模型权重值

本附录中，N*i*L*j* 代表 *j* 层第 *i* 个节点。

表 D.1 神经网络模型权重值

序号	权重名	轴力荷载				面内弯矩荷载				面外弯矩荷载			
		SCF		MIF		SCF		MIF		SCF		MIF	
		弦杆	撑杆	弦杆	撑杆	弦杆	撑杆	弦杆	撑杆	弦杆	撑杆	弦杆	撑杆
1	N1L1-N1L2	0.514	0.457	−0.432	0.014	0.589	0.712	0.730	−0.760	0.295	0.494	−0.473	0.567
2	N1L1-N2L2	0.199	−0.346	0.585	−0.585	0.557	−0.105	−0.550	0.718	−0.407	−0.303	0.984	0.376
3	N1L1-N3L2	0.199	−0.179	0.262	−0.117	0.735	0.254	−0.664	0.342	0.301	0.351	−0.572	−0.928
4	N1L1-N4L2	−0.085	−0.075	0.526	−0.844	−0.284	0.431	−0.504	0.776	0.038	−0.086	0.083	−0.100
5	N1L1-N5L2	−0.529	0.334	−0.020	0.391	0.675	0.680	−0.222	0.043	−0.454	−0.401	−0.878	0.311
6	N1L1-N6L2	−0.116	−0.154	−0.970	0.088	0.600	0.540	−0.290	−0.678	−0.260	0.461	0.569	−0.555
7	N1L1-N7L2	0.227	0.061	−0.408	−0.569	−0.034	−0.311	0.150	−0.281	0.388	−0.030	−0.881	0.051
8	N1L1-N8L2	−0.664	0.302	−0.067	0.673	0.764	−0.319	−0.175	0.098	−0.210	−0.275	−1.075	0.488
9	N1L1-N9L2	0.009	−0.492	0.297	0.649	0.027	−0.303	0.443	−0.033	−0.772	−0.571	0.885	−0.760
10	N1L1-N10L2	−0.132	−0.093	−0.077	−0.256	0.873	0.092	−0.574	0.148	−0.563	−0.428	−0.196	−0.087
11	N1L1-N11L2	0.220	−0.053	0.469	−0.967	−0.291	0.216	−0.661	0.537	0.452	0.789	−0.366	−0.681
12	N1L1-N12L2	0.880	−0.195	−0.595	0.390	−0.145	0.031	−0.702	0.632	0.316	−0.014	0.541	−0.510
13	N1L1-N13L2	−0.744	0.453	0.840	−0.475	−0.336	0.197	−0.044	−0.166	−0.469	−0.634	0.162	−0.593
14	N1L1-N14L2	0.346	0.380	−0.051	−0.056	−0.541	−0.167	−0.075	−0.763	−0.084	−0.116	0.724	0.863
15	N1L1-N15L2	0.144	−0.211	−0.732	1.115	0.246	0.166	0.811	0.460	−0.414	−0.312	0.373	−0.709
16	N2L1-N1L2	−0.345	0.195	−0.632	−0.041	0.196	0.075	0.187	−0.863	0.157	−0.087	0.237	0.302
17	N2L1-N2L2	−1.000	−0.501	0.520	0.079	−0.699	−0.045	−0.040	0.138	0.158	0.982	0.412	−0.036
18	N2L1-N3L2	0.291	−0.040	0.448	−0.714	0.104	−0.243	−0.500	−0.089	0.079	0.930	−0.096	0.213
19	N2L1-N4L2	0.445	0.135	0.458	0.344	0.062	−0.047	−0.035	−0.013	0.337	−0.278	0.178	−0.410
20	N2L1-N5L2	−0.583	0.290	−0.772	−0.244	0.160	0.679	0.111	−0.829	−0.182	−0.252	−0.177	−1.413
21	N2L1-N6L2	0.643	−0.434	−0.360	−0.121	0.008	0.059	0.051	0.074	−0.095	0.895	−0.143	1.262

续表

序号	权重名	轴力荷载				面内弯矩荷载				面外弯矩荷载			
		SCF		MIF		SCF		MIF		SCF		MIF	
		弦杆	撑杆	弦杆	撑杆	弦杆	撑杆	弦杆	撑杆	弦杆	撑杆	弦杆	撑杆
22	N2L1-N7L2	0.342	0.449	−0.131	0.596	−0.293	0.217	0.033	0.533	0.720	−0.318	−0.252	0.680
23	N2L1-N8L2	0.208	−0.549	−0.526	0.399	−0.166	0.502	−0.055	0.077	−0.475	0.141	−0.549	0.425
24	N2L1-N9L2	−0.061	0.786	−0.473	0.010	−0.060	−0.060	0.126	0.808	−0.440	−0.333	0.250	−0.627
25	N2L1-N10L2	−0.100	−0.006	0.944	−1.094	0.287	1.029	−0.127	−0.127	−0.080	−0.015	0.236	0.151
26	N2L1-N11L2	0.183	−0.644	0.188	−0.314	−0.140	−0.323	−0.130	0.378	0.079	0.984	−0.117	−0.115
27	N2L1-N12L2	0.133	−0.903	−0.201	−0.179	0.239	−0.019	−0.237	0.147	0.205	−0.114	0.289	−0.709
28	N2L1-N13L2	−0.636	0.228	−0.345	−0.120	0.165	−0.433	0.110	0.360	−0.151	1.284	−0.685	0.028
29	N2L1-N14L2	−0.286	−0.103	−0.704	−0.119	−0.770	−0.588	0.078	0.233	0.154	0.084	0.200	0.887
30	N2L1-N15L2	−0.689	0.392	0.207	0.091	−0.773	0.161	0.147	−0.606	0.008	0.513	−0.256	0.358
31	N3L1-N1L2	0.099	−0.045	0.272	−0.593	0.069	0.257	0.373	−0.474	−0.258	0.714	0.073	0.099
32	N3L1-N2L2	0.077	0.518	−0.492	−0.239	−0.641	−0.078	0.144	0.348	0.192	−0.283	0.497	0.131
33	N3L1-N3L2	−0.365	−0.134	0.370	−0.912	−0.056	0.279	−0.818	0.130	0.145	−0.284	−0.186	0.120
34	N3L1-N4L2	−0.252	−0.081	0.674	−0.200	−0.412	0.223	0.003	0.471	−0.159	0.041	0.580	0.021
35	N3L1-N5L2	−0.405	0.170	0.434	0.139	−0.041	0.207	0.739	0.107	−0.183	0.169	−0.402	0.427
36	N3L1-N6L2	0.475	0.117	−0.435	1.121	0.457	0.318	0.304	−0.306	−0.090	−0.012	0.131	−0.422
37	N3L1-N7L2	0.252	−0.063	−0.264	−0.423	−0.088	−0.239	0.332	−0.148	−0.470	0.171	−0.370	−0.144
38	N3L1-N8L2	0.362	0.319	0.011	0.029	−0.070	−0.343	0.177	0.034	−0.913	0.015	−0.631	0.159
39	N3L1-N9L2	0.528	−0.297	0.492	0.277	−0.112	−0.263	0.275	−0.320	0.311	−0.266	−0.138	0.076
40	N3L1-N10L2	−0.037	−0.133	−0.312	0.231	−0.478	−0.199	−0.321	0.005	−0.358	−0.298	0.003	−0.217
41	N3L1-N11L2	0.092	−0.031	−0.218	0.078	−0.207	0.291	−0.299	0.281	0.011	0.962	−0.230	−0.419
42	N3L1-N12L2	0.436	−0.936	−0.445	−0.306	−0.767	−0.005	−0.285	0.266	0.232	0.061	−0.732	−0.286
43	N3L1-N13L2	−0.888	0.309	−0.173	−0.187	−0.566	0.313	−0.219	−0.188	−0.283	−0.460	−0.192	−0.385
44	N3L1-N14L2	0.121	0.134	0.324	−0.465	0.550	−0.098	0.391	−0.366	−0.249	−0.163	0.392	0.033
45	N3L1-N15L2	−0.570	−0.203	−0.015	−0.051	−0.098	−0.247	0.305	0.478	−0.017	−0.409	−0.013	0.006
46	N4L1-N1L2	−0.133	−0.118	0.197	−1.179	−0.090	−1.501	−0.031	0.302	−0.410	0.930	−0.025	−0.237
47	N4L1-N2L2	0.240	0.123	0.059	−0.039	−0.645	−0.569	−0.053	0.648	−0.535	0.895	−0.160	0.353
48	N4L1-N3L2	−0.084	−0.665	0.949	0.246	−0.208	0.205	−0.432	0.393	0.495	0.630	−0.187	0.726

续表

序号	权重名	轴力荷载				面内弯矩荷载				面外弯矩荷载			
		SCF		MIF		SCF		MIF		SCF		MIF	
		弦杆	撑杆	弦杆	撑杆	弦杆	撑杆	弦杆	撑杆	弦杆	撑杆	弦杆	撑杆
49	N4L1-N4L2	0.002	−0.168	0.768	0.010	0.118	−0.529	0.010	−0.514	0.621	0.053	−0.059	0.119
50	N4L1-N5L2	−0.022	0.531	0.124	−0.744	−0.196	0.867	0.580	0.111	−0.164	−0.572	−0.263	−0.491
51	N4L1-N6L2	0.772	0.135	−0.045	0.182	−0.151	−0.713	−0.141	1.538	−0.071	−0.436	0.540	0.254
52	N4L1-N7L2	0.223	0.232	−0.265	0.052	−0.525	0.308	−0.240	−0.301	0.624	−0.279	−0.382	0.381
53	N4L1-N8L2	−0.067	−0.589	−0.064	0.380	−0.213	1.009	−0.338	−0.847	−0.743	0.770	−0.570	0.607
54	N4L1-N9L2	0.571	0.098	0.110	0.501	−0.041	−0.679	0.037	−0.896	−0.408	−1.092	0.087	0.740
55	N4L1-N10L2	−0.187	−0.723	−0.349	0.065	0.627	−0.097	0.020	0.944	0.006	−0.850	−0.197	0.555
56	N4L1-N11L2	−0.157	0.038	−0.171	−1.013	−0.206	−0.294	−0.004	0.591	−0.249	0.036	−0.069	−0.855
57	N4L1-N12L2	0.457	−1.024	−0.131	−0.136	−0.078	0.403	0.084	0.086	0.271	−0.039	−0.346	−0.388
58	N4L1-N13L2	−0.362	0.691	0.088	−0.555	−0.093	−0.045	0.256	−0.834	−0.080	0.190	−0.486	−0.641
59	N4L1-N14L2	0.345	0.539	0.198	−0.201	−0.537	−0.485	−0.023	0.120	−0.032	0.054	0.331	0.914
60	N4L1-N15L2	−0.171	−0.470	0.105	0.174	−0.812	−0.475	−0.099	−0.464	−0.007	−0.252	0.023	0.400
61	N5L1-N1L2	−0.145	−0.116	−0.089	−0.122	0.204	0.019	0.400	−1.282	−0.110	0.123	0.088	0.055
62	N5L1-N2L2	0.301	0.179	0.490	−0.038	−0.620	−0.110	0.068	0.004	0.020	0.268	0.172	0.010
63	N5L1-N3L2	−0.096	−0.126	0.479	−0.407	0.045	0.089	0.119	0.057	−0.367	−0.001	−0.034	0.046
64	N5L1-N4L2	0.072	−0.029	0.798	−0.082	−0.193	0.097	0.125	0.169	0.446	0.093	0.748	−0.019
65	N5L1-N5L2	−0.164	0.025	−0.010	0.010	0.158	0.855	−0.234	0.019	−0.087	0.066	−0.051	0.028
66	N5L1-N6L2	0.934	0.112	−0.116	0.912	0.279	0.111	0.374	−0.093	−0.017	0.288	−0.012	−0.013
67	N5L1-N7L2	−0.406	−0.071	−0.085	−0.034	0.033	−0.102	0.160	0.014	0.693	−0.053	−0.151	0.014
68	N5L1-N8L2	0.148	0.074	−0.087	0.053	−0.475	−0.023	−0.287	−0.063	0.056	0.161	−0.115	0.050
69	N5L1-N9L2	0.080	−0.159	−0.018	0.061	−0.170	−0.274	0.171	−0.158	−0.651	−0.277	0.506	−0.027
70	N5L1-N10L2	0.110	−0.200	0.018	−0.051	0.398	−0.133	−0.083	−0.071	−0.158	−0.206	0.144	−0.042
71	N5L1-N11L2	0.304	−0.043	0.010	−0.047	−0.016	0.052	−0.092	0.466	−0.119	1.089	−0.019	−0.071
72	N5L1-N12L2	−0.182	0.261	−0.067	0.072	0.106	0.023	−0.532	0.052	0.172	0.028	−0.062	−0.074
73	N5L1-N13L2	0.087	0.194	0.089	−0.039	0.207	0.063	0.166	0.037	−0.130	−0.187	0.399	−0.020
74	N5L1-N14L2	0.112	0.144	−0.053	0.153	−0.820	−0.032	0.183	−0.050	0.109	0.074	0.030	0.219
75	N5L1-N15L2	−0.586	−0.083	−0.048	0.059	−0.385	0.137	0.203	0.125	0.254	−0.172	−0.135	0.049

续表

序号	权重名	轴力荷载				面内弯矩荷载				面外弯矩荷载			
		SCF		MIF		SCF		MIF		SCF		MIF	
		弦杆	撑杆	弦杆	撑杆	弦杆	撑杆	弦杆	撑杆	弦杆	撑杆	弦杆	撑杆
76	N6L1-N1L2	1.314	0.652	-2.507	-0.621	1.835	0.398	-2.547	-1.337	1.292	0.419	-0.065	2.302
77	N6L1-N2L2	0.369	0.861	1.389	2.590	-0.562	3.582	1.442	-0.016	-0.346	-0.164	0.939	-3.819
78	N6L1-N3L2	-2.465	2.316	1.023	-0.622	-1.761	2.582	0.163	-2.083	0.479	0.133	3.928	-1.983
79	N6L1-N4L2	2.662	3.283	0.084	-2.214	1.832	1.660	2.478	1.353	0.191	2.638	0.520	1.195
80	N6L1-N5L2	1.618	-2.061	1.246	-0.670	-1.866	0.682	-0.530	-0.197	-1.411	1.921	3.330	0.794
81	N6L1-N6L2	0.511	2.373	2.504	1.149	-0.533	0.423	1.180	-1.910	4.095	0.346	-0.833	2.269
82	N6L1-N7L2	0.077	2.567	2.803	0.119	1.599	1.836	-1.346	0.587	0.078	-2.647	0.976	0.471
83	N6L1-N8L2	-1.527	-0.978	0.469	1.551	0.275	-2.256	-0.593	4.173	-0.732	-1.101	0.486	-0.780
84	N6L1-N9L2	1.012	-0.157	0.277	0.581	1.775	0.364	1.614	-1.392	-0.280	-0.408	-0.358	2.110
85	N6L1-N10L2	-2.536	1.653	-1.699	0.704	-0.008	0.529	2.630	1.783	1.663	3.595	2.721	1.185
86	N6L1-N11L2	1.635	-2.016	1.089	-0.491	-1.363	-2.030	-2.256	-0.264	-1.303	1.245	-1.459	2.407
87	N6L1-N12L2	-0.455	-1.619	-1.766	1.426	-0.877	2.021	-0.946	0.461	-3.125	-1.001	-0.682	-0.987
88	N6L1-N13L2	-0.760	-0.722	0.699	3.803	0.428	-3.609	-1.345	-1.101	-1.694	1.804	-0.467	-2.196
89	N6L1-N14L2	-2.068	1.746	-1.938	-1.207	-0.257	-0.221	-1.527	3.583	-0.627	-1.828	2.086	0.781
90	N6L1-N15L2	-0.834	-1.274	1.404	-1.258	0.512	-0.966	0.147	-1.372	-0.259	-0.373	1.897	-0.892
91	N1L2-N1L3	0.318	0.253	0.267	-0.969	-1.398	-0.071	1.335	0.631	-0.412	0.735	-0.145	-0.689
92	N1L2-N2L3	-0.717	-0.648	0.638	0.653	-0.401	0.219	-0.249	0.160	-0.497	-0.596	1.007	-0.459
93	N1L2-N3L3	-1.047	-0.490	1.099	-0.809	1.031	0.287	-0.878	-0.978	-0.383	0.434	0.511	-0.774
94	N1L2-N4L3	0.846	1.075	-0.935	-0.923	-1.867	-0.007	-2.496	-0.147	-0.388	-0.893	0.186	-0.538
95	N1L2-N5L3	-0.186	0.344	0.064	-0.928	0.116	-0.629	-1.215	-1.121	-0.781	-0.005	0.141	2.089
96	N1L2-N6L3	-0.941	0.901	1.335	0.171	-0.220	-1.031	-0.014	-0.291	-0.830	-0.217	-0.723	-0.348
97	N1L2-N7L3	0.081	-0.119	-1.262	-0.968	-2.105	-0.562	0.185	0.364	-0.618	0.593	-0.260	1.542
98	N1L2-N8L3	0.486	-0.377	0.965	-0.795	-0.420	0.429	0.454	0.824	-0.956	-0.673	-0.144	0.561
99	N1L2-N9L3	0.964	0.728	-0.658	0.819	-1.111	0.327	0.109	-0.313	-0.874	-0.100	0.187	-0.905
100	N1L2-N10L3	-0.180	-0.119	0.741	-0.565	-0.218	-0.534	-0.843	1.132	0.766	-1.086	0.217	0.248
101	N1L2-N11L3	-0.017	-0.657	-0.312	0.337	-0.342	-0.278	1.258	0.358	-0.774	0.281	-0.026	2.124
102	N1L2-N12L3	-0.427	0.216	0.031	0.376	-0.126	0.817	-0.658	-0.329	-0.761	-0.972	-0.421	-0.704

序号	权重名	轴力荷载				面内弯矩荷载				面外弯矩荷载			
		SCF		MIF		SCF		MIF		SCF		MIF	
		弦杆	撑杆	弦杆	撑杆	弦杆	撑杆	弦杆	撑杆	弦杆	撑杆	弦杆	撑杆
103	N1L2-N13L3	-0.060	0.144	-1.777	0.417	-0.610	-0.581	0.712	0.162	0.405	-1.026	-0.517	-0.054
104	N1L2-N14L3	0.320	-0.093	1.486	-0.328	0.590	0.438	-1.130	0.842	0.217	0.569	1.061	-0.728
105	N1L2-N15L3	-0.694	-0.432	0.747	0.469	1.100	0.603	-0.099	-0.424	0.569	-0.637	-0.031	0.080
106	N2L2-N1L3	-0.314	-0.186	0.390	0.507	0.257	0.462	-1.178	-1.124	-0.389	0.744	0.703	2.510
107	N2L2-N2L3	-0.937	-0.010	-0.075	-0.546	-0.067	-2.952	0.993	1.305	0.400	0.156	0.168	-0.145
108	N2L2-N3L3	-0.175	0.574	0.109	0.632	-0.484	-0.528	-0.989	0.166	0.214	1.086	0.505	3.070
109	N2L2-N4L3	-0.646	0.589	0.964	1.019	-0.160	-0.699	0.630	-0.697	0.419	0.762	-0.652	2.294
110	N2L2-N5L3	-0.192	0.730	-0.257	1.752	-0.191	-1.054	1.152	0.439	-0.664	-0.173	-0.788	-0.010
111	N2L2-N6L3	0.701	1.265	0.741	-0.042	-0.316	1.378	-0.909	-0.623	-0.551	1.485	-0.453	0.700
112	N2L2-N7L3	0.336	0.277	1.035	0.459	-0.238	1.409	0.075	-0.353	-0.152	-0.571	0.494	0.393
113	N2L2-N8L3	-0.142	-0.679	-1.028	-1.220	-1.030	1.207	0.104	0.148	0.356	0.646	1.065	0.978
114	N2L2-N9L3	-0.735	0.017	-0.575	1.458	-0.737	0.605	-0.410	1.255	-0.549	0.569	-0.709	1.699
115	N2L2-N10L3	-0.968	0.126	0.918	0.355	-0.987	-1.190	0.287	-1.062	-0.857	0.503	-0.957	-3.882
116	N2L2-N11L3	-0.745	1.275	0.576	2.325	0.611	0.321	0.340	1.230	-0.047	0.494	0.110	-0.162
117	N2L2-N12L3	0.433	-0.388	-1.226	0.755	0.079	-0.553	0.664	-0.684	0.961	-0.787	1.090	0.206
118	N2L2-N13L3	0.657	-0.803	0.658	-0.798	-0.265	1.429	0.759	0.618	0.740	0.655	-0.777	-0.973
119	N2L2-N14L3	-0.520	0.257	0.612	0.726	0.853	0.401	-0.901	0.938	0.751	-1.141	0.005	-0.523
120	N2L2-N15L3	0.172	-0.630	0.124	0.619	0.475	3.099	0.625	1.520	-0.608	-0.322	-0.972	0.646
121	N3L2-N1L3	0.722	-0.315	-0.057	-1.139	0.419	-0.233	-0.343	0.546	0.674	0.658	-2.962	-0.411
122	N3L2-N2L3	-0.185	-0.118	0.755	-0.129	0.877	-1.519	-0.320	-1.143	0.794	0.481	0.931	-1.170
123	N3L2-N3L3	2.340	0.604	-1.160	-0.459	0.621	0.178	0.422	0.665	0.204	0.091	-0.064	0.855
124	N3L2-N4L3	-0.389	0.963	0.010	-0.890	0.630	0.984	-0.345	0.099	-0.031	0.100	0.450	-0.032
125	N3L2-N5L3	0.790	-0.548	0.088	-0.551	0.347	-0.366	-0.976	1.572	0.341	0.250	0.880	-0.215
126	N3L2-N6L3	-0.418	0.104	0.162	0.476	0.705	1.871	0.503	-0.361	-1.004	-0.199	0.093	0.714
127	N3L2-N7L3	-2.013	-0.328	0.735	-0.351	1.174	1.565	0.279	0.120	0.347	-0.800	0.969	-0.041
128	N3L2-N8L3	-0.989	0.068	-0.409	0.627	0.204	0.212	0.511	-0.074	0.710	-0.588	-3.857	-0.421
129	N3L2-N9L3	-0.389	1.542	-0.247	-0.179	1.156	0.404	1.129	-1.043	0.281	-0.257	1.115	0.360

续表

序号	权重名	轴力荷载				面内弯矩荷载				面外弯矩荷载			
		SCF		MIF		SCF		MIF		SCF		MIF	
		弦杆	撑杆	弦杆	撑杆	弦杆	撑杆	弦杆	撑杆	弦杆	撑杆	弦杆	撑杆
130	N3L2-N10L3	−0.095	1.327	0.104	−1.274	0.436	0.011	−0.279	−0.631	0.560	−0.760	0.599	1.820
131	N3L2-N11L3	1.290	0.061	0.276	−0.229	−0.379	−0.420	0.796	0.347	0.609	−0.425	0.037	−0.306
132	N3L2-N12L3	0.883	0.804	−0.222	0.001	−0.543	−0.091	0.941	0.099	−0.968	−0.879	−0.793	0.971
133	N3L2-N13L3	−0.620	−0.051	−0.158	1.185	−0.006	−0.871	−0.131	0.267	0.770	0.000	0.076	−0.023
134	N3L2-N14L3	−0.573	−0.745	−0.554	1.342	−0.860	−0.381	0.934	1.879	0.389	0.103	−1.302	−1.137
135	N3L2-N15L3	0.522	0.080	0.318	−0.138	−0.462	2.449	−0.533	0.548	0.591	−0.005	−1.269	−0.369
136	N4L2-N1L3	0.507	−2.149	1.013	−0.022	0.749	0.431	0.224	−0.884	−0.237	0.313	0.133	0.388
137	N4L2-N2L3	0.828	−1.610	−0.230	1.410	−0.792	−1.233	0.305	0.608	1.239	1.638	−0.767	0.135
138	N4L2-N3L3	−2.358	0.075	0.411	0.562	−0.824	0.578	0.891	−0.804	0.914	−0.859	0.240	−0.511
139	N4L2-N4L3	0.179	−0.857	−0.521	0.274	−1.027	1.144	2.033	0.854	−0.303	0.538	−1.056	−0.218
140	N4L2-N5L3	0.005	−2.947	−0.527	−0.552	1.142	0.544	−0.713	0.442	0.332	0.493	0.660	1.614
141	N4L2-N6L3	−0.869	0.882	−0.689	1.933	−0.745	2.226	−0.039	−0.089	−0.682	−1.178	−0.013	−1.062
142	N4L2-N7L3	1.207	1.128	−0.923	−0.418	−1.360	0.704	0.703	0.028	−0.193	−0.492	0.570	0.661
143	N4L2-N8L3	0.734	0.496	−0.437	0.925	0.182	−0.669	0.254	−0.147	−0.798	−0.403	0.191	−0.893
144	N4L2-N9L3	−0.839	1.159	−0.392	−2.486	0.719	−0.841	0.795	0.589	0.627	1.131	0.120	0.632
145	N4L2-N10L3	0.429	0.465	−1.207	−0.871	−0.797	0.570	0.386	−1.208	0.130	0.063	0.305	0.534
146	N4L2-N11L3	0.881	−0.464	1.150	−2.063	−0.574	−0.717	−1.705	0.089	−0.011	−1.400	−0.881	−0.723
147	N4L2-N12L3	−1.029	−1.604	−0.347	−0.163	0.715	−1.558	0.902	−1.106	−0.935	−1.161	0.372	0.449
148	N4L2-N13L3	−0.634	0.134	0.303	0.655	−0.245	−0.146	0.292	−1.070	0.532	−0.913	−0.326	−1.144
149	N4L2-N14L3	0.600	−0.072	0.768	1.237	0.817	0.775	0.347	0.227	−1.066	−0.756	−0.012	0.179
150	N4L2-N15L3	−1.052	−0.340	−0.058	−0.321	−0.241	0.343	0.678	1.801	−0.421	0.614	−0.379	−0.565
151	N5L2-N1L3	−0.477	−0.140	−0.389	0.628	0.159	1.079	−0.356	1.163	1.297	−0.435	0.915	−0.816
152	N5L2-N2L3	−0.180	−0.440	0.628	0.766	0.114	0.508	0.153	−0.503	−0.598	0.420	0.328	0.697
153	N5L2-N3L3	0.161	0.232	−0.155	−0.584	0.369	0.570	0.042	−1.224	1.630	−0.141	0.030	0.151
154	N5L2-N4L3	−0.916	0.492	0.867	−0.557	1.249	−0.637	−0.271	−0.976	−0.764	−0.576	−0.024	−1.584
155	N5L2-N5L3	−0.362	1.422	−1.080	−0.179	0.844	0.253	0.034	−1.193	−0.502	−0.336	2.386	−0.084
156	N5L2-N6L3	−0.422	−0.063	−0.112	0.269	−0.343	−0.612	0.971	−0.598	−0.980	−0.887	−0.796	−0.453

续表

序号	权重名	轴力荷载				面内弯矩荷载				面外弯矩荷载			
		SCF		MIF		SCF		MIF		SCF		MIF	
		弦杆	撑杆	弦杆	撑杆	弦杆	撑杆	弦杆	撑杆	弦杆	撑杆	弦杆	撑杆
157	N5L2-N7L3	0.197	−0.986	0.775	0.038	0.403	−0.049	−0.004	0.890	0.620	−0.234	0.987	0.290
158	N5L2-N8L3	0.573	0.914	−0.502	0.885	−0.140	−0.613	−0.413	−0.778	1.904	0.136	−1.070	−0.455
159	N5L2-N9L3	0.732	−0.567	0.139	−1.380	−0.078	0.041	−0.765	0.240	0.086	0.262	0.771	0.189
160	N5L2-N10L3	−0.890	0.315	−0.354	−0.130	1.095	−0.613	−0.559	1.265	0.691	0.000	−1.119	0.148
161	N5L2-N11L3	−0.383	0.076	1.174	0.230	0.087	−0.558	0.584	−1.183	−0.777	−1.275	0.530	0.515
162	N5L2-N12L3	−0.102	1.758	−0.932	0.445	0.737	−0.082	−0.887	0.684	0.983	0.333	0.960	−1.028
163	N5L2-N13L3	1.650	−0.214	1.184	0.769	0.750	0.123	0.206	0.753	−0.155	−0.225	1.021	−0.037
164	N5L2-N14L3	−0.771	0.683	−0.705	0.814	0.477	1.020	0.246	0.925	−0.490	−1.114	−1.337	−0.520
165	N5L2-N15L3	−0.005	−0.041	−0.626	0.499	−1.445	−1.024	−0.493	0.730	0.913	0.839	−1.040	0.208
166	N6L2-N1L3	0.823	−1.230	−0.516	0.145	−0.256	1.175	−0.335	0.456	−2.580	−0.120	0.503	0.170
167	N6L2-N2L3	0.660	0.274	0.599	−0.990	0.338	−0.527	0.331	−0.452	0.467	−0.352	0.319	−0.841
168	N6L2-N3L3	−0.237	−0.132	−0.589	0.827	0.443	−0.335	−0.959	−0.828	0.679	0.133	−1.101	−0.984
169	N6L2-N4L3	−0.582	1.094	1.324	−0.985	−0.087	−0.429	−0.518	−0.908	1.365	0.772	0.660	−0.507
170	N6L2-N5L3	0.912	−0.489	−0.644	−0.586	0.388	−1.053	−0.566	−1.095	0.530	0.010	0.460	−0.420
171	N6L2-N6L3	0.242	−1.131	−0.294	−0.572	−0.564	0.417	−0.653	−0.065	−1.022	0.177	0.780	−0.950
172	N6L2-N7L3	0.339	−0.296	0.952	0.263	−0.495	−0.173	−0.223	−0.018	−0.987	1.210	−0.735	1.397
173	N6L2-N8L3	−0.618	0.846	−0.516	0.732	−0.579	−0.488	0.846	−0.314	−2.281	0.561	−0.547	0.772
174	N6L2-N9L3	−0.181	1.607	−0.715	−0.358	−0.752	0.919	0.211	−1.057	0.104	−0.517	−0.424	0.686
175	N6L2-N10L3	−0.864	0.404	−0.011	−0.208	−0.446	−0.566	1.115	−0.105	−0.567	−1.005	0.991	−1.048
176	N6L2-N11L3	0.029	0.489	−1.031	−1.273	−0.772	−0.050	0.522	0.533	0.567	0.140	0.391	1.530
177	N6L2-N12L3	−0.221	−0.467	1.825	−0.587	−0.490	0.579	−0.381	0.359	−0.393	0.431	−0.884	−0.500
178	N6L2-N13L3	−0.524	0.393	1.138	0.399	1.041	−0.168	−0.905	−1.305	0.731	−0.021	−0.247	−0.105
179	N6L2-N14L3	−0.324	−0.805	−0.818	−0.603	1.354	−0.784	−0.227	0.511	0.170	0.342	0.119	−0.309
180	N6L2-N15L3	−0.466	0.149	−0.306	−0.902	−0.702	−0.234	0.517	1.942	0.896	0.537	0.755	0.322
181	N7L2-N1L3	0.185	−0.664	0.568	−0.659	−1.492	0.367	1.113	−0.674	−0.043	0.956	−0.653	0.686
182	N7L2-N2L3	−0.171	−0.368	0.906	0.276	0.314	−1.346	−0.541	−0.707	0.710	−0.720	−0.605	−0.233
183	N7L2-N3L3	−0.887	0.682	−0.482	−0.203	0.614	0.360	−0.476	0.148	0.173	2.370	−0.100	0.099

续表

序号	权重名	轴力荷载				面内弯矩荷载				面外弯矩荷载			
		SCF		MIF		SCF		MIF		SCF		MIF	
		弦杆	撑杆	弦杆	撑杆	弦杆	撑杆	弦杆	撑杆	弦杆	撑杆	弦杆	撑杆
184	N7L2-N4L3	−1.190	0.041	0.027	0.043	−0.923	−0.255	−0.194	−0.751	−0.879	0.186	−1.050	−0.390
185	N7L2-N5L3	0.273	−1.408	−1.070	−0.508	−0.126	−0.346	0.468	−0.789	−0.221	0.397	0.239	−0.121
186	N7L2-N6L3	0.577	0.392	1.977	−0.221	0.152	1.021	−0.807	−0.775	−0.802	2.565	−0.800	0.511
187	N7L2-N7L3	−0.027	−0.107	0.756	0.327	−0.886	−0.631	−0.098	0.528	−0.515	−0.156	−0.617	0.036
188	N7L2-N8L3	−0.111	0.926	−0.752	0.956	−0.569	0.594	0.103	−0.906	0.033	−0.779	−0.005	−0.020
189	N7L2-N9L3	0.104	0.090	−0.274	−0.490	0.733	−1.109	−0.456	0.930	−0.868	0.359	−0.827	0.593
190	N7L2-N10L3	−0.689	−0.350	−0.809	−0.626	0.314	0.269	−0.811	−1.071	0.878	0.699	−0.211	1.078
191	N7L2-N11L3	−0.175	−0.220	−0.984	0.940	0.554	−0.445	0.288	0.726	−0.897	1.544	−0.559	0.284
192	N7L2-N12L3	0.685	−2.372	2.910	−0.309	0.870	−0.645	1.036	−1.273	0.709	0.988	−0.733	−0.645
193	N7L2-N13L3	−0.027	0.559	0.159	−0.201	−0.842	−0.705	−0.333	0.396	1.023	0.020	−0.738	−0.288
194	N7L2-N14L3	0.632	1.014	−0.705	−0.523	0.910	0.756	−0.544	0.834	0.853	2.222	0.755	0.078
195	N7L2-N15L3	0.399	−0.610	0.353	−0.231	−0.249	1.726	0.665	0.327	1.031	0.076	0.201	1.119
196	N8L2-N1L3	0.449	1.159	−0.772	−0.767	0.528	−0.722	−0.182	0.365	−0.474	0.635	0.861	−1.534
197	N8L2-N2L3	−0.620	0.898	0.333	−1.817	−0.584	0.036	−1.210	0.484	−0.793	−1.002	1.135	−1.039
198	N8L2-N3L3	0.740	0.734	0.308	0.524	0.327	1.273	1.044	0.033	0.504	−0.551	0.546	0.835
199	N8L2-N4L3	−0.369	−0.676	−0.193	0.352	0.067	0.720	1.315	0.014	−0.332	0.338	0.849	−0.109
200	N8L2-N5L3	−0.118	−0.410	−0.394	−0.485	0.997	−0.068	0.084	−4.019	−0.391	0.114	−0.520	−0.101
201	N8L2-N6L3	0.609	0.719	−0.226	−1.105	0.885	−0.758	−0.650	−0.923	0.654	0.446	1.034	0.175
202	N8L2-N7L3	−0.787	0.542	0.626	0.814	−0.052	−0.185	−0.423	−0.017	−0.810	−0.145	0.395	0.035
203	N8L2-N8L3	−0.340	−0.836	0.789	−0.238	−0.348	−0.181	0.650	2.612	0.114	−0.056	0.548	−0.709
204	N8L2-N9L3	0.692	−0.501	0.068	1.919	−0.996	1.399	0.174	0.621	−0.251	−0.729	−0.162	−1.182
205	N8L2-N10L3	−1.197	−0.298	0.009	0.040	0.591	−0.991	0.209	−0.768	0.679	−0.301	1.083	−1.025
206	N8L2-N11L3	0.114	0.320	−0.669	0.693	−0.373	0.232	−0.244	0.251	−0.245	1.189	1.093	−1.275
207	N8L2-N12L3	0.253	0.624	0.461	−0.850	1.004	0.835	0.815	0.773	0.592	0.743	−0.884	−0.436
208	N8L2-N13L3	−0.219	−0.080	−0.805	0.161	0.060	−0.301	1.024	1.640	0.410	0.422	−0.420	−0.510
209	N8L2-N14L3	0.650	−0.884	0.935	−0.360	−0.375	0.604	0.177	−1.415	0.813	0.886	0.677	1.135
210	N8L2-N15L3	−0.514	−0.688	0.795	−0.377	0.791	1.051	0.489	−1.073	−0.751	−1.056	1.084	0.336

序号	权重名	轴力荷载				面内弯矩荷载				面外弯矩荷载			
		SCF		MIF		SCF		MIF		SCF		MIF	
		弦杆	撑杆	弦杆	撑杆	弦杆	撑杆	弦杆	撑杆	弦杆	撑杆	弦杆	撑杆
211	N9L2-N1L3	0.348	0.670	−0.501	0.899	−0.973	−0.539	0.376	1.260	0.019	−0.402	−0.245	0.053
212	N9L2-N2L3	1.022	0.419	−0.609	−0.733	0.762	0.705	0.537	−0.366	−0.103	0.136	−0.846	−1.037
213	N9L2-N3L3	−0.444	−0.261	0.909	0.821	0.881	0.536	−0.298	−0.931	0.547	0.853	−0.775	0.132
214	N9L2-N4L3	−0.448	−0.798	0.469	−0.935	−0.809	0.949	2.561	−0.154	−0.568	0.683	0.035	0.280
215	N9L2-N5L3	−0.895	−0.015	0.287	1.159	−0.078	−0.544	−0.086	0.029	−0.296	−0.531	0.644	0.775
216	N9L2-N6L3	−1.293	0.180	0.634	0.401	−0.013	−0.676	−1.193	0.249	0.084	1.508	−0.417	−0.536
217	N9L2-N7L3	−0.427	−0.538	1.166	0.610	−0.507	0.503	1.173	−0.050	−0.243	1.363	−0.818	1.024
218	N9L2-N8L3	−0.446	−0.011	−0.533	0.687	0.642	−0.106	0.372	−0.096	0.037	−0.905	0.093	0.219
219	N9L2-N9L3	−0.085	0.166	0.405	−1.670	0.738	−0.080	−0.190	−1.115	0.236	−0.437	−0.096	−1.033
220	N9L2-N10L3	−1.232	0.000	−0.895	−0.227	−0.728	−0.175	−0.303	1.248	0.780	−0.126	−0.537	−0.122
221	N9L2-N11L3	0.916	−0.332	0.578	0.231	−0.643	−0.042	0.042	−0.062	−0.513	1.663	−0.793	1.099
222	N9L2-N12L3	0.328	1.129	0.564	−0.447	0.723	−0.663	0.140	−0.630	0.056	0.736	0.133	0.214
223	N9L2-N13L3	−1.212	0.863	−0.224	0.532	−1.085	−1.062	0.326	−0.694	0.277	0.921	−0.054	−0.058
224	N9L2-N14L3	−0.112	1.097	0.480	0.907	1.023	0.533	−0.320	1.295	0.503	−0.226	−0.635	−0.125
225	N9L2-N15L3	−0.535	−0.314	−0.218	0.718	1.168	0.358	1.451	0.394	−0.543	0.276	0.375	1.142
226	N10L2-N1L3	−0.391	−1.249	−0.462	−1.057	−0.301	−0.158	−0.814	0.425	−0.369	1.295	0.218	−0.818
227	N10L2-N2L3	0.355	0.818	0.189	0.442	−0.148	0.283	1.585	1.482	−0.220	−0.252	−0.208	0.034
228	N10L2-N3L3	1.099	−0.080	0.733	0.940	0.011	0.275	0.628	1.179	−0.630	−2.967	−0.038	−1.316
229	N10L2-N4L3	0.643	0.844	−1.155	−0.865	−0.103	0.301	0.473	−1.035	0.154	0.949	−0.799	−0.617
230	N10L2-N5L3	1.894	−0.638	0.402	−0.754	0.113	−0.602	−0.421	−0.677	0.217	−0.101	1.116	0.189
231	N10L2-N6L3	−0.654	−0.802	−0.441	0.070	−0.996	0.831	0.971	−0.422	1.009	−2.022	−0.446	−0.051
232	N10L2-N7L3	−1.739	−0.388	0.380	−0.964	−0.167	−0.342	0.535	−0.083	−0.132	−0.569	0.647	0.236
233	N10L2-N8L3	−1.942	−0.795	−0.692	1.140	0.431	0.880	−1.469	1.457	−0.199	0.702	−0.224	−0.447
234	N10L2-N9L3	0.529	0.323	−0.430	−0.320	0.682	−0.378	0.520	1.401	1.038	0.150	0.136	−0.495
235	N10L2-N10L3	0.207	−0.947	−0.378	0.182	0.743	0.302	0.266	−1.223	−1.628	0.045	−0.271	0.923
236	N10L2-N11L3	0.160	−0.045	0.551	0.366	0.290	−1.113	−1.515	−0.419	−0.445	0.152	−0.721	0.817
237	N10L2-N12L3	−0.486	−0.551	−0.234	−0.279	0.612	0.775	0.185	−0.881	0.957	0.134	0.980	−0.132

续表

序号	权重名	轴力荷载				面内弯矩荷载				面外弯矩荷载			
		SCF		MIF		SCF		MIF		SCF		MIF	
		弦杆	撑杆	弦杆	撑杆	弦杆	撑杆	弦杆	撑杆	弦杆	撑杆	弦杆	撑杆
238	N10L2-N13L3	−2.485	−0.478	−1.974	0.286	−0.262	−0.540	0.681	1.385	0.100	0.487	0.382	−0.294
239	N10L2-N14L3	0.099	−0.961	0.233	1.031	0.623	−1.180	0.331	0.813	−0.342	0.238	−2.073	−1.074
240	N10L2-N15L3	−0.248	−0.325	−0.105	0.415	−0.605	−1.045	−0.790	−1.552	−0.213	0.337	−1.344	−0.237
241	N11L2-N1L3	0.681	0.853	−0.423	−1.142	0.803	−1.278	1.512	−0.102	0.257	0.353	−0.855	0.047
242	N11L2-N2L3	−0.562	1.160	−0.367	0.672	0.267	−0.089	−1.470	0.457	0.591	0.911	−0.416	−0.285
243	N11L2-N3L3	−0.603	1.057	−0.533	0.910	0.183	0.117	0.894	−0.830	0.718	0.912	−0.558	−0.435
244	N11L2-N4L3	−0.795	−0.530	0.398	0.457	0.386	−0.840	−0.532	−1.135	−0.177	−0.784	0.179	−0.748
245	N11L2-N5L3	0.012	0.650	−0.503	−0.214	−0.644	−1.038	−0.357	−0.377	−0.367	0.317	−1.235	0.400
246	N11L2-N6L3	−0.419	−0.296	0.730	0.275	−0.268	−0.606	0.713	0.049	−0.571	1.127	0.451	0.563
247	N11L2-N7L3	0.039	0.248	−0.199	1.011	1.378	−0.560	−0.827	−0.525	0.121	0.011	1.088	−0.258
248	N11L2-N8L3	1.327	0.190	0.066	0.913	−0.475	−0.036	1.004	0.696	0.417	0.295	0.111	−0.739
249	N11L2-N9L3	0.003	−1.222	0.357	1.417	0.106	−0.680	1.006	−0.603	0.591	0.812	0.509	−0.830
250	N11L2-N10L3	−0.313	0.361	−0.486	−0.813	−0.081	0.171	−1.270	0.790	1.084	−0.670	0.260	2.167
251	N11L2-N11L3	−0.169	−0.734	−0.463	0.604	−0.730	1.193	1.890	−0.763	0.180	0.054	0.432	0.219
252	N11L2-N12L3	−0.960	0.841	−0.808	0.495	−0.459	−0.358	0.900	0.359	−0.151	0.122	0.118	0.762
253	N11L2-N13L3	1.343	−0.345	1.228	1.135	1.389	−0.259	1.317	1.159	0.980	0.831	0.168	0.919
254	N11L2-N14L3	0.838	0.962	−0.618	0.236	−0.569	0.610	−0.056	0.751	0.964	−0.266	−0.941	0.433
255	N11L2-N15L3	0.589	−0.372	−0.452	−0.158	−0.147	0.410	−0.921	−0.855	0.554	1.130	0.022	0.549
256	N12L2-N1L3	0.439	0.696	−1.284	0.105	1.195	0.721	0.836	−0.083	−0.109	−0.300	−0.235	−0.637
257	N12L2-N2L3	−0.494	−0.048	0.015	−0.360	0.280	−2.544	0.412	0.118	−0.475	−0.133	−0.393	−0.033
258	N12L2-N3L3	0.126	−0.106	0.672	−0.500	−0.940	−0.706	0.503	−0.197	2.095	0.989	−0.945	−0.602
259	N12L2-N4L3	−0.107	−0.808	−1.548	1.263	−0.333	0.046	0.404	0.165	−0.179	1.077	−0.668	0.623
260	N12L2-N5L3	0.884	−1.505	−1.129	0.581	−0.874	0.548	0.981	−0.756	−0.366	0.321	0.024	−0.411
261	N12L2-N6L3	−0.814	−0.521	−1.279	−0.519	0.694	1.441	−0.573	−1.000	−0.490	−0.461	0.764	−0.611
262	N12L2-N7L3	0.366	1.240	−0.893	1.285	−0.237	−0.221	−0.025	1.165	−0.272	0.368	0.229	0.570
263	N12L2-N8L3	−0.716	0.578	0.756	−0.560	0.402	0.064	−0.246	−0.035	0.523	0.661	−1.284	−0.683
264	N12L2-N9L3	0.831	−0.897	0.786	0.376	−0.699	−0.981	0.815	−0.556	0.215	0.507	−0.148	−0.811

续表

序号	权重名	轴力荷载				面内弯矩荷载				面外弯矩荷载			
		SCF		MIF		SCF		MIF		SCF		MIF	
		弦杆	撑杆	弦杆	撑杆	弦杆	撑杆	弦杆	撑杆	弦杆	撑杆	弦杆	撑杆
265	N12L2-N10L3	0.770	−0.110	−0.034	0.886	0.150	0.646	0.706	0.343	2.501	0.146	0.232	0.716
266	N12L2-N11L3	0.150	−0.411	0.889	−0.716	0.311	−0.170	−0.534	0.975	−0.296	0.918	0.506	−0.172
267	N12L2-N12L3	−0.655	−0.471	−1.539	−0.122	−0.670	0.386	−0.384	−0.026	0.002	−0.090	−0.102	1.194
268	N12L2-N13L3	−0.703	0.852	−2.885	−0.602	0.891	0.714	−0.666	−0.672	0.069	−0.253	−0.159	0.908
269	N12L2-N14L3	−0.448	0.932	−0.444	−0.138	−0.360	−0.307	−0.942	−0.906	−0.456	1.583	1.086	−1.226
270	N12L2-N15L3	0.779	−0.252	0.457	−0.921	−0.473	1.722	−0.013	−0.736	−0.373	0.850	−0.683	1.003
271	N13L2-N1L3	−0.325	0.461	−0.524	−1.043	−0.527	−1.163	0.987	0.648	0.758	0.967	0.114	0.868
272	N13L2-N2L3	−0.230	0.270	−0.584	−2.746	−0.261	1.890	0.033	−0.321	−0.128	−0.235	−0.395	−0.854
273	N13L2-N3L3	−0.306	−0.480	0.860	0.333	−0.311	0.965	1.122	0.642	1.474	0.326	−0.219	2.002
274	N13L2-N4L3	0.111	1.274	0.077	0.781	0.087	0.455	−0.395	1.171	0.540	0.537	0.491	0.857
275	N13L2-N5L3	0.606	0.422	1.198	1.551	0.371	−1.052	−0.102	2.092	0.888	−0.263	−0.179	−1.543
276	N13L2-N6L3	0.767	0.605	0.446	−1.432	0.299	−2.495	0.720	−0.789	0.047	−0.352	1.141	−1.180
277	N13L2-N7L3	−0.061	0.741	−0.529	0.706	0.325	−0.271	−1.115	−0.623	0.789	0.560	0.651	−0.980
278	N13L2-N8L3	−0.376	0.420	0.093	−0.181	−0.315	−0.664	0.480	−1.006	1.872	0.773	−0.255	−0.410
279	N13L2-N9L3	−0.301	0.508	0.186	1.622	0.484	0.374	0.612	0.087	0.415	0.697	−0.199	−0.167
280	N13L2-N10L3	1.053	0.368	0.812	0.024	−0.423	−1.321	−0.494	−0.525	2.182	−0.085	0.203	−2.113
281	N13L2-N11L3	0.294	−0.896	−0.184	3.154	−0.425	−0.051	−0.034	−0.638	−0.685	−0.609	−0.635	−2.311
282	N13L2-N12L3	0.508	−1.188	1.297	0.298	−0.062	0.818	0.605	0.273	−0.726	−1.198	0.549	−0.685
283	N13L2-N13L3	−0.286	0.441	−0.721	0.660	−0.385	0.701	0.001	−1.156	−0.667	0.155	−0.058	0.735
284	N13L2-N14L3	−0.600	−0.022	−0.217	−0.439	0.475	0.868	−0.333	−0.531	−0.426	0.325	0.504	0.650
285	N13L2-N15L3	0.050	−0.654	0.465	−0.469	1.158	−2.012	0.850	1.010	0.005	−0.419	−0.565	−0.323
286	N14L2-N1L3	0.130	−0.683	−0.554	0.225	−0.814	0.237	−0.396	1.031	0.351	−0.580	−1.957	−1.264
287	N14L2-N2L3	0.444	0.337	0.073	0.469	0.984	−0.090	−0.862	1.414	−0.640	−1.349	−0.194	0.810
288	N14L2-N3L3	0.087	−0.654	0.591	0.597	−0.868	0.349	−0.775	−0.200	0.338	1.173	0.164	1.319
289	N14L2-N4L3	1.166	−0.221	−0.780	0.787	−0.399	−0.535	−0.645	1.207	0.417	−0.574	0.397	0.140
290	N14L2-N5L3	−0.065	0.423	0.944	−0.573	−0.863	−0.608	−0.461	−1.779	−0.471	−0.727	2.617	1.062
291	N14L2-N6L3	−0.062	0.448	−1.784	0.565	−0.648	1.114	−0.546	−1.086	−0.393	1.171	0.350	0.779

续表

序号	权重名	轴力荷载				面内弯矩荷载				面外弯矩荷载			
		SCF		MIF		SCF		MIF		SCF		MIF	
		弦杆	撑杆	弦杆	撑杆	弦杆	撑杆	弦杆	撑杆	弦杆	撑杆	弦杆	撑杆
292	N14L2-N7L3	−0.787	0.187	−0.388	−0.709	−0.148	−0.721	0.252	−0.415	0.649	−0.960	−0.908	−1.126
293	N14L2-N8L3	−0.845	0.775	−1.071	0.756	−0.391	0.057	1.034	2.415	0.770	−0.565	−1.419	0.040
294	N14L2-N9L3	−0.524	1.629	0.299	−0.804	−0.902	−0.913	0.390	1.306	0.264	−1.014	−0.443	−0.287
295	N14L2-N10L3	0.695	0.720	−0.615	−0.339	−0.267	0.969	−0.839	−0.621	−0.663	0.632	0.077	−0.852
296	N14L2-N11L3	0.055	0.509	0.489	−0.498	0.213	−0.188	0.227	−0.488	0.531	1.459	0.750	0.161
297	N14L2-N12L3	0.643	1.101	−1.069	0.255	0.998	0.107	0.114	−1.116	−0.601	0.206	−0.471	−0.910
298	N14L2-N13L3	−2.113	0.454	−0.111	−0.548	−0.436	−0.025	0.876	0.457	0.927	−0.661	−0.307	−0.820
299	N14L2-N14L3	0.180	−0.689	−0.521	−0.348	0.341	−1.069	0.669	−0.547	0.779	1.774	−3.612	1.114
300	N14L2-N15L3	−0.291	−0.488	−0.099	−0.263	−0.529	−0.281	−0.946	−1.764	0.508	−0.556	−1.729	−0.872
301	N15L2-N1L3	0.362	1.277	−0.933	−0.658	−0.451	−0.863	−0.766	0.121	0.351	−0.939	−0.961	0.769
302	N15L2-N2L3	−1.049	0.534	0.229	0.394	0.851	−0.318	1.235	−1.510	0.577	−0.520	0.353	−0.072
303	N15L2-N3L3	0.144	0.628	0.163	0.940	0.834	0.776	0.215	0.063	−0.413	1.224	0.556	−1.009
304	N15L2-N4L3	−0.469	0.242	0.586	−0.753	−0.632	0.392	0.796	0.521	−0.964	−0.799	1.177	0.163
305	N15L2-N5L3	−1.032	2.033	−0.242	0.328	0.491	−0.723	−0.682	−0.731	−0.825	0.765	1.249	−0.635
306	N15L2-N6L3	0.020	0.430	1.063	−0.059	−0.229	1.430	1.017	1.119	0.028	0.948	0.729	−0.036
307	N15L2-N7L3	−0.328	0.277	−0.405	0.120	0.856	−0.402	0.383	0.983	−0.088	0.689	−0.634	−1.023
308	N15L2-N8L3	0.979	−0.371	0.342	−0.126	−0.748	0.595	−0.687	0.475	−0.358	0.400	−0.338	−0.761
309	N15L2-N9L3	−0.385	−0.240	−0.264	−1.472	−0.859	0.302	0.901	0.383	−0.910	−0.347	0.377	0.583
310	N15L2-N10L3	−0.698	−0.001	−0.408	−1.011	−0.913	−0.583	−0.794	−0.448	0.566	−0.457	0.517	−0.040
311	N15L2-N11L3	−0.102	−0.719	−0.752	−0.795	−0.065	−0.694	−0.878	−0.673	−0.547	−0.479	−0.917	−0.179
312	N15L2-N12L3	−0.750	1.077	1.935	−0.032	0.824	0.897	−0.307	0.371	−0.771	0.204	0.556	0.778
313	N15L2-N13L3	0.198	−0.802	0.457	0.280	0.851	0.796	0.707	−0.587	−0.560	0.470	−0.419	0.377
314	N15L2-N14L3	0.795	0.674	−0.481	0.750	−0.837	0.200	−0.825	0.026	0.695	0.484	−1.069	0.977
315	N15L2-N15L3	0.102	−0.984	−0.741	−0.121	−0.237	−0.713	−0.889	0.069	−0.130	−0.824	−1.296	−0.860
316	N1L3-N1L4	0.524	1.057	−0.752	1.029	1.126	0.502	−0.896	−0.095	2.094	−0.267	2.125	−2.517
317	N2L3-N1L4	−0.617	−0.699	0.643	1.311	0.316	−3.650	−2.367	−0.591	−0.314	−0.610	−0.284	−0.794
318	N3L3-N1L4	−1.303	1.203	−0.335	−0.254	−0.125	0.493	0.943	−0.806	1.480	−2.080	−0.716	2.775

续表

序号	权重名	轴力荷载				面内弯矩荷载				面外弯矩荷载			
		SCF		MIF		SCF		MIF		SCF		MIF	
		弦杆	撑杆	弦杆	撑杆	弦杆	撑杆	弦杆	撑杆	弦杆	撑杆	弦杆	撑杆
319	N4L3-N1L4	0.569	0.561	−3.476	−0.138	−2.322	−0.205	2.754	0.209	0.405	0.230	−0.619	1.346
320	N5L3-N1L4	1.221	−2.281	1.068	1.838	−0.131	−0.302	−0.547	1.775	0.342	0.864	−1.877	−1.214
321	N6L3-N1L4	0.060	−0.208	3.403	−0.406	−0.550	−1.935	0.333	−0.679	−0.426	2.163	−0.639	0.741
322	N7L3-N1L4	−2.161	−0.229	1.380	−0.575	2.009	0.866	−1.232	0.040	−0.553	−0.777	−0.129	1.094
323	N8L3-N1L4	2.508	0.812	−0.017	0.304	0.347	0.225	−1.024	3.592	−1.487	0.320	−2.180	0.573
324	N9L3-N1L4	−0.747	1.049	1.152	−3.006	−0.470	0.503	0.997	0.892	−0.092	0.736	0.961	−0.860
325	N10L3-N1L4	−0.923	0.065	1.147	−0.582	0.677	1.120	0.368	0.112	−1.355	0.086	0.507	2.813
326	N11L3-N1L4	−0.579	0.050	1.651	3.119	−0.835	0.340	−1.575	−0.529	−0.165	1.147	0.076	−1.301
327	N12L3-N1L4	−1.308	2.430	−2.426	−0.338	−0.347	0.911	−0.064	0.182	−0.940	−0.229	−0.495	−0.602
328	N13L3-N1L4	−1.817	−0.407	2.437	0.513	−1.211	−0.813	1.074	0.704	−0.061	0.420	−0.736	0.534
329	N14L3-N1L4	−0.056	0.144	0.476	−0.785	0.951	0.363	−0.780	0.693	0.855	−1.490	−1.638	0.817
330	N15L3-N1L4	0.393	−0.175	−0.898	−0.687	−0.848	−1.842	−2.157	2.600	−0.412	−0.093	−0.083	−0.133
331	B1-N1L2	−0.274	−0.129	−1.255	0.360	2.098	0.450	0.487	1.111	−0.631	−1.273	0.196	1.249
332	B1-N2L2	1.234	−1.678	−1.591	0.886	0.772	1.361	−0.289	−1.759	1.348	−1.861	−1.301	−1.173
333	B1-N3L2	−0.832	−0.706	−0.346	1.669	0.262	3.287	1.011	0.310	−1.670	0.908	1.559	0.944
334	B1-N4L2	0.347	1.266	−1.168	−2.345	−0.436	1.139	0.669	−0.294	−1.604	0.560	−1.303	0.423
335	B1-N5L2	−1.010	−0.047	−0.932	−0.326	−0.730	−1.810	−1.458	1.130	−2.072	−0.762	−1.016	0.638
336	B1-N6L2	−0.738	0.143	−1.456	−1.915	0.919	−1.385	−0.466	0.142	0.215	1.292	1.064	−0.528
337	B1-N7L2	−0.579	2.624	0.397	0.338	−0.458	1.218	0.691	−0.855	−1.542	−1.532	0.607	0.119
338	B1-N8L2	−0.563	−0.440	0.116	2.470	0.740	0.765	1.511	2.455	1.222	0.993	0.943	−0.816
339	B1-N9L2	−0.897	0.175	0.839	1.205	0.739	−1.697	2.768	−0.534	0.486	−3.036	−0.132	−0.375
340	B1-N10L2	−2.237	−0.154	−0.678	0.364	−0.456	−1.162	−0.859	1.764	−0.387	0.466	0.179	0.309
341	B1-N11L2	1.659	−1.190	0.340	0.882	−1.565	−0.355	−2.287	1.376	−0.704	−0.631	0.438	−1.120
342	B1-N12L2	−0.407	0.990	−2.666	−0.550	0.826	2.614	0.826	−0.203	−0.997	−0.199	1.635	0.944
343	B1-N13L2	0.199	1.908	1.267	0.094	1.108	−0.966	0.113	−2.217	−2.064	−0.595	1.311	−3.428
344	B1-N14L2	−0.335	1.107	−1.024	−1.464	1.007	1.317	−0.884	1.010	0.529	−1.401	2.862	−1.902
345	B1-N15L2	1.144	−1.697	0.700	0.709	1.995	1.275	1.230	0.129	−0.889	−1.820	0.514	0.860

续表

序号	权重名	轴力荷载				面内弯矩荷载				面外弯矩荷载			
		SCF		MIF		SCF		MIF		SCF		MIF	
		弦杆	撑杆	弦杆	撑杆	弦杆	撑杆	弦杆	撑杆	弦杆	撑杆	弦杆	撑杆
346	B2-N1L3	−0.690	0.826	−0.364	−0.068	−0.777	−0.547	−0.241	−0.618	1.018	−0.743	0.401	0.433
347	B2-N2L3	0.267	−1.243	0.774	−0.598	−0.019	−0.326	0.815	−0.480	0.612	−0.531	0.982	1.067
348	B2-N3L3	−0.549	−0.586	−0.194	0.563	−0.369	0.954	0.943	−1.354	−0.991	−0.546	−0.890	−1.198
349	B2-N4L3	0.695	0.173	−0.137	−1.263	−1.236	0.544	1.142	0.618	−0.959	−0.135	0.105	0.948
350	B2-N5L3	0.176	−1.099	0.596	0.852	0.666	0.468	−0.174	−0.409	−0.896	−1.104	1.013	−0.455
351	B2-N6L3	−0.438	0.638	0.651	1.097	1.086	0.304	0.949	0.258	0.980	−1.084	−0.387	1.261
352	B2-N7L3	−0.879	−0.188	−0.252	−0.194	1.160	−0.284	0.857	0.480	−0.156	−1.198	0.127	−0.999
353	B2-N8L3	0.460	0.111	0.364	0.937	0.227	0.347	0.784	1.400	0.613	−0.693	−0.883	−0.804
354	B2-N9L3	−1.024	0.608	−0.579	0.183	0.164	0.223	0.815	−0.108	−0.165	−1.199	−0.301	−0.728
355	B2-N10L3	0.139	0.213	0.583	0.333	−0.636	−0.590	−0.195	−0.437	−0.694	1.090	−0.778	0.136
356	B2-N11L3	−0.129	−1.062	0.016	0.695	0.324	0.408	0.228	−0.581	−0.831	1.362	1.120	−0.927
357	B2-N12L3	0.153	−0.076	0.256	−1.299	−0.619	−0.293	0.944	−0.479	0.754	−0.172	−0.762	0.538
358	B2-N13L3	−0.199	−0.224	−0.135	1.208	0.208	0.814	1.005	−0.524	−0.984	−1.045	0.657	0.503
359	B2-N14L3	−0.479	0.849	−0.282	1.726	−1.026	−0.088	0.000	−0.494	0.427	0.316	−0.550	−0.494
360	B2-N15L3	0.767	−0.458	0.263	−0.462	0.708	−0.578	−0.253	−0.247	−0.259	0.843	0.557	−1.123
361	B3-N1L4	0.285	−0.005	0.373	−0.003	0.592	0.619	−0.746	−1.129	−0.002	−0.041	−0.122	1.050